高等职业教育“十四五”系列教材
高等职业教育土建类专业“互联网+”数字化创新教材

安装工程软件算量与计价

梅　钢　主编

中国建筑工业出版社

图书在版编目（CIP）数据

安装工程软件算量与计价 / 梅钢主编. — 北京 ：
中国建筑工业出版社，2022.8（2024.11重印）
高等职业教育“十四五”系列教材　高等职业教育土
建类专业“互联网+”数字化创新教材
ISBN 978-7-112-27388-1

Ⅰ. ①安…　Ⅱ. ①梅…　Ⅲ. ①建筑预算定额-应用软
件-高等职业教育-教材　Ⅳ. ①TU723.3-39

中国版本图书馆 CIP 数据核字（2022）第 082461 号

本教材以广联达 BIM 安装计量 GQI2021 和广联达云计价平台 GCCP6.0 为基础，通过引入实际工程案例，详细介绍了 BIM 在安装算量和计价上的应用。本教材包括 8 个教学单元，分别为：软件的安装和卸载、给排水工程的软件算量、消防工程的软件算量、电气工程的软件算量、采暖工程的软件算量、通风空调工程的软件算量、弱电工程的软件算量以及安装工程的软件计价。

QQ 交流群：
451432552

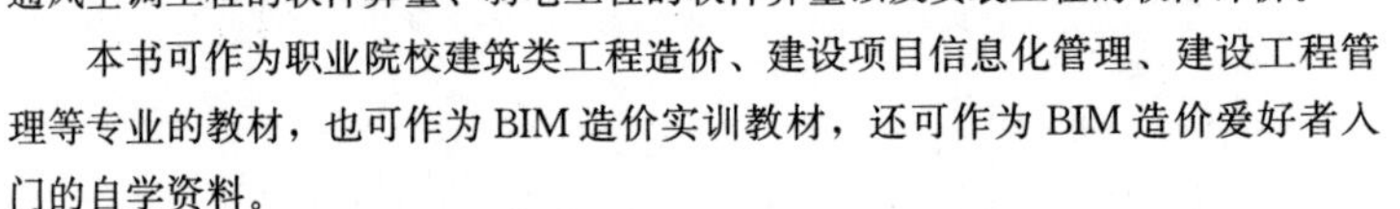

本书可作为职业院校建筑类工程造价、建设项目信息化管理、建设工程管理等专业的教材，也可作为 BIM 造价实训教材，还可作为 BIM 造价爱好者入门的自学资料。

本教材作者自制免费课件并提供教材配套图纸，索取方式为：1. 邮箱 jckj@cabp.com.cn；2. 电话（010）58337285；3. 建工书院 http://edu.cabplink.com；4. QQ 交流群 451432552。

责任编辑：李天虹　李　阳
责任校对：姜小莲

高等职业教育“十四五”系列教材
高等职业教育土建类专业“互联网+”数字化创新教材
安装工程软件算量与计价
梅　钢　主编
*
中国建筑工业出版社出版、发行（北京海淀三里河路 9 号）
各地新华书店、建筑书店经销
北京鸿文瀚海文化传媒有限公司制版
建工社（河北）印刷有限公司印刷
*
开本：787 毫米×1092 毫米　1/16　印张：14¼　字数：351 千字
2022 年 7 月第一版　2024 年11月第四次印刷
定价：**46.00** 元（赠教师课件）
ISBN 978-7-112-27388-1
（39482）

前 言

随着信息技术的高速发展，BIM 技术在建筑领域正在引发一场史无前例的变革，而工程造价作为承接 BIM 设计模型和向施工管理输出模型的中间关键阶段，起着至关重要的作用。BIM 技术的应用，颠覆了以往传统的造价模式，造价岗位也将面临新的洗礼，造价人员必须逐渐转型，接受 BIM 技术，掌握新的 BIM 造价方法。为培养 BIM 造价人才，本书以广联达 BIM 安装计量 GQI2021 和广联达云计价平台 GCCP6.0 为基础，通过引入实际工程案例，详细介绍了 BIM 在安装算量和计价上的应用。

本书通过真实案例来讲解软件的使用，共分为 8 个教学单元，读者可通过教学单元 1 的学习了解广联达 BIM 安装计量 GQI2021 的安装和卸载方法；通过教学单元 2～7 的案例工程实战的学习，掌握给排水、消防、电气、采暖、通风空调、弱电专业的软件算量操作的使用；通过教学单元 8 的学习，掌握运用广联达云计价平台 GCCP6.0 进行工程计价的操作，了解套取清单定额及询价的操作流程。通过学习本门课程，可以快速、精准地建立安装工程给排水专业、消防专业、电气专业、采暖燃气专业、通风空调专业和弱电专业中的管线、设备、附属构件等三维模型，并完成构件的工程量计量和套价的工作，也可通过直观、高效、智能的模型检查来对模型进行校核调整，实现一站式的 BIM 安装算量与计价。

本教材可作为职业院校建筑类工程造价、建设项目信息化管理、建设工程管理等专业的教材，也可作为 BIM 造价实训教材，还可作为 BIM 造价爱好者入门的自学资料。本教材主要针对软件配合实际工程案例实操学习使用，因此需要读者具备一定基础的计算操作能力和安装工程的识图知识，方可达到最佳的学习效果。

本教材配套图纸、视频、课件，可扫二维码获取。

本书由武汉交通职业学院交通工程学院教师梅钢担任主编，武汉交通职业学院交通工程学院工程管理教研室副主任严晓红和中建四局安装工程有限公司经理陈明月担任副主编，中建四局安装工程有限公司经理石益广担任参编，武汉交通职业学院交通工程学院副院长苟洁担任主审。由于编者水平有限，书中难免有不妥之处，敬请读者谅解。

计算机术语说明

【单击】按一下鼠标左键。

【双击】连续快按两下鼠标左键。

【滚轮拖拽】按住鼠标滚轮键不松，移动鼠标。

【框选】用光标在界面中拖拽出一个范围框选目标，框选目标时光标拖拽轨迹为矩形框的对角线。框选分为左拉框选和右拉框选。

【左拉框选】指用鼠标框选时，从左至右形成矩形框的框选方式。

【右拉框选】指用鼠标框选时，从右至左形成矩形框的框选方式。

【尺寸单位】除特殊说明外，标高以米（m）为单位，其余均以毫米（mm）为单位。

软件中的层顶标高等于楼上一层的层底标高，并未考虑楼板厚度的影响，例如，第 1 层的层顶标高等于第 2 层的层底标高。

常用功能快捷键

操作软件时，采用单击对应的构件类型切换功能包，再单击具体的操作功能的方法，有时候十分麻烦。对于一些需要频繁使用的操作功能，为方便使用，软件设置了快捷键，在这里列出本软件常用功能的快捷键，见下表。

常用功能快捷键

序号	操作功能	对应快捷键
1	查找图元	Ctrl+F
2	新建工程	Ctrl+N
3	打开工程	Ctrl+O
4	保存工程	Ctrl+S
5	撤销	Ctrl+Z
6	重复	Shift+Ctrl+Z
7	动态观察	Ctrl+1
8	俯视观察	Ctrl+2
9	隐藏绘图区域所有 CAD 图线	C
10	帮助	F1
11	构件管理窗口	F2
12	批量选择构件图元	F3
13	恢复默认窗口风格	F4

续表

序号	操作功能	对应快捷键
14	合法性检查	F5
15	显示选中的 CAD 图元	F6
16	CAD 图层显示状态	F7
17	三维楼层显示设置	F8
18	汇总计算	F9
19	只显示选中 CAD 图元所在的图层	F10
20	查看工程量计算式	F11
21	构件图元显示设置	F12

目 录

教学单元1 软件的安装和卸载 …… 001

1.1 软件的安装 …… 002

1.2 软件的卸载 …… 006

教学单元2 给排水工程的软件算量 …… 007

2.1 算量前的操作流程 …… 008

2.2 卫生器具的识别 …… 021

2.3 给水管道的识别 …… 026

2.4 排水管道的识别 …… 034

2.5 图元复制 …… 037

2.6 引入管（排出管）的绘制 …… 046

2.7 立管的绘制 …… 050

2.8 阀门法兰的绘制 …… 052

2.9 套管的绘制 …… 053

2.10 检查及汇总计算 …… 058

2.11 集中套用的做法 …… 062

2.12 报表预览和数据反查 …… 066

教学单元3 消防工程的软件算量 …… 073

3.1 消防工程算量前的操作流程 …… 074

3.2 消火栓的识别 …… 076

3.3 构件的批量选择 …… 081

3.4 管道的支架设置 …… 083

3.5 水平管道的识别 …… 086

3.6 立管的识别 …… 089

3.7 喷头的识别 …… 091

3.8 喷淋管道的识别 …… 093

3.9 管道附件的识别 …… 100

教学单元4 电气工程的软件算量 …… 103

4.1 电气工程算量前的操作流程 …… 104

4.2 一键提量识别 …… 107

4.3 灯具、开关和插座的识别 …… 110
4.4 配电箱柜的识别 …… 114
4.5 桥架的识别 …… 115
4.6 桥架配线 …… 117
4.7 垂直桥架的布置 …… 119
4.8 设置起点和选择起点 …… 120
4.9 回路的识别 …… 132
4.10 电气工程的零星工作量 …… 142
4.11 防雷接地工程 …… 146

教学单元5 采暖工程的软件算量 …… 159
5.1 采暖工程算量前的操作流程 …… 160
5.2 采暖器具的识别 …… 163
5.3 供回水干管的识别 …… 167
5.4 供回水立管的识别 …… 169
5.5 供回水支管的识别 …… 170

教学单元6 通风空调工程的软件算量 …… 171
6.1 通风空调工程算量前的操作流程 …… 172
6.2 通风设备的识别 …… 174
6.3 通风管道的识别 …… 176
6.4 风管部件的识别 …… 180

教学单元7 弱电工程的软件算量 …… 183
7.1 弱电工程算量前的操作流程 …… 184
7.2 配电箱柜的识别 …… 187
7.3 弱电器具的识别 …… 187
7.4 桥架的识别 …… 190
7.5 桥架配线 …… 191
7.6 垂直桥架的布置 …… 192
7.7 回路的识别 …… 192
7.8 弱电消防系统的识别 …… 195

教学单元8 安装工程的软件计价 …… 201
8.1 安装工程计价前的新建操作 …… 202
8.2 安装工程的计价操作 …… 207

参考文献 …… 218

教学单元1 软件的安装和卸载

Chapter 01

知识目标

- 了解安装算量软件 GQI2021 的下载及安装方法。
- 了解安装计价软件 GCCP6.0 的下载及安装方法。
- 了解安装算量和计价软件的发展历程、功能特征。

能力目标

- 能够根据工程特征、地区范围选择合适的安装算量和计价软件。
- 能够利用软件平台独立开展在线学习、培训。
- 能够熟悉软件的作用，利用软件达到巩固理论学习的目的。

素质目标

- 培养学生主动学习、独立思考的能力。
- 培养学生要有实践动手能力，做事有较强的积极性和灵活性。
- 培养学生要尊重知识、尊重劳动成果，同时要有钻研和探索精神。

1.1 软件的安装

（1）下载“广联达 G+工作台 GWS”，安装完成后的桌面图标如图 1-1 所示。

图 1-1　广联达 G+工作台 GWS

（2）单击“广联达 G+工作台 GWS”图标，打开广联达 G+工作台，如图 1-2 所示。

图 1-2　“广联达 G+工作台”对话框

（3）单击图 1-2 中“软件管家”，打开“软件管家”对话框，单击左侧“安装算量”，右侧弹出安装算量软件下载信息，如图 1-3 所示。单击左侧“GCCP6.0”，右侧弹出安装计价软件下载信息，如图 1-4 所示。

图 1-3　“软件管家”中“安装算量”对话框

图 1-4　“软件管家”中“计价软件”对话框

（4）通过左侧切换“安装算量”和“GCCP6.0”，分别下载对应的广联达 BIM 安装计量软件和广联达云计价平台，下载完成后的安装程序如图 1-5 和图 1-6 所示。

图 1-5　安装算量软件程序图标　　　图 1-6　GCCP6.0 软件程序图标（以湖北版为例）

（5）以安装算量软件为例，双击安装程序图标，程序将自动运行，稍后将会弹出安装界面，如图 1-7 所示。

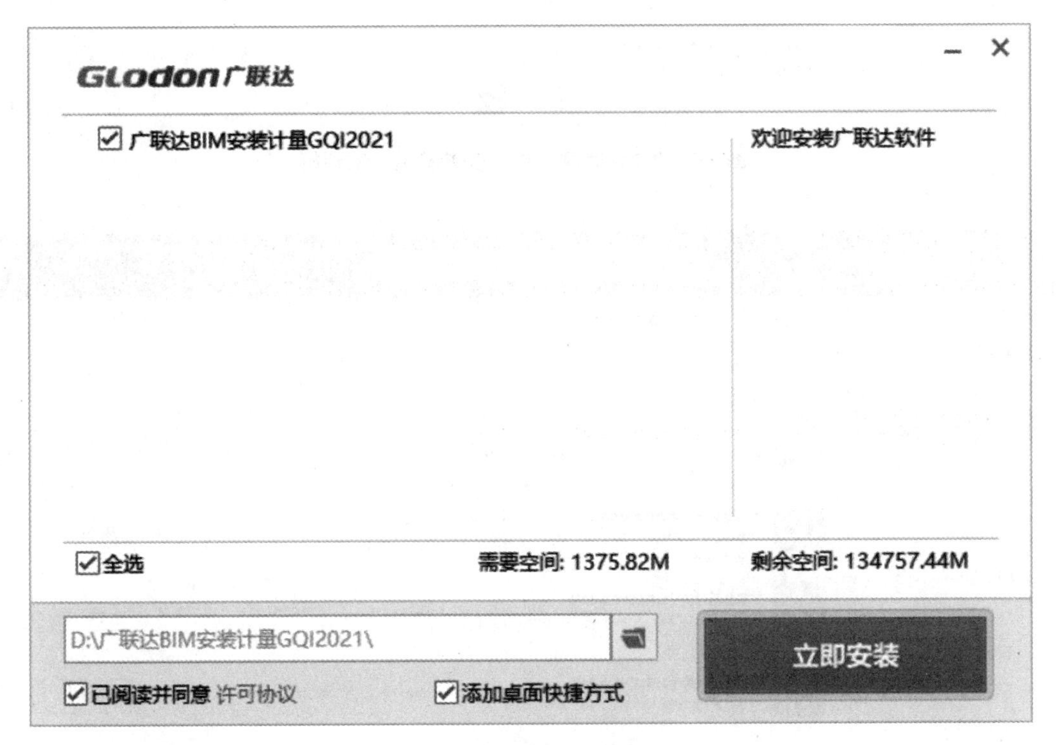

图 1-7　安装程序界面

（6）安装程序默认的安装路径为“C：\Program Files\Grandsoft\”，读者也可以通过“ ”按钮来修改安装路径。单击“许可协议”可以查看《最终用户许可协议》，必须同意协议，即勾选“已阅读并同意”复选框后，才能继续安装。

（7）单击“立即安装”按钮，开始安装，如图 1-8 所示。强烈建议在安装之前关闭所有其他运行的程序。

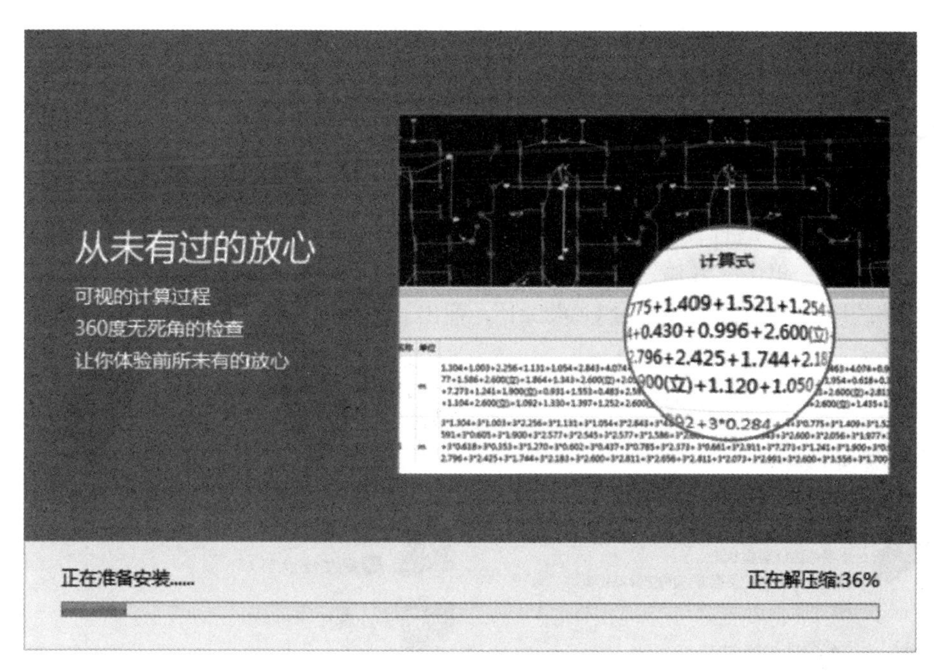

图 1-8　软件安装进度显示

（8）安装完成后会弹出提示窗口，如图 1-9 所示。单击“完成”按钮完成安装。

图 1-9　安装完成

GCCP6.0 软件的安装方法同安装算量软件安装方法，这里不做重复介绍。

1.2 软件的卸载

卸载软件有以下两种方法，以安装算量软件为例。

（1）方法一：单击“开始”→“所有程序”→“广联达建设工程造价管理整体解决方案”→“卸载广联达 BIM 安装计量 GQI2021”，弹出“卸载向导”界面，按“卸载向导”卸载。

（2）方法二：

1）在 Windows 的“控制面板”中找到“卸载程序”，如图 1-10 所示。

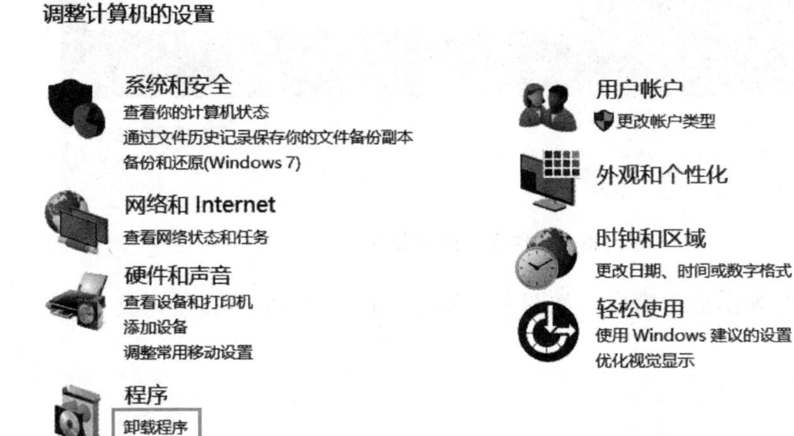

图 1-10 “控制面板”中的“卸载向导”

2）单击“卸载或更改程序”中的“广联达 BIM 安装计量 GQI2021”，如图 1-11 所示，单击“卸载”按钮，弹出“卸载向导”界面，按“卸载向导”卸载。

组织 ▾ 卸载/更改

名称	发布者	安装时间	大小	版本
Windows Installer Clean Up	Microsoft Corporation	2020/6/15	305 KB	3.00.00.0000
WinRAR 5.50 (64-位)	win.rar GmbH	2021/4/24		5.50.0
Worksharing Monitor for Autodesk Revit 2018	Autodesk	2021/4/24		18.0.0.420
Y空间	Lenovo	2018/3/6	99.4 MB	2.6.11.8
百度网盘	北京度友科技有限公司	2021/5/19	172 MB	7.3.1
斑马进度计划2020	北京广联达斑马科技有限公司	2021/5/17	294 MB	5.0.0.33
广材助手 版本 2.0.0.3882	Glodon, Inc.	2021/5/19	96.6 MB	2.0.0.3882
广联达BIM5D 3.5	Glodon	2021/5/14	1.25 GB	3.5.8.2260
广联达BIM安装计量GQI2021	glodon	2021/4/24		
广联达BIM安装计量评分GQIPF2018	glodon	2021/5/26		
广联达BIM施工现场布置软件	广联达软件股份有限公司	2021/5/27	480 MB	7.9.2.1268
广联达BIM土建计量平台 GTJ2021	Glodon	2021/5/16	1.04 GB	1.0.29.2
广联达G+工作台 版本 5.2.55.5146	Glodon	2020/12/16	225 MB	5.2.55.5146
广联达Revit2BIM5DPlugin 2.0	Glodon	2021/5/14	720 MB	2.0.0.1100
广联达端平台组件 2.0	Glodon	2021/5/19	29.7 MB	3.0.0.1869
广联达加密锁程序 3.8	Glodon	2021/4/24		3.8.596.4874
广联达云计价平台GCCP6.0	Glodon	2021/5/29	336 MB	

图 1-11 卸载“广联达 BIM 安装计量 GQI2021”

GCCP6.0 软件的卸载方法同安装算量软件卸载方法，这里不做重复介绍。

教学单元2 Chapter 02

给排水工程的软件算量

知识目标

• 了解给排水工程的新建操作；熟悉卫生器具的识别方法；掌握给排水管道的不同绘制方法。

• 了解阀门、法兰的识别方法；掌握套管的绘制方法。

• 了解汇总工程量的方法；掌握正确套用清单和定额的方法；熟悉报表预览和导出报表的方法。

能力目标

• 能够根据图纸熟练进行楼层和比例设置，并合理分割定位图纸。
• 准确设置卫生器具、给排水管道的属性值，能按图正确绘制水平管和立管。
• 能够识别穿墙和穿楼板套管，并利用软件反查工程量。

素质目标

• 培养学生自主学习的意识、团队协作能力、严谨求实的态度。
• 培养学生要有良好的职业素养和敬业精神，做工程要精细求精。
• 培养学生善于独立思考、善于讨论、做事认真负责的习惯。

2.1 算量前的操作流程

2.1.1 新建工程

打开广联达 BIM 安装计量 GQI2021 软件，单击“新建”按钮，弹出“新建工程”对话框，如图 2-1 所示。

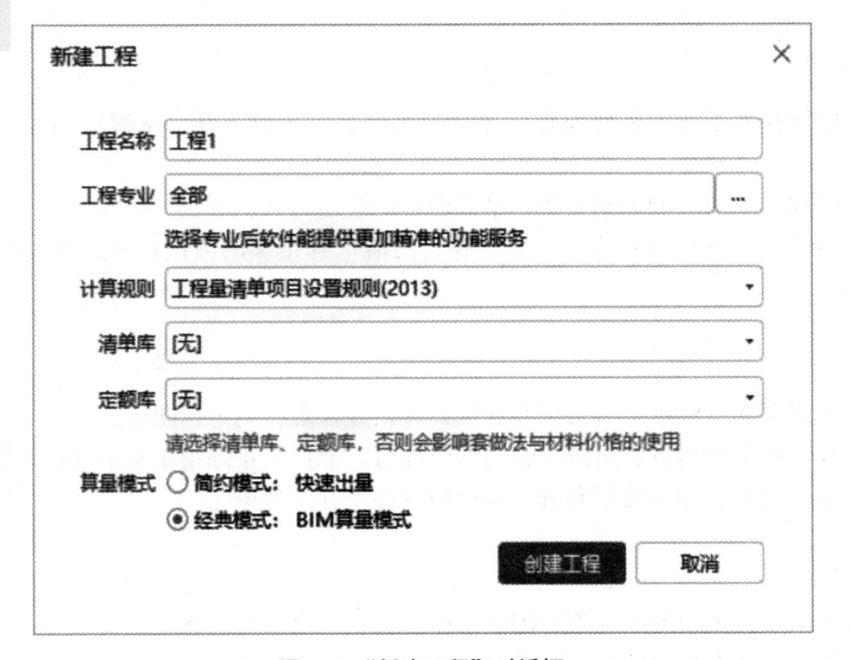

图 2-1 “新建工程”对话框

在弹出的“新建工程”对话框中进行如下设置：

（1）“工程名称”选项

在“工程名称”列表框，将工程名称修改为“给排水工程”，如图 2-2 所示。

（2）“工程专业”选项

在“工程专业”列表框中，单击右侧“…”按钮，在弹出的“安装专业编辑”对话框中勾选“给排水”，如图 2-3 所示，单击“确认”。

（3）“计算规则”选项

在“计算规则”列表框中，单击右侧“▾”按钮，在下拉列表框中选择“工程量清单项目设置规则（2013）”，如图 2-4 所示。

（4）“清单库”选项

在“清单库”列表框中，单击右侧“▾”按钮，在下拉列表框中选择“工程量清单

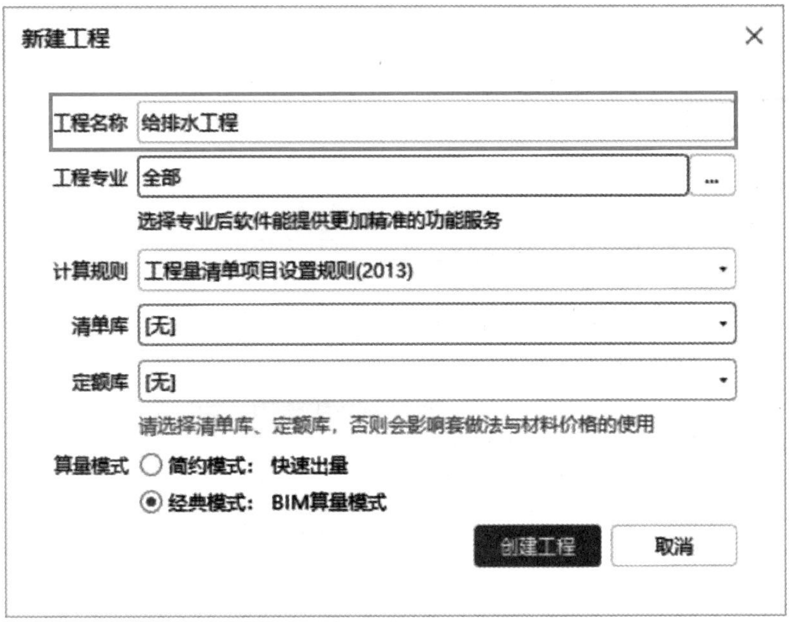

图 2-2 “工程名称”列表框

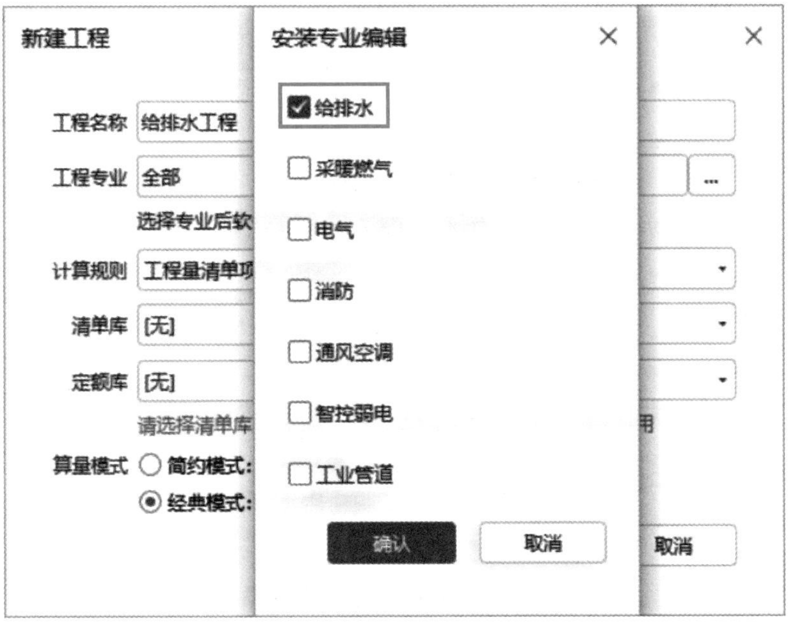

图 2-3 “安装专业编辑”列表框

项目计量规范（2013-湖北）”，如图 2-5 所示。

（5）“定额库”选项

在“定额库”列表框中，单击右侧“▾”按钮，在下拉列表框中选择“湖北省通用安装工程消耗量定额及全费用基价表（2018）”，如图 2-6 所示。

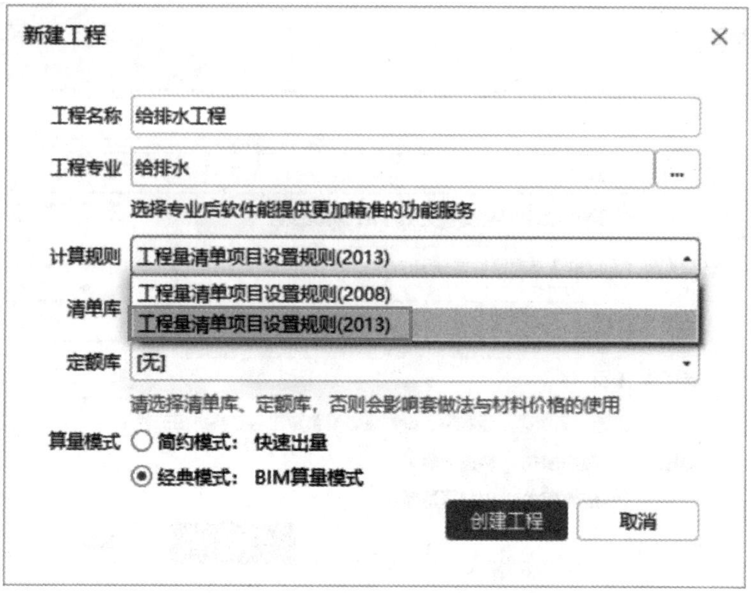

图 2-4 “计算规则”下拉列表框

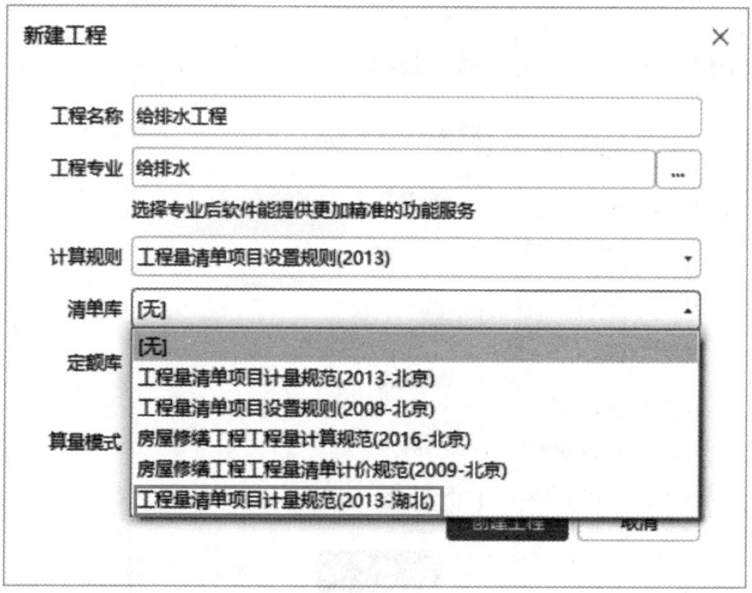

图 2-5 “清单库”下拉列表框

（6）“算量模式”选项

在“算量模式”列表框中，单击“经典模式：BIM 算量模式”，如图 2-7 所示。

信息确认无误后，即可单击下方“创建工程”按钮，完成“新建工程”操作，进入“工程设置”界面。

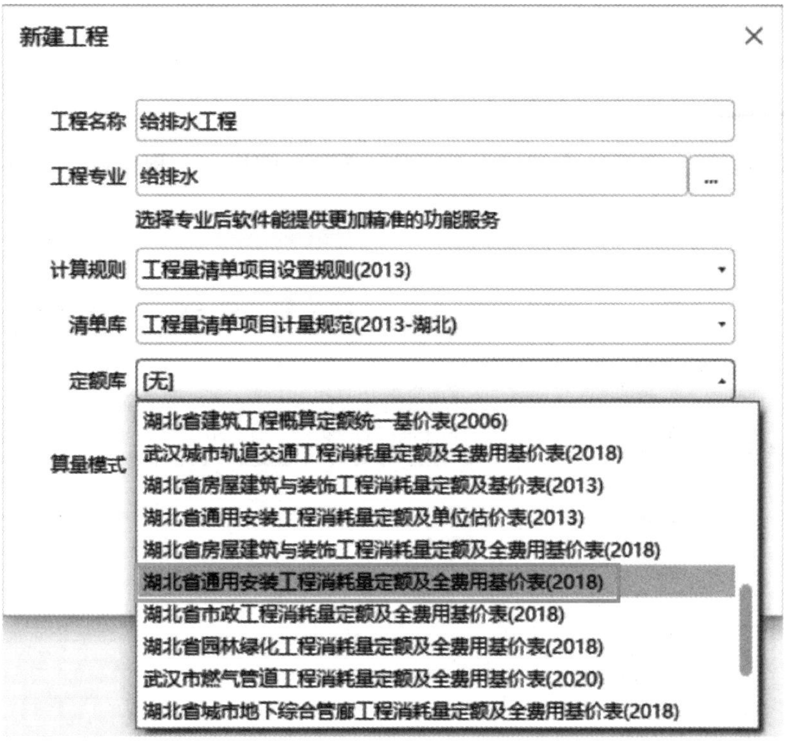

新建工程

工程名称 给排水工程

工程专业 给排水

选择专业后软件能提供更加精准的功能服务

计算规则 工程量清单项目设置规则(2013)

清单库 工程量清单项目计量规范(2013-湖北)

定额库 [无]

算量模式

湖北省建筑工程概算定额统一基价表(2006)
武汉城市轨道交通工程消耗量定额及全费用基价表(2018)
湖北省房屋建筑与装饰工程消耗量定额及基价表(2013)
湖北省通用安装工程消耗量定额及单位估价表(2013)
湖北省房屋建筑与装饰工程消耗量定额及全费用基价表(2018)
湖北省通用安装工程消耗量定额及全费用基价表(2018)
湖北省市政工程消耗量定额及全费用基价表(2018)
湖北省园林绿化工程消耗量定额及全费用基价表(2018)
武汉市燃气管道工程消耗量定额及全费用基价表(2020)
湖北省城市地下综合管廊工程消耗量定额及全费用基价表(2018)

图 2-6　“定额库”下拉列表框

新建工程

工程名称 给排水工程

工程专业 给排水

选择专业后软件能提供更加精准的功能服务

计算规则 工程量清单项目设置规则(2013)

清单库 工程量清单项目计量规范(2013-湖北)

定额库 湖北省通用安装工程消耗量定额及全费用基价表(2018)

请选择清单库、定额库，否则会影响套做法与材料价格的使用

算量模式 ○ 简约模式：快速出量

◉ 经典模式：BIM算量模式

创建工程　取消

图 2-7　“算量模式”选项框

2.1.2 工程设置

1. 工程信息设置

单击“工程设置”功能包中的“工程信息”按钮，弹出“工程信息”对话框，如图 2-8 所示。

工程信息

	属性名称	属性值
1	⊟ 工程信息	
2	工程名称	给排水工程
3	计算规则	工程量清单项目设置规则(2013)
4	清单库	工程量清单项目计量规范(2013-湖北)
5	定额库	湖北省通用安装工程消耗量定额及全费用基价表(2018)
6	项目代号	
7	工程类别	住宅
8	结构类型	框架结构
9	建筑特征	矩形
10	地下层数(层)	
11	地上层数(层)	
12	檐高(m)	15.2
13	建筑面积(m2)	
14	⊟ 编制信息	
15	建设单位	
16	设计单位	
17	施工单位	
18	编制单位	
19	编制日期	2021-05-30
20	编制人	
21	编制人证号	
22	审核人	
23	审核人证号	

图 2-8 “工程信息”对话框

2. 楼层设置

单击“工程设置”功能包中的“楼层设置”按钮，弹出“楼层设置”对话框，如图 2-9 所示。

单击带有“首层”这一行的任意一个表格位置，将“层高”修改为“3.8”，“底标高”与示例工程相同，不需要修改。再单击“插入楼层”按钮，将会出现带有“第 2 层”楼层信息表格，接着再单击“插入楼层”按钮，依次添加其他楼层信息，最后得到地上部分新增楼层信息如图 2-10 所示。

添加地下层，单击带有“基础层”这一行的任意一个表格位置，单击“插入楼层”按钮，将会出现带有“第－1 层”楼层信息表格，根据实例工程修改第－1 层楼层“层高”为“4”，得到地下部分新增楼层信息如图 2-11 所示。

如需删除楼层，则用鼠标选中需要删除的楼层，单击“删除楼层”按钮即可。

广联达 GQI2021“楼层设置”新增了“添加”功能，点击“添加”可以在左侧区域添加新的单项工程，可以对新添加的单项工程进行楼层的设置，如图 2-12 所示。

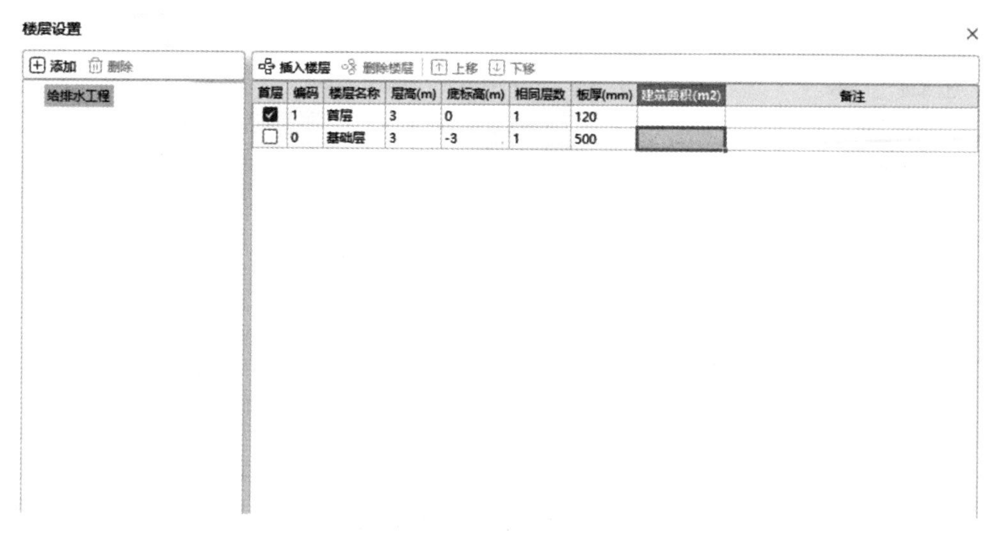

图 2-9　“楼层设置”对话框

图 2-10　地上部分新增楼层

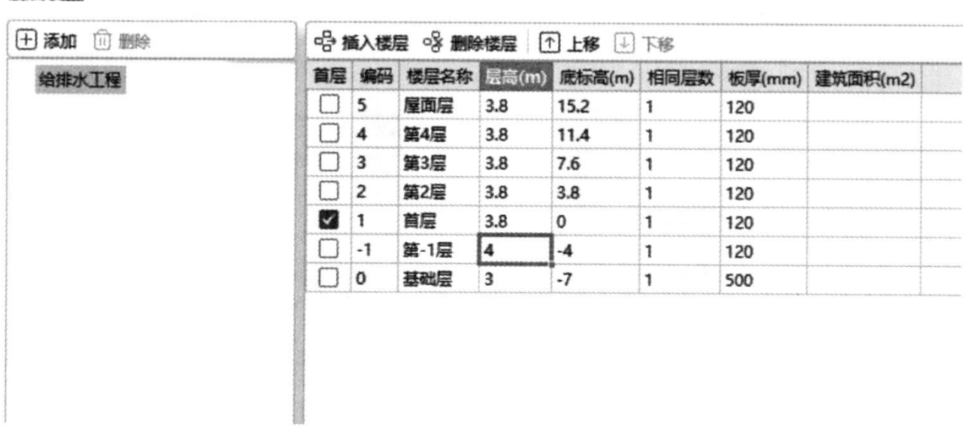

图 2-11　地下部分新增楼层

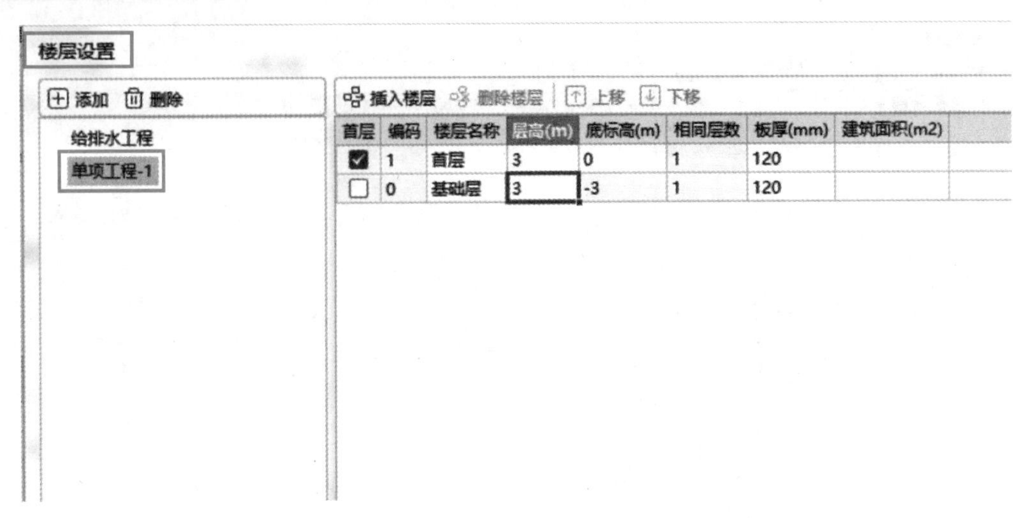

首层	编码	楼层名称	层高(m)	底标高(m)	相同层数	板厚(mm)	建筑面积(m2)
☑	1	首层	3	0	1	120	
☐	0	基础层	3	-3	1	120	

图 2-12 楼层设置“添加”功能

3. 计算设置

针对本实例图纸的工程情况，不需要对计算设置进行设置和修改。读者可以单击这个按钮，在弹出的“计算设置”对话框中了解它们对应的内容，如图 2-13 所示。

计算设置

给排水

恢复当前项默认设置 | 恢复所有项默认设置 | 导入规则 | 导出规则

计算设置	单位	设置值
⊟ 给水支管高度计算方式		给水横管与卫生器具标高差值
按规范计算	mm	设置计算值
输入固定计算值	mm	300
⊟ 排水支管高度计算方式		排水横管与卫生器具标高差值
按规范计算	mm	设置计算值
输入固定计算值	mm	300
支架个数计算方式	个	四舍五入
接头间距计算设置值	mm	6000
管道通头计算最小值设置		设置计算值
机械三通、机械四通计算规则设置	个	全不计算
符合使用机械三通/四通的管径条件	mm	设置管径值
⊟ 不规则三通、四通拆分原则(按直线干管上管口径拆分)		按大口径拆分
需拆分的通头最大口径不小于	mm	80
过路管线是否划分到所在区域		否
地上地下工程量划分设置	m	首层底标高
⊟ 超高计算方法		起始值以上部分计算超高
给排水工程操作物超高起始值	mm	3600
刷油防腐绝热工程操作物超高起始值	mm	6000
⊟ 刷油保温计算方式		
管道绝热、防潮体积计算设置	m3	V=π*(D+1.033δ)*1.033δ*L
管道保护层计算设置	m2	S=π*(D+2.1δ+0.0082)*L

图 2-13 “计算设置”对话框

2.1.3　导入图纸

单击右侧“图纸管理”功能包的“添加”按钮，弹出“批量添加 CAD 图纸文件”对话框。通过改变路径，找到软件提供的图纸存放位置，如图 2-14 所示。

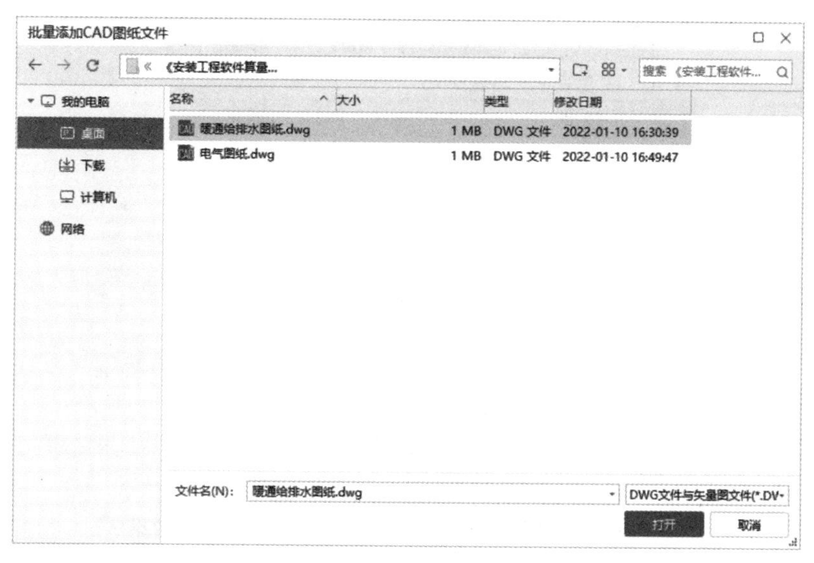

图 2-14　“批量添加 CAD 图纸文件”对话框

单击对话框的“打开”按钮，就能将图纸导入软件中，如图 2-15 所示。

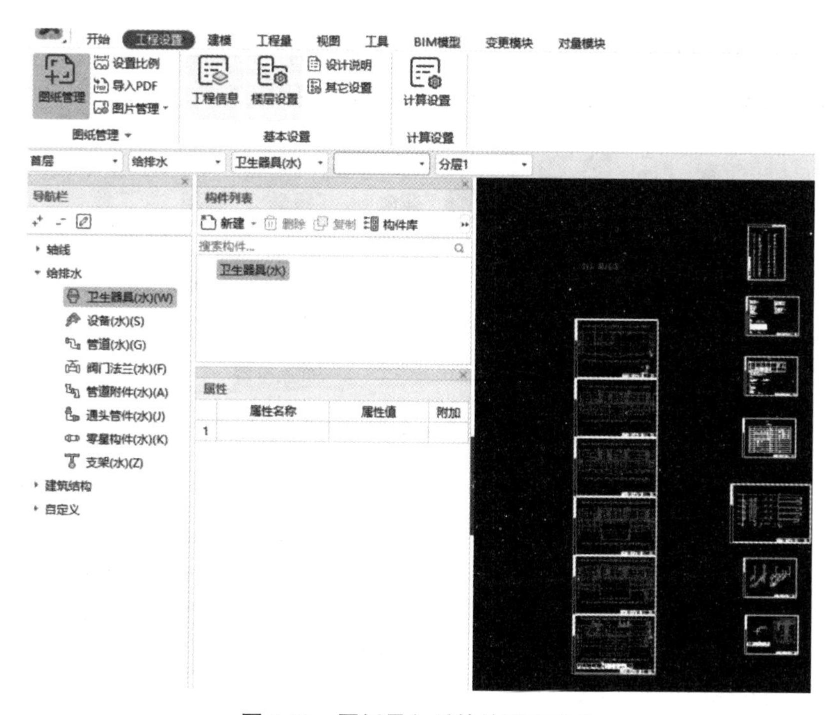

图 2-15　图纸导入后的绘图区效果

右侧“图纸管理”对话框中也将出现导入的图纸名称，如图 2-16 所示。

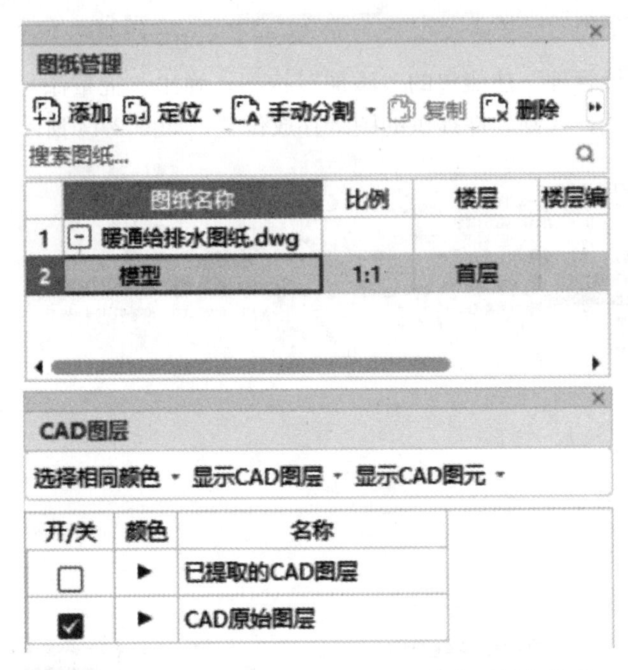

图 2-16 图纸导入软件后的“图纸导航”对话框效果

2.1.4 设置比例

在“常用 CAD 工具”功能包中，单击“设置比例”用以校验比例尺，如图 2-17 所示。单击后，该按钮呈现常亮状态，表示该功能正在使用。

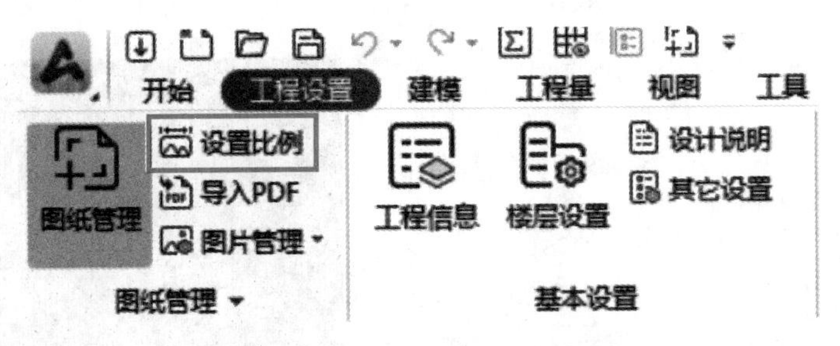

图 2-17 “常用 CAD 工具”功能包

图 2-18 轴线②轴和③轴的尺寸标注

安装工程图纸中轴线与轴线之间存在严格的尺寸标注，因此通过量取带有尺寸标注的线段得到的长度，与该尺寸标注长度进行比较，来判断比例尺是否有误。此处，选择轴线②轴和③轴的尺寸标注“4800”来进行比较，如图 2-18 所示。

按照状态栏的文字提示，首先需要拉框选择要修改比例的 CAD 图元，右键确认，如图 2-19 所示。

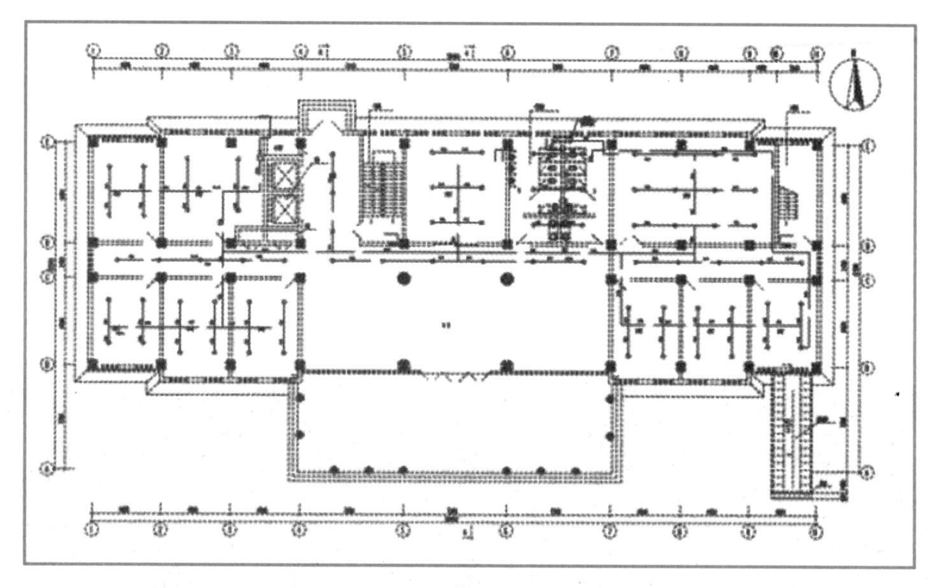

图 2-19　拉框选择 CAD 图元

然后选取两个点，完成线段的量取。选择轴线②与尺寸标注线的交点作为第一个点，轴线③与尺寸标注线的交点作为第二个点，再单击鼠标右键，弹出“尺寸输入”对话框，如图 2-20 所示。提示量取线段长度为 4800mm，这与尺寸标注的长度完全一致，表明比例尺正确，单击“确定”即可。

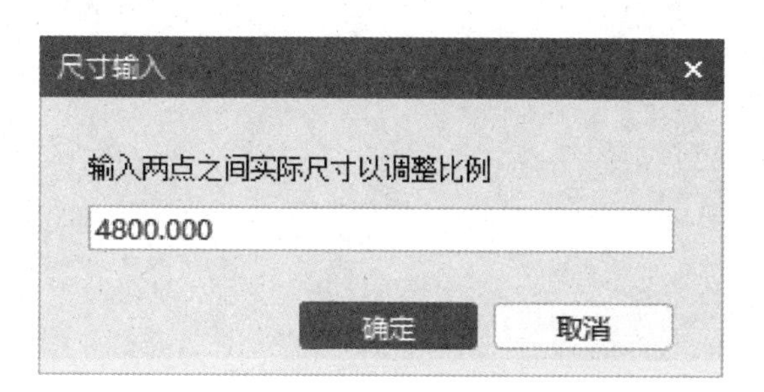

图 2-20　长度量取的“尺寸输入”对话框

2.1.5　分割图纸

单击广联达 BIM 安装计量 GQI2021 右侧界面中的“图纸管理”选项卡下的“手动分割”按钮，如图 2-21 所示。

在左侧绘图区域内，通过按住鼠标左键拉框选择需要分割的图纸。鼠标左键拉框选择需要分配的图纸，被选择后的该楼层图纸变成蓝色，如图 2-22 所示。

单击右键确定，弹出“请输入图纸名称”的分配楼层对话框，如图 2-23 所示。

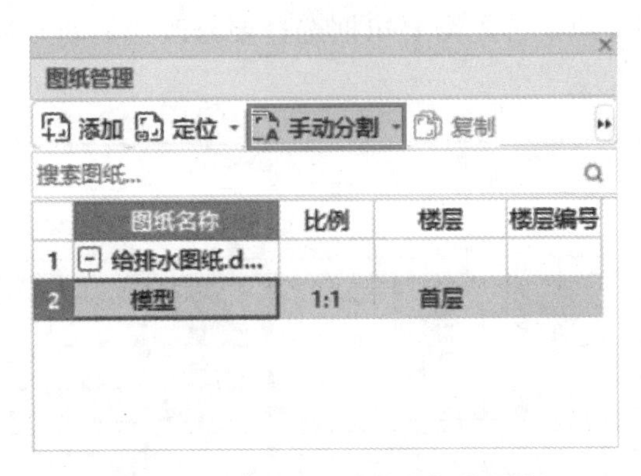

图 2-21　单击“手动分割”选项卡

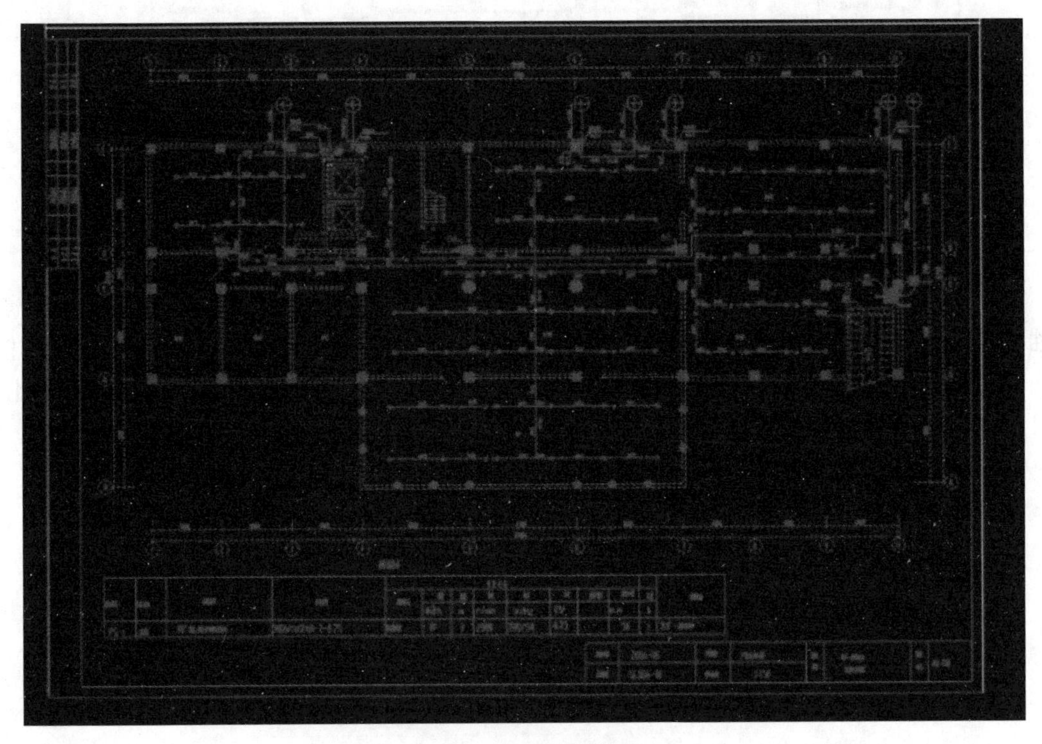

图 2-22　拉框分配楼层

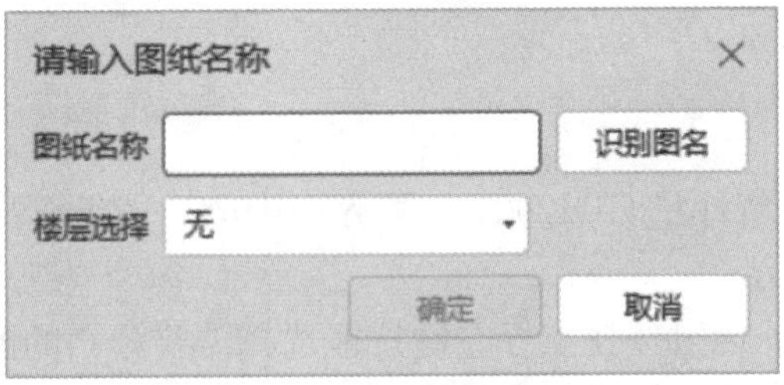

请输入图纸名称

图纸名称　识别图名

楼层选择　无

确定　取消

图 2-23　分配楼层对话框

（1）“图纸名称”选项

在“图纸名称”列表框中，可以手动输入图纸名称，也可以单击右侧“识别图名”按钮，进入 CAD 图纸中找到对应分配图纸名称，按照状态栏的文字提示，点选 CAD 文本信息，如图 2-24 所示。

点击右键确认，图纸名称定义完成，如图 2-25 所示。

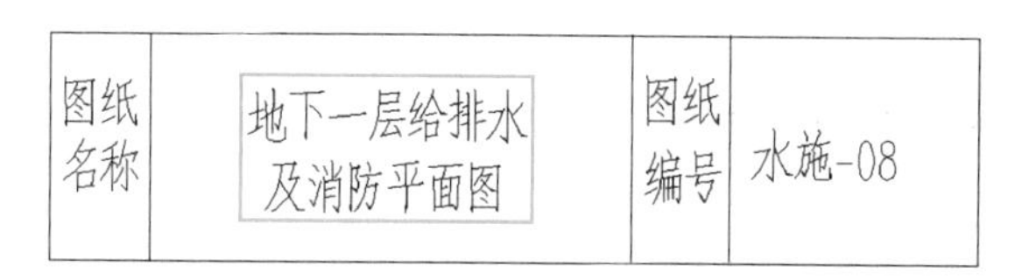

图 2-24　点选 CAD 文本信息

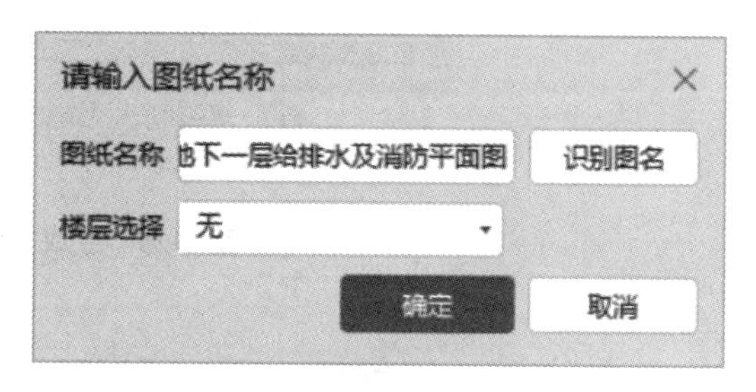

图 2-25　“图纸名称”列表框

（2）“楼层选择”选项

在“楼层选择”列表框中，单击右侧“▾”按钮，在弹出的下拉列表框中选择对应楼层，如图 2-26 所示。

分配楼层设置完成，如图 2-27 所示。

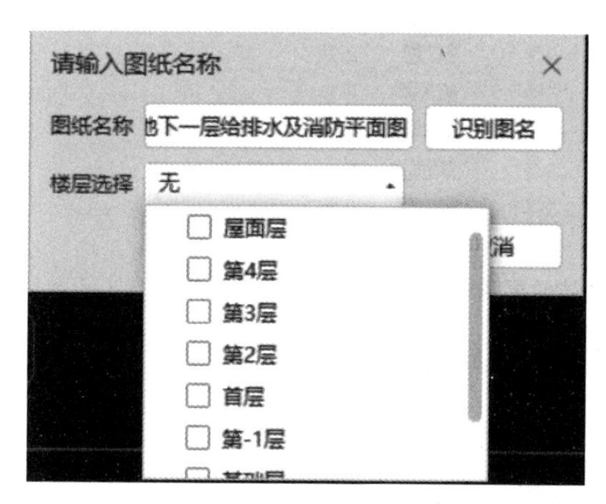

图 2-26　“楼层选择”列表框

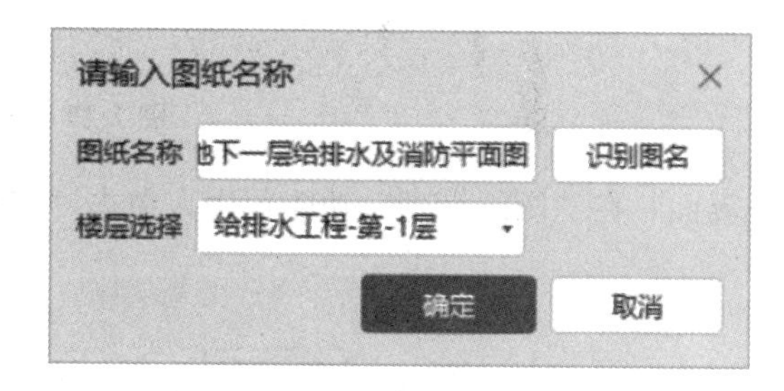

图 2-27　分配楼层对话框完成效果

单击“确定”按钮，完成分配楼层操作，在右侧“图纸管理”栏生成“地下一层”模型，如图 2-28 所示。

按照同样的操作方式，依次完成首层、二层、三层、四层、屋顶以及卫生间详图的给排水平面图的楼层分配，可以把卫生间详图分配到基础层，分配楼层效果图如图 2-29 所示。

2.1.6　定位图纸

通过双击“图纸管理”下的“给排水图纸”名称，将图纸切换到未分割的给排水总图

图纸管理

添加 定位 手动分割 复制 删除 楼层编号

搜索图纸...

	图纸名称	比例	楼层	楼层编号
1	暖通给排水图纸.dwg			
2	模型	1:1	首层	
3	地下一层给排水及消防平面图	1:1	第-1层	-1.1

图 2-28 生成“地下一层给排水模型”

图纸管理

添加 定位 手动分割 复制 删除 楼层编号

搜索图纸...

	图纸名称	比例	楼层	楼层编号
1	暖通给排水图纸.dwg			
2	模型	1:1	首层	
3	地下一层给排水及消防平面图	1:1	第-1层	-1.1
4	首层给排水及消防平面图	1:1	首层	1.1
5	二层给排水及消防平面图	1:1	第2层	2.1
6	三层给排水及消防平面图	1:1	第3层	3.1
7	四层给排水及消防平面图	1:1	第4层	4.1
8	屋顶平面图	1:1	屋面层	5.1
9	卫生间详图	1:1	基础层	0.1

图 2-29 分配楼层效果图

界面，在“图纸管理”功能包中，单击“定位”按钮，如图 2-30 所示。

图纸管理

添加 定位 手动分割 复制 删除 楼层编号

搜索图纸...

	图纸名称	比例	楼层	楼层编号
1	暖通给排水图纸.dwg			
2	模型	1:1	首层	

图 2-30 “定位”功能按钮

该操作不会弹出任何的对话框，但状态栏出现了变化，可以根据状态栏的提示文字“鼠标左键点选设置定位点，右键确认或 Esc 退出命令”进行操作。

首先，需要单击第－1 层平面图上的轴线①与轴线Ⓑ的交点。为了确保定位点的正确，需要使用“交点捕捉”操作。在紧靠状态栏上部找到“图线捕捉及控制”工具栏，如图 2-31 所示。

图 2-31　“图线捕捉及控制”工具栏

单击“交点”按钮，激活“交点捕捉”状态，如图 2-32 所示。

图 2-32　“交点捕捉”被激活的状态效果

将光标移动到第一1 层平面图轴线①的位置，当鼠标光标变成回字形时，单击轴线①，完成选中操作，如图 2-33 所示。

再按照相同的方式，选中轴线Ⓑ，这样在轴线①与轴线Ⓑ的交点处就会出现一个黄叉，如图 2-34 所示，黄叉的交点就是所需的定位点。黄叉出现后，再单击鼠标右键进行确认，完成图纸定位操作。按照同样的操作方法，将第 1 层、2 层、3 层、4 层的平面图进行定位。卫生间详图可以任意定位，定位在轴⑥和轴Ⓓ即可。

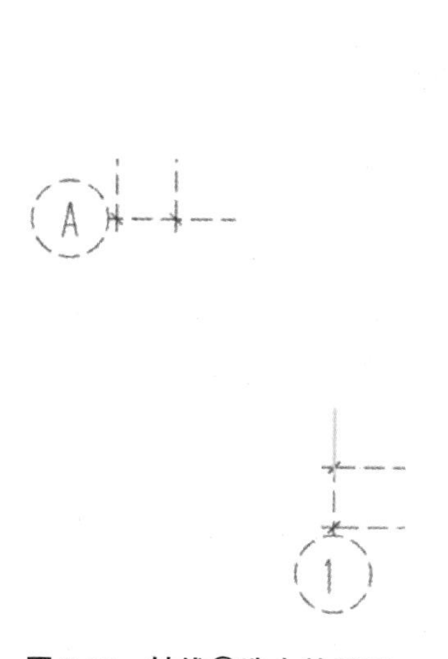

图 2-33　轴线①选中效果图

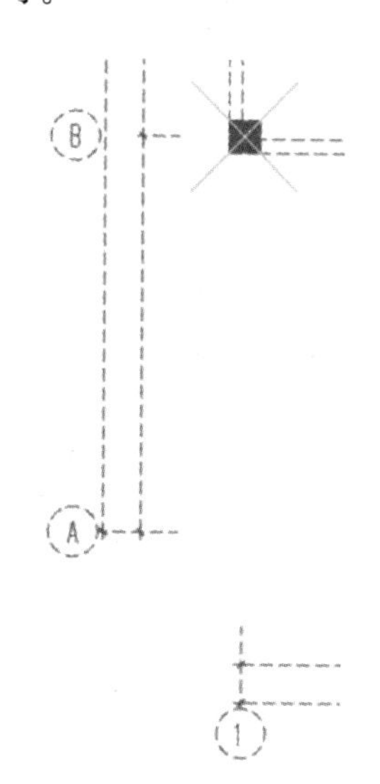

图 2-34　形成定位点的效果图

2.2 卫生器具的识别

2.2.1　卫生器具的构件新建

软件左侧定义界面中左侧区域属于构件类型切换栏，右侧属于构件新建及编辑栏，如图 2-35 所示。

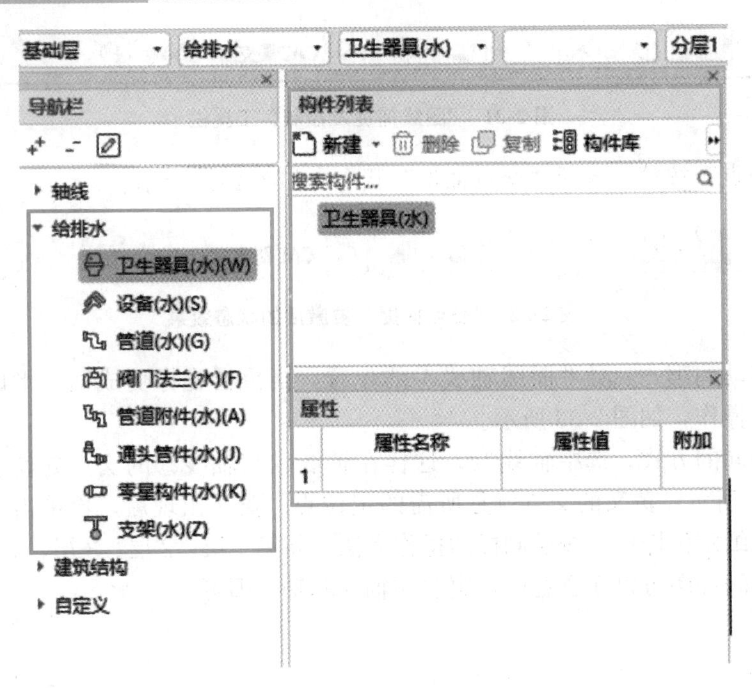

图 2-35　定义构件

在展开的功能按钮中单击“卫生器具（水）”，再单击右侧构件新建及编辑栏上部的“新建”按钮，“卫生器具”下方新出现一个名为“WSQJ-1［台式洗脸盆］”的构件，并在下方“属性”界面中出现了新的内容，如图 2-36 所示。

此外，在“类型”这一行信息栏中，可以通过右侧下拉列表框选项，选择对应的卫生器具类型，如图 2-37 所示。

通过下拉列表选项将“类型”选择为“立式小便器”；在“材质”信息栏中，通过下拉列表选项将类型选择为“陶瓷”；将“名称”栏中默认的内容“WSQJ-1”删掉，按照卫生器具的类型中的内容输入“立式小便器”即可。修改后信息如图 2-38 所示。

单击“属性”下方的“图例”按钮，弹出“系统图例”对话框，再单击“设置连接点”按钮，弹出“设置连接点”对话框，如图 2-39 所示。按照文字提示要求设置连接点，图中需要设置两个，一个给水连接点、一个排水连接点。

卫生器具(水)

WSQJ-1 [台式洗脸盆]

属性

	属性名称	属性值	附加
1	名称	WSQJ-1	
2	材质		☐
3	类型	台式洗脸盆	☑
4	规格型号		☐
5	标高(m)	层底标高+0.8	☐
6	所在位置		☐
7	安装部位		☐
8	系统类型	排水系统	☐
9	汇总信息	卫生器具(水)	☐
10	是否计量	是	☐
11	乘以标准间数量	是	☐
12	倍数	1	
13	图元楼层归属	默认	☐
14	备注		☐
15	⊞ 显示样式		
18	⊞ 材料价格		

图例　实体模型　提属性

图 2-36　新建“卫生器具”界面变化

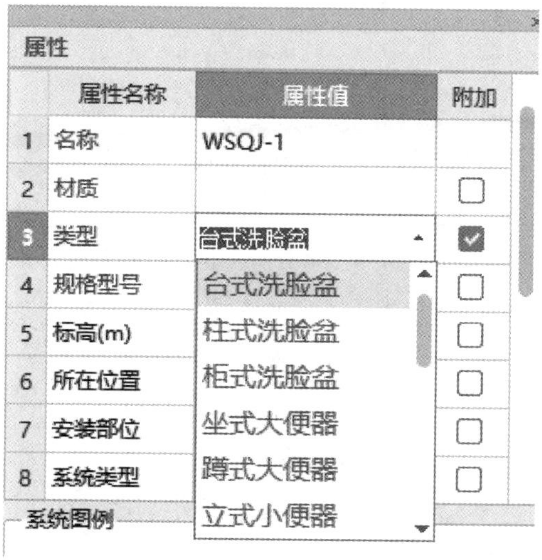

属性

	属性名称	属性值	附加
1	名称	WSQJ-1	
2	材质		☐
3	类型	台式洗脸盆	☑
4	规格型号	台式洗脸盆	☐
5	标高(m)	柱式洗脸盆	☐
6	所在位置	柜式洗脸盆	☐
7	安装部位	坐式大便器	☐
8	系统类型	蹲式大便器	☐
	系统图例	立式小便器	

图 2-37　卫生器具类型信息栏下拉列表框选项

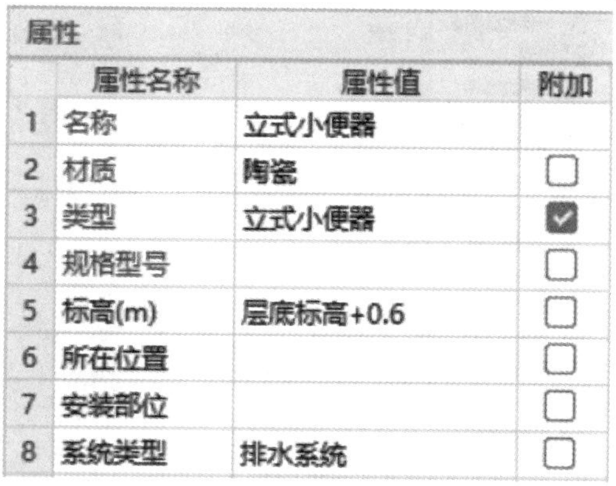

属性

	属性名称	属性值	附加
1	名称	立式小便器	
2	材质	陶瓷	☐
3	类型	立式小便器	☑
4	规格型号		☐
5	标高(m)	层底标高+0.6	☐
6	所在位置		☐
7	安装部位		☐
8	系统类型	排水系统	☐

图 2-38　构件“立式小便器”属性界面修改效果

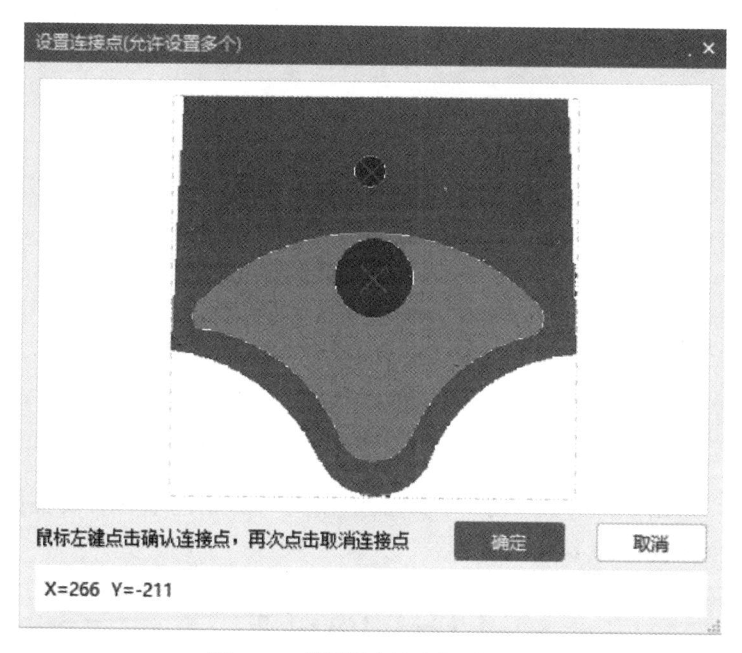

图 2-39　“设置连接点”对话框

单击“属性”下方的“实体建模”按钮，弹出“实体建模”对话框，如图 2-40 所示。在左侧选择“落地式小便器”，单击“确认”即可。

为方便观察，可以将识别的构件标明颜色，单击“显示样式”左边的“⊞”按钮展开更多内容，在“填充颜色”一栏，通过下拉列表框选择红色（图 2-41），这样就完成了“立式小便器”构件的所有新建工作。

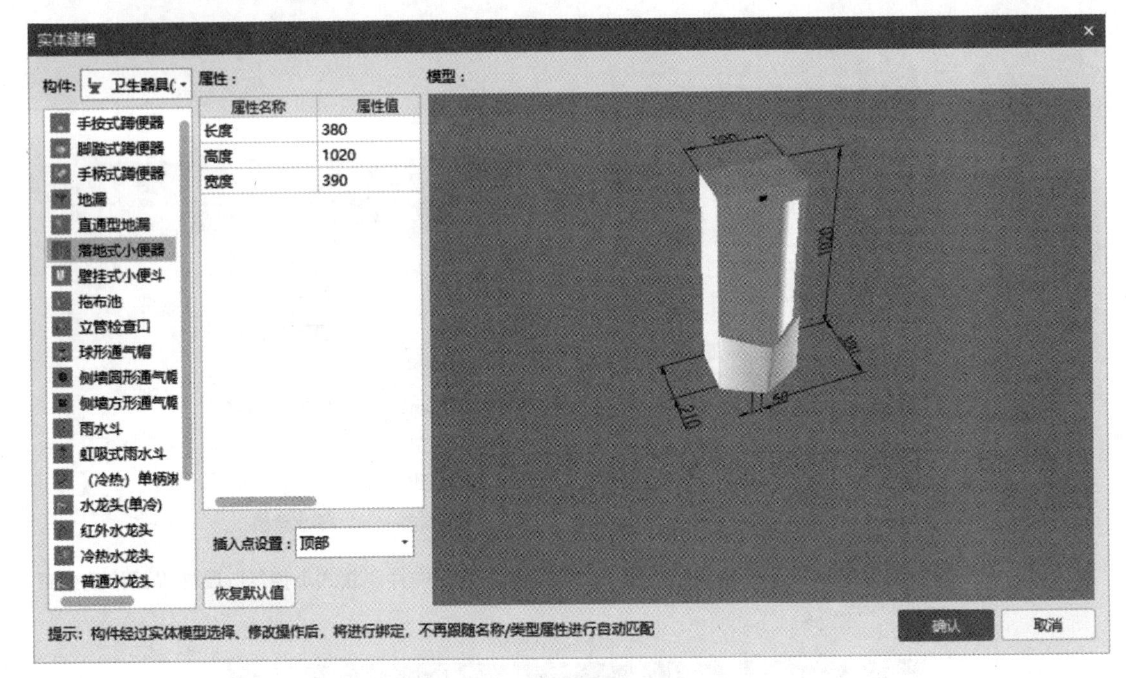

图 2-40 “实体建模”对话框

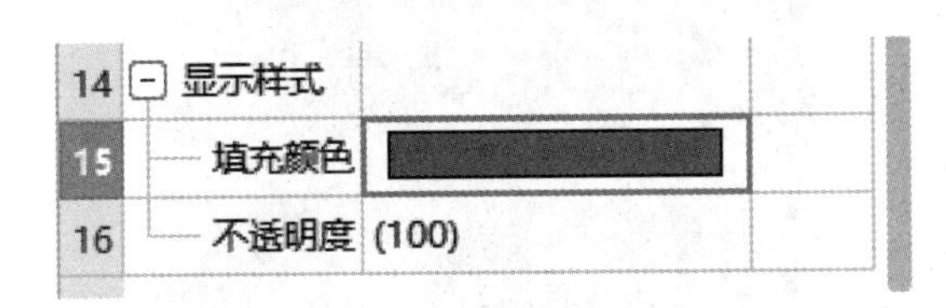
14	⊟ 显示样式	
15	填充颜色	
16	不透明度	(100)

图 2-41 构件颜色填充的选择

2.2.2 卫生器具的识别

卫生器具的识别

单击软件界面上方“识别卫生器具”功能包中的“设备提量”按钮，激活该功能（图 2-42）。

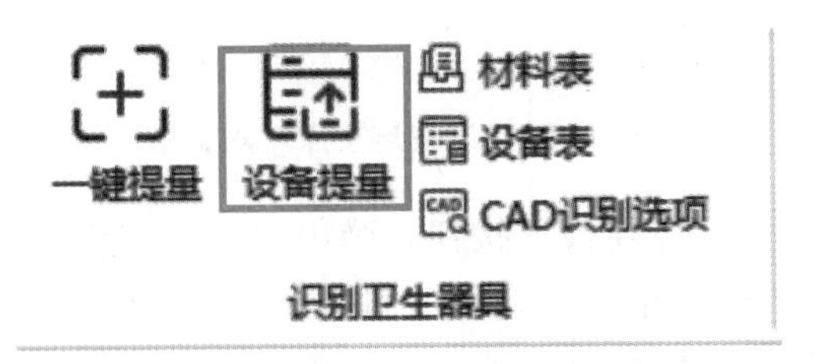

图 2-42 设备提量

按照状态栏的文字提示，用鼠标左键单击或框选“立式小便器”图例，选中后，图例符号变成深蓝色，如图 2-43 所示。

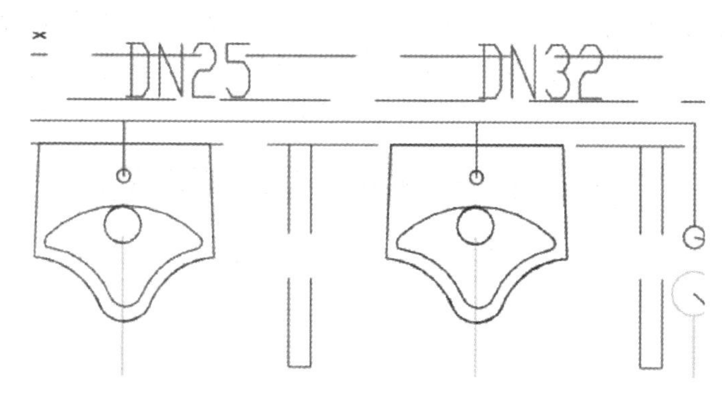

图 2-43　图例被选中的状态

右键确认，弹出“选择要识别成的构件”对话框，如图 2-44 所示。左键单击选中“立式小便器”构件，再单击“确认”完成构件的识别。

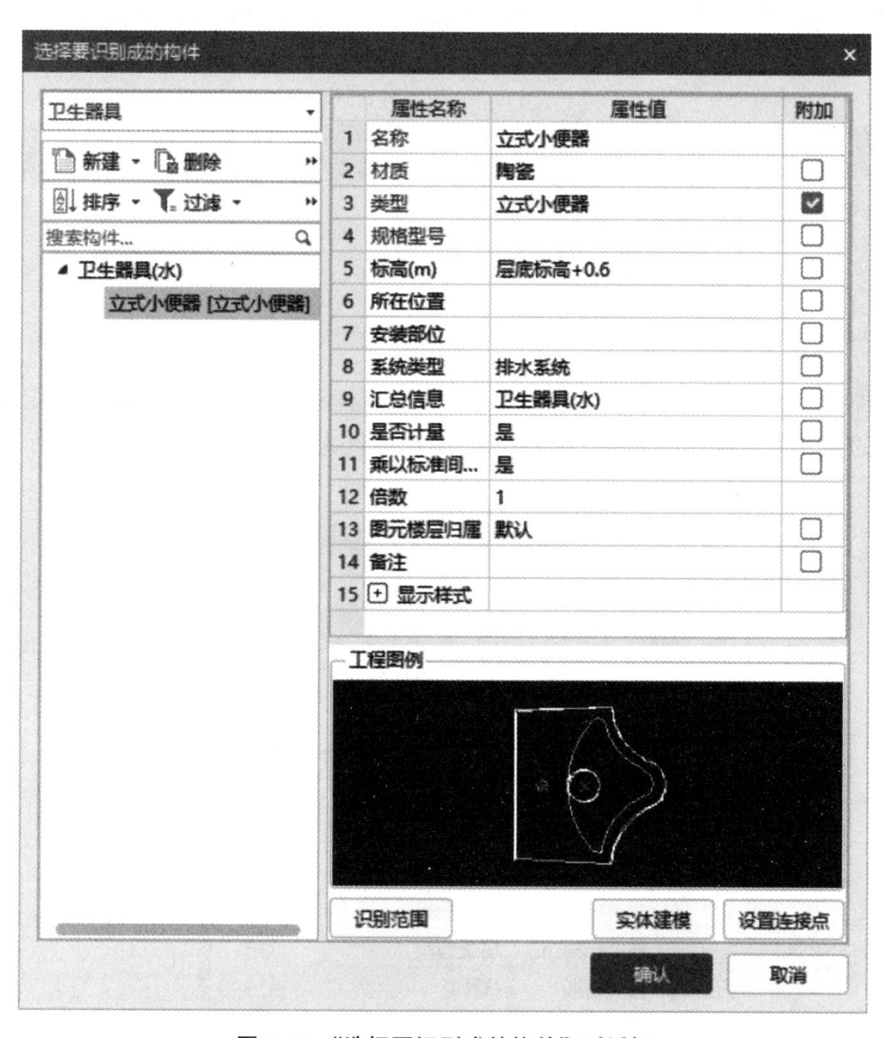

图 2-44　“选择要识别成的构件”对话框

检查构件属性是否正确以及工程图例连接点是否已设置，如连接点显示未设置完成，再次进行“设置连接点”操作。检查无误，单击“确认”按钮，进行图例识别。之后，会弹出“提示”对话框，提示识别的设备数量，表明识别成功，如图 2-45 所示。

图 2-45　识别成功“提示”对话框

同时，立式小便器的图例符号也按刚才的调整情况变成了红色，从而完成了立式小便器的识别。按照同样的操作方式，将卫生间详图中的其他卫生器具识别完成。

2.3　给水管道的识别

2.3.1　给水管道的新建构件

在构件类型切换栏中，单击“管道（水）”构件类型，新建一个构件，如图 2-46 所示。默认的新建管道构件名称为“GSG-1”，属性信息为 PP-R 给水管 De25。

▲ 给水系统
GSG-1 [给水系统 给水用PP-R 25]

属性

	属性名称	属性值	附加
1	名称	GSG-1	
2	系统类型	给水系统	☑
3	系统编号	(G1)	☐
4	材质	给水用PP-R	☑
5	管径规格(m...	25	☑
6	起点标高(m)	层底标高	☐
7	终点标高(m)	层底标高	☐
8	管件材质	(塑料)	☐
9	连接方式	(热熔连接)	☐

图 2-46　新建管道构件

根据图纸中对应管道信息，对管道各属性内容进行修改，“属性编辑器”修改后如图 2-47 所示。

图 2-47　管道“属性编辑器”

根据图纸，该工程详图中管道构件除了“DN25”外，还有“DN32”“DN50”类型的管道，除了管道规格不同外，管道其他属性均相同。可以使用“构件列表”下方的“复制”按钮进行管道复制。

鼠标左键选中已新建的“DN25”管道名称，再单击“复制”按钮，如图 2-48 所示。

在新建管道下面会复制出名称为“DN25-1”的给水管道，如图 2-49 所示。

修改“名称”及“管径规格”，完成后的管道属性如图 2-50 所示。

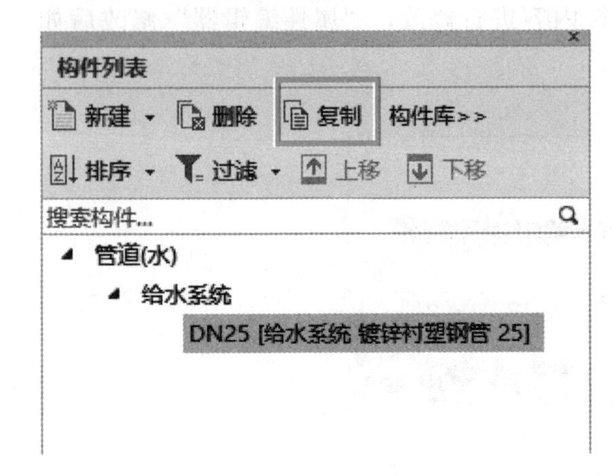

图 2-48　管道“复制”

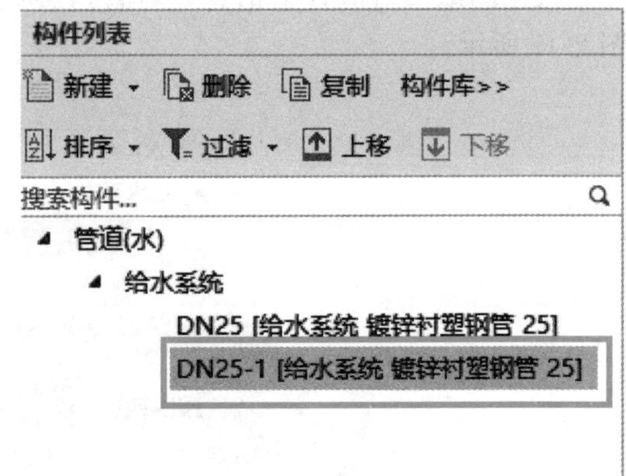

图 2-49　复制出的新管道

管道(水)
给水系统
DN25 [给水系统 镀锌衬塑钢管 25]
DN32 [给水系统 镀锌衬塑钢管 32]
DN50 [给水系统 镀锌衬塑钢管 50]

属性

	属性名称	属性值	附加
1	名称	DN32	
2	系统类型	给水系统	☑
3	系统编号	(G1)	☐
4	材质	镀锌衬塑钢管	☑
5	管径规格(m...	32	☑
6	起点标高(m)	层底标高+1.3	☐
7	终点标高(m)	层底标高+1.3	☐
8	管件材质	(钢制)	☐
9	连接方式	螺纹连接	☐

管道(水)
给水系统
DN25 [给水系统 镀锌衬塑钢管 25]
DN32 [给水系统 镀锌衬塑钢管 32]
DN50 [给水系统 镀锌衬塑钢管 50]

属性

	属性名称	属性值	附加
1	名称	DN50	
2	系统类型	给水系统	☑
3	系统编号	(G1)	☐
4	材质	镀锌衬塑钢管	☑
5	管径规格(m...	50	☑
6	起点标高(m)	层底标高+1.3	☐
7	终点标高(m)	层底标高+1.3	☐
8	管件材质	(钢制)	☐
9	连接方式	螺纹连接	☐

图 2-50　“名称”和“管径规格”属性修改

2.3.2　给水管道构件识别

“管线提量”功能包中包含 3 种构件识别的方式，分别是“选择识别”“直线”和“自动识别”。下面分别介绍这 3 种方式的识别步骤。

（1）选择识别

在“识别管道”功能包中，单击“选择识别”按钮，激活该功能，如图 2-51 所示。

按照状态栏的文字提示，单击需要识别的管线，之后单击鼠标右键，弹出“选择要识别成的构件”提示框，接着可按照 2.2.2 的方法，完成构件的关联操作，单击“确认”按钮，完成识别操作。这样，构件就能按照修改好的样式在绘图区域中显示出来，如图 2-52 所示，给水管 DN32 水平管道即识别完毕。

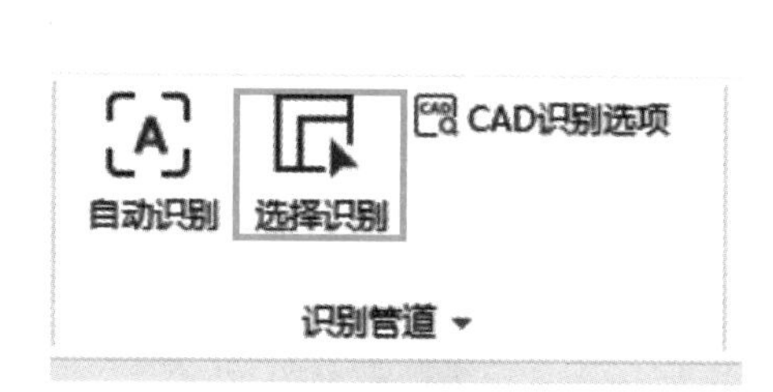

图 2-51 “选择识别”按钮

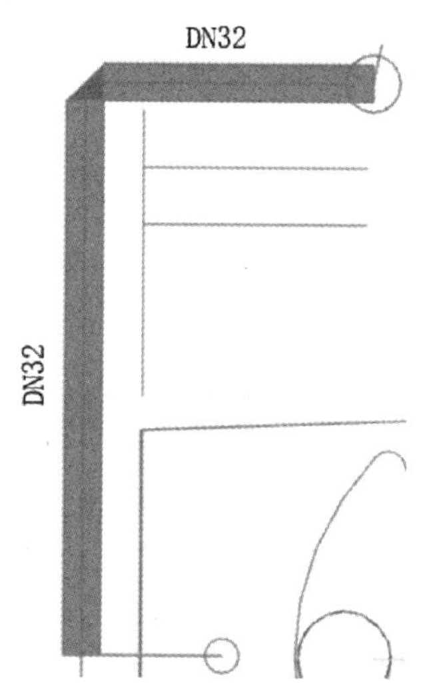

图 2-52 识别完毕的管线构件

（2）直线

在“绘图”功能包中，单击“直线”按钮，激活该功能，如图 2-53 所示。

左键选中需要绘制的管道名称，如图 2-54 所示。

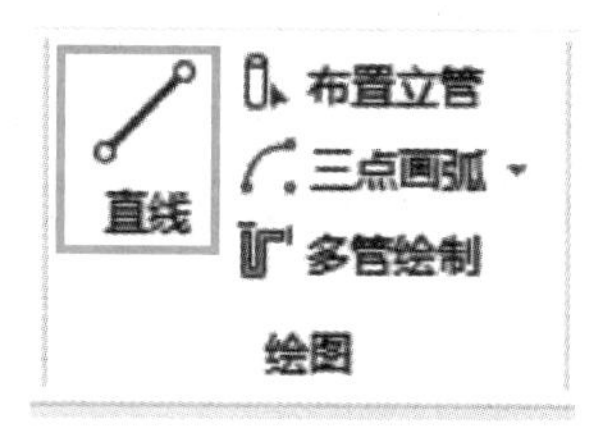

图 2-53 “直线”按钮

给水系统
DN25 [给水系统 镀锌衬塑钢管 25]
DN32 [给水系统 镀锌衬塑钢管 32]
DN50 [给水系统 镀锌衬塑钢管 50]

图 2-54 选中需要绘制的管道

按照状态栏的文字提示，“指定第一点”，左键单击需要绘制管线的一端，如图 2-55 所示。

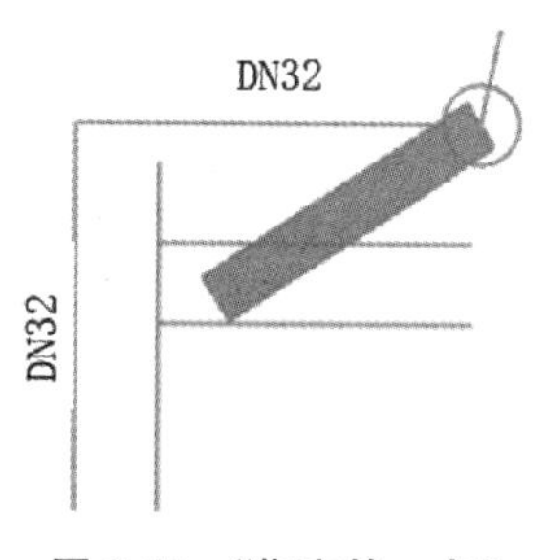

图 2-55 “指定第一点”

如需要绘制水平或垂直管线，可以打开状态栏上方的“正交”按钮，左键单击“正交”图标，如图 2-56 所示，打开后显示高亮状态。

根据状态栏文字提示，“指定下一点”，左键单击管线另一端，如图 2-57 所示。

此时，状态栏文字仍提示“下一点”，如果绘制完毕，可以单击鼠标右键确定，完成管线绘制；如果未绘制完毕，可以继

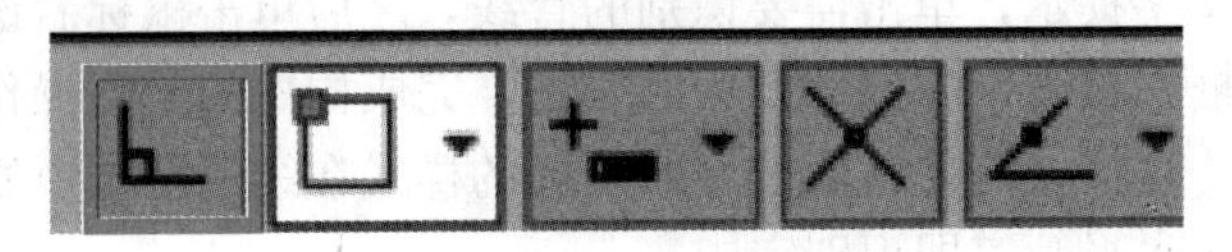

图 2-56　打开“正交”命令

续按照提示左键单击管线另一端。如图 2-58 所示。

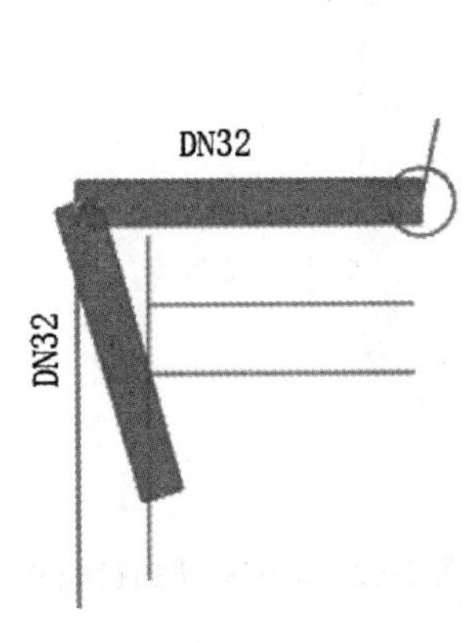

图 2-57　“指定下一点”

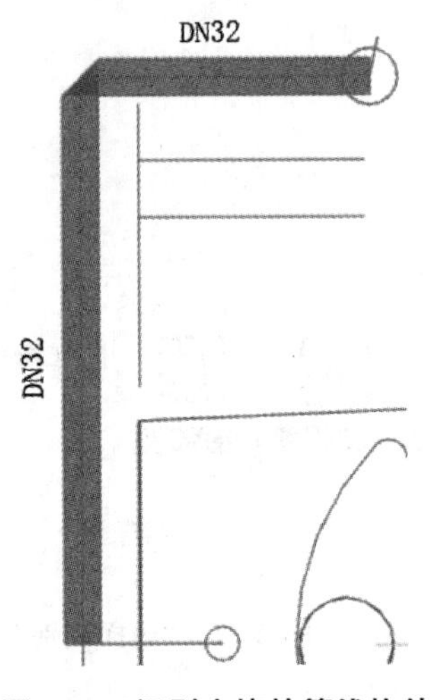

图 2-58　识别完毕的管线构件

水平给水管自动识别、扣管

(3) 自动识别

在“识别管道”功能包中，单击“自动识别”按钮，激活该功能，如图 2-59 所示。

按照状态栏下方的文字提示，“选择一根代表管线的 CAD 线及一个代表管径的标识”，左键单击管线及对应管径的标识，选中的管线和标识会变成蓝色。如果软件同时也选中了其他管线或标识，可以再次左键单击不需要选择的管线或标识取消选择。如图 2-60 所示为选中 DN32 管线和管径标识。

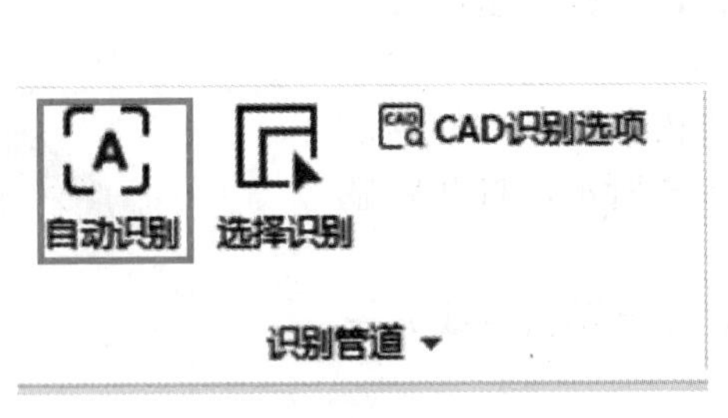

图 2-59　“自动识别”按钮

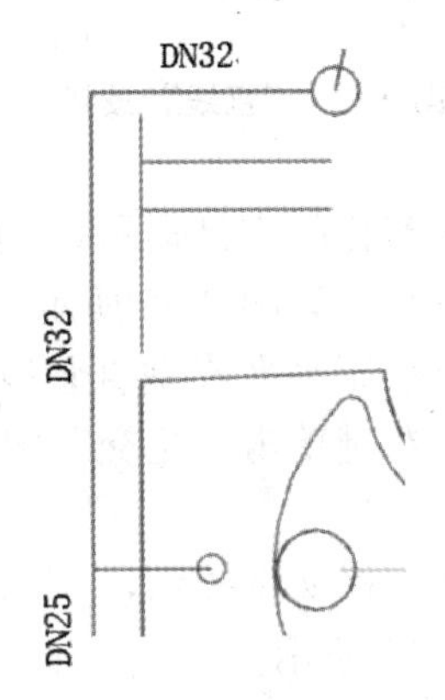

图 2-60　选择管线及管径标识

按照上面的操作方法，再次选择 DN25 的管线及管径标识。选择完成，点击右键确定，弹出“管道构件信息”对话框，如图 2-61 所示。

图 2-61　“管道构件信息”对话框

根据管道属性，修改“系统类型”和“材质”。双击标识 DN32 对应的“路径 2”，“路径 2”右侧出现“…”按钮，如图 2-62 所示。

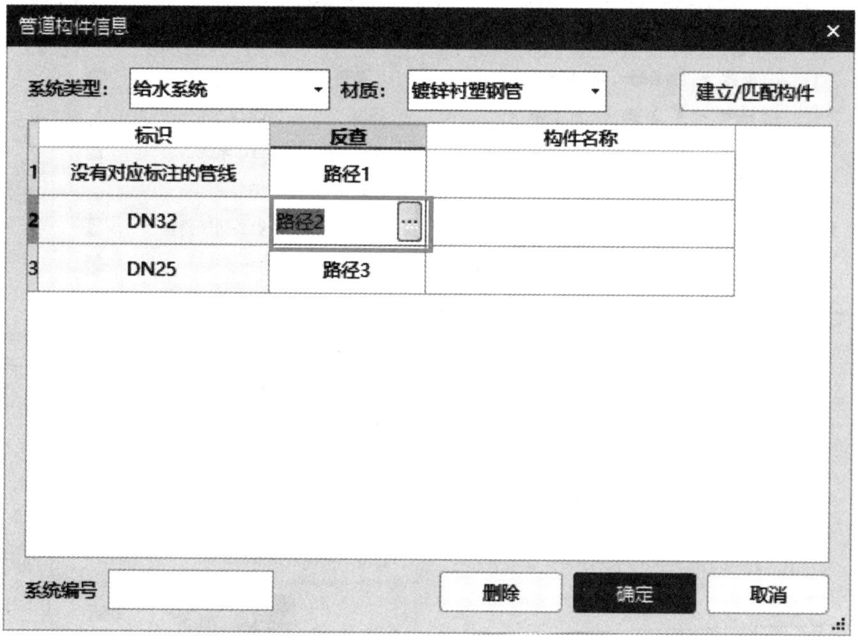

图 2-62　“路径 2”反查按钮

单击“⋯”按钮进行路径反查，绘图界面中闪烁的管道即反查的管道，观察管道规格和名称是否正确。单击右键回到“管道构件信息”对话框，按照上面的操作步骤，对其他管道进行反查。

双击“构件名称”对话框，出现“⋯”按钮，如图 2-63 所示。

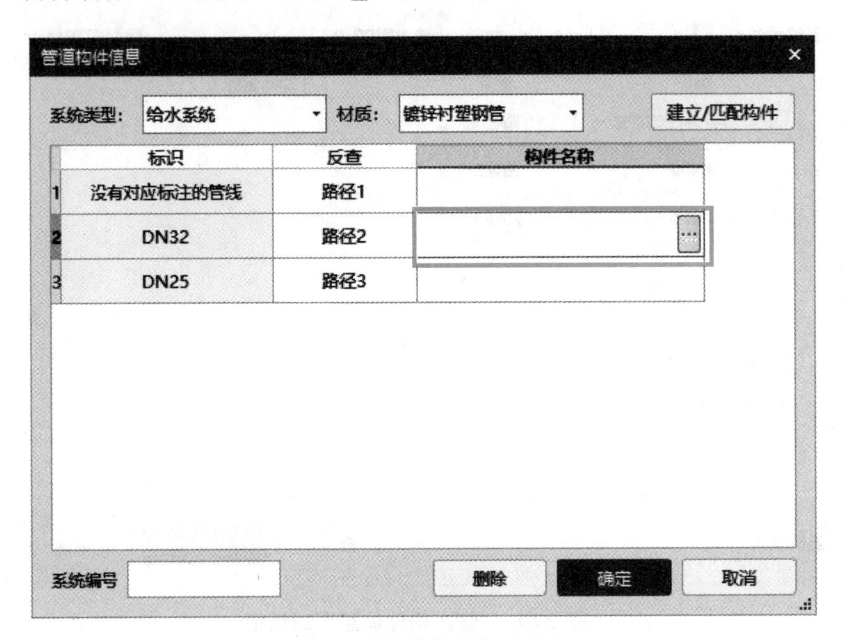

图 2-63 “构件名称”对话框

单击“⋯”按钮，弹出“选择要识别成的构件”对话框，如图 2-64 所示。

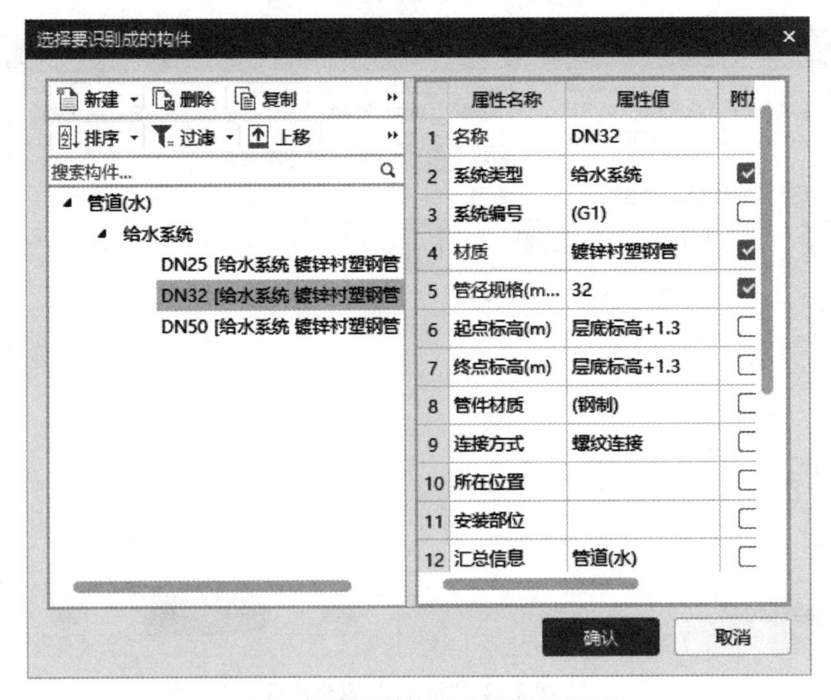

图 2-64 “选择要识别成的构件”对话框

在左侧给水系统下拉菜单中左键单击选择对应的管道名称，单击“确认”按钮，完成构件名称的选择。完成效果如图 2-65 所示。

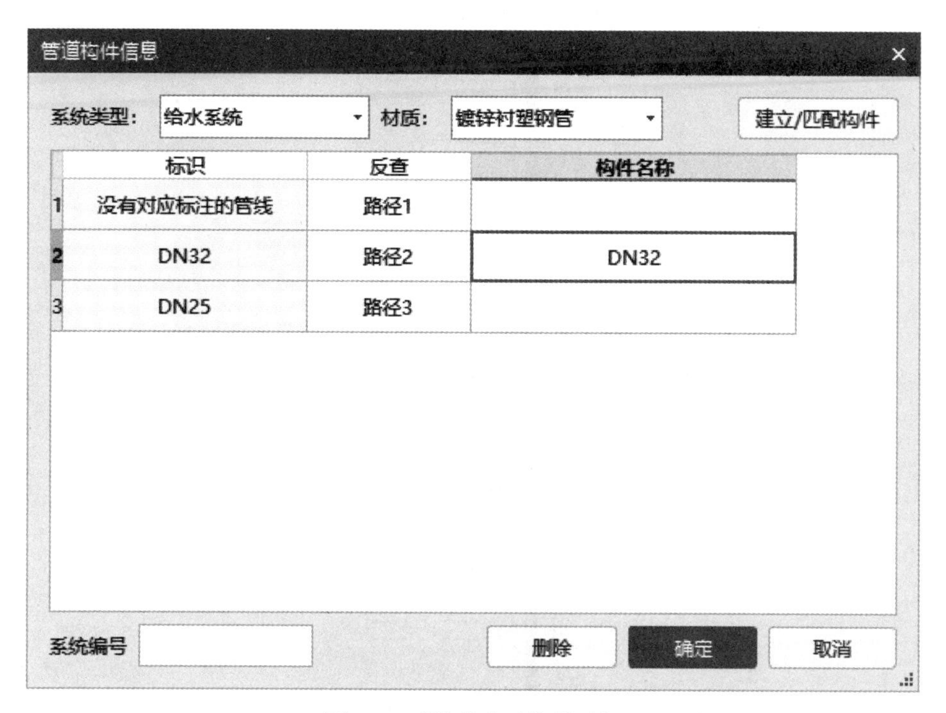

图 2-65　“构件名称”的选择

按照上面的操作步骤，完成其他管道构件名称的选择。完成效果如图 2-66 所示。

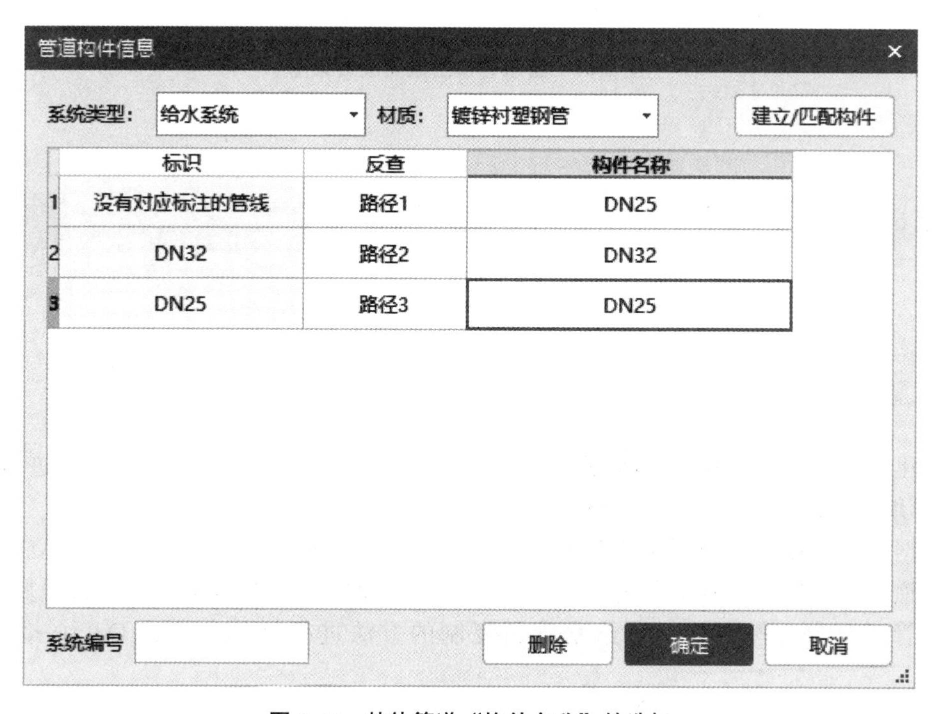

图 2-66　其他管道“构件名称”的选择

检查无误，单击“确定”按钮，完成给水管道的绘制，如图 2-67 所示。

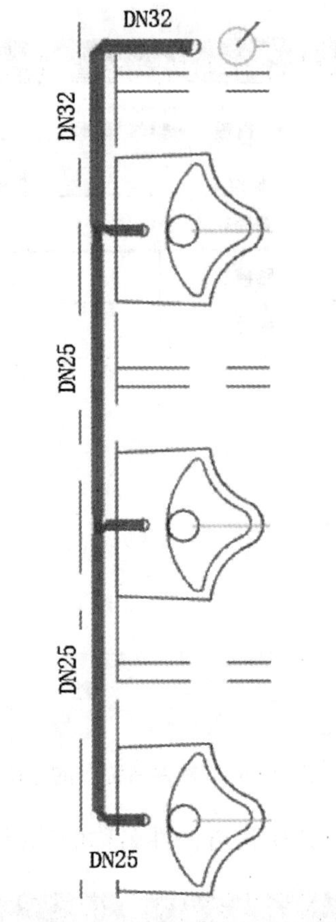

图 2-67　给水管道绘制完成效果图

2.4 排水管道的识别

2.4.1 排水管道的新建构件

新建一个排水管道构件，根据图纸中对应管道信息，对管道各属性内容进行修改，“属性”编辑器修改后如图 2-68 所示。

根据图纸，该工程详图中管道构件除了“De50”外，还有“De110”类型的管道，除了管道规格不同外，管道其他属性均相同。可以使用“构件列表”下方的“复制”按钮进行管道复制，按照前一节给水管道复制的方法进行操作，完成 De110 排水管的新建。

- 管道(水)
  - 给水系统
  - 排水系统
    - De50 [排水系统 排水用PVC-U 50]

属性

	属性名称	属性值	附加
1	名称	De50	
2	系统类型	排水系统	☑
3	系统编号	P1	☐
4	材质	排水用PVC-U	☑
5	管径规格(m...	50	☑
6	起点标高(m)	层底标高-0.55	☐
7	终点标高(m)	层底标高-0.55	☐
8	管件材质	(塑料)	☐
9	连接方式	(胶粘连接)	☐
10	所在位置		☐
11	安装部位		☐
12	汇总信息	管道(水)	☐
13	备注		☐
14	+ 计算		
20	+ 支架		
24	+ 刷油保温		
29	− 显示样式		
30	填充颜色		
31	不透明度	60	

图 2-68　管道“属性”编辑器

2.4.2　排水管道构件识别

排水管道识别方法同给水管道，可以用识别给水管道的方法识别排水管道，下面仅介绍“直线”方法的识别步骤。

在“绘图”功能包中，单击“直线”按钮，激活该功能，点击左键选中需要绘制的管道名称，如图 2-69 所示。

按照状态栏的文字提示，“指定第一点”，左键单击需要绘制管线的一端；如需要绘制水平或垂直管线，可以打开状态栏上方的“正交”按钮；再

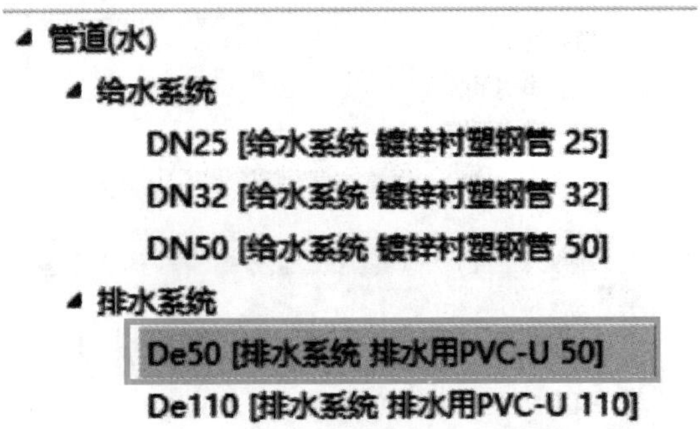

- 管道(水)
  - 给水系统
    - DN25 [给水系统 镀锌衬塑钢管 25]
    - DN32 [给水系统 镀锌衬塑钢管 32]
    - DN50 [给水系统 镀锌衬塑钢管 50]
  - 排水系统
    - De50 [排水系统 排水用PVC-U 50]
    - De110 [排水系统 排水用PVC-U 110]

图 2-69　选中需要绘制的管道

根据状态栏文字提示，“指定下一点”，左键单击管线另一端；按照状态栏文字提示完成排水管线绘制，绘制完成后如图 2-70 所示。

值得注意的是，在绘制与卫生器相连接的管道时，鼠标左键放置到卫生器具图例上方，会显示前面设置的连接点，左键单击连接点即可完成管道与卫生器具的连接，如图 2-71 所示。

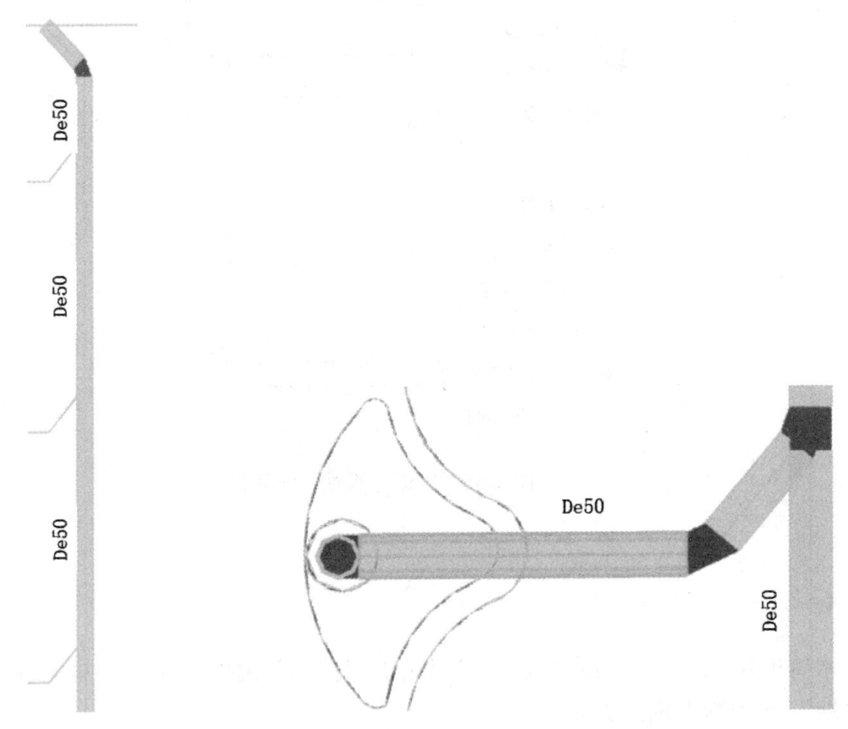

图 2-70　识别完毕的管线构件　　　图 2-71　管道与卫生器具相连

按照同样的操作方法，继续完成排水管道的直线绘制，最终完成效果如图 2-72 所示。

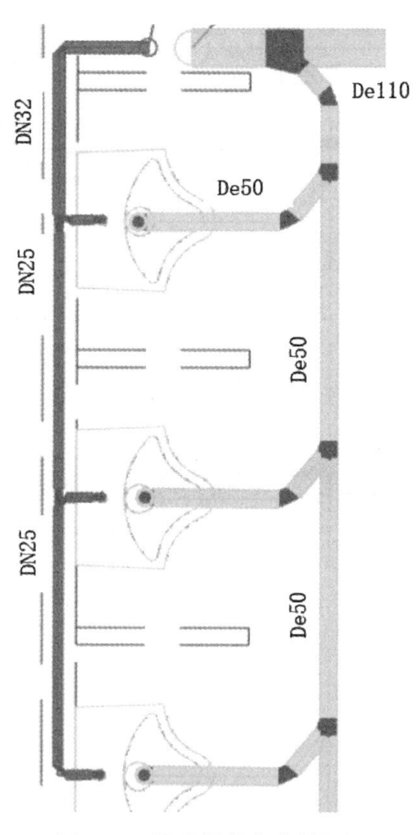

图 2-72　管道最终完成效果图

2.5 图元复制

单击软件主操作界面中的“建模”选项卡，在“通用操作”工具包中包含“复制图元到其他层/从其他层复制图元”“图元存盘/图元提取”，如图 2-73 所示，可以通过这 4 个操作按钮进行楼层图元复制。

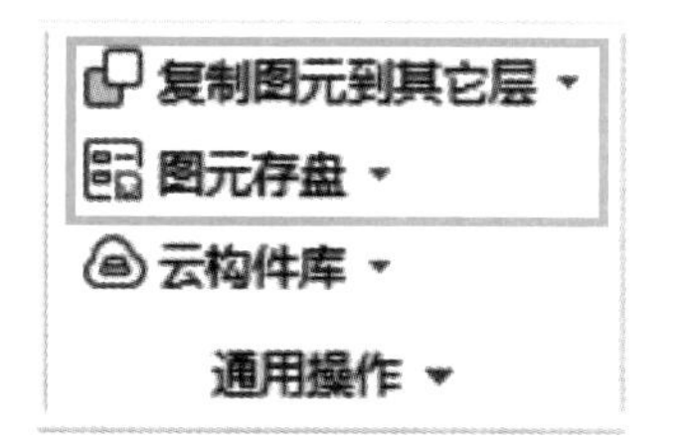

图 2-73 “楼层”功能包

下面分别介绍这三个功能包的使用方法。

(1) 从其他层复制

要将基础层中的图元复制到其他楼层，首先需要将楼层切换到需要绘制的楼层界面，如图 2-74 切换到首层进行复制。

左键单击“楼层”功能包中的“从其他层复制”按钮，弹出“从其他层复制”对话框，如图 2-75 所示。

在“源楼层选择”下拉列表框中选择“基础层”，如图 2-76 所示。

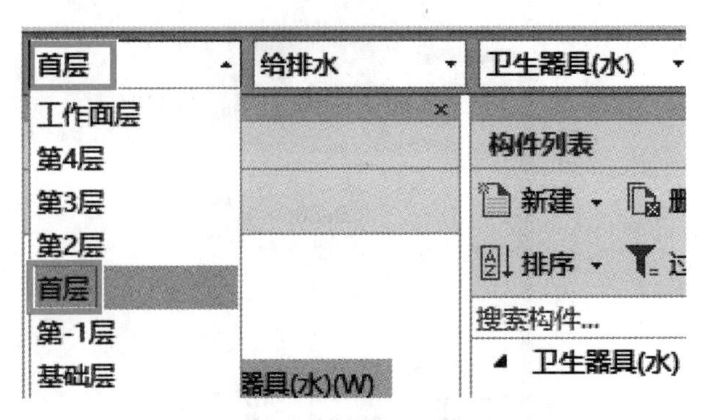

图 2-74　楼层切换

图 2-75　“从其他层复制”对话框

“图元选择”默认勾选的是卫生器具和管道，“目标楼层选择”默认勾选的是首层，不需要修改，如图 2-77 所示。

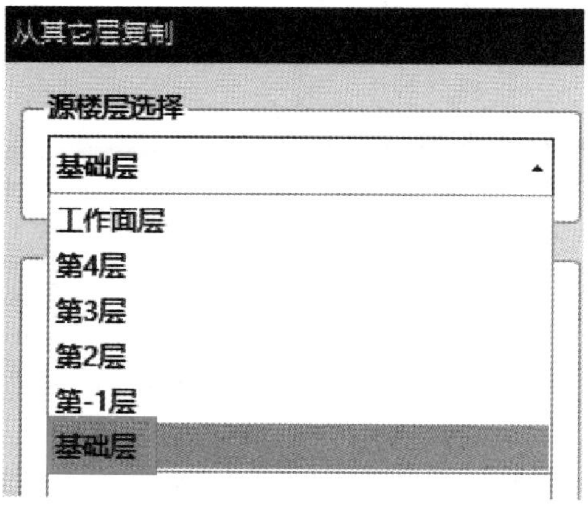

图 2-76　源楼层选择

图 2-77　“从其他层复制”完成对话框

单击“确定”按钮，软件进行楼层复制，之后弹出“提示”对话框，如图 2-78 所示。

单击“确定”，完成从其他楼层复制。观察首层绘图界面区域，出现了从基础层复制过来的图元，如图 2-79 所示。

图 2-78 “提示”对话框

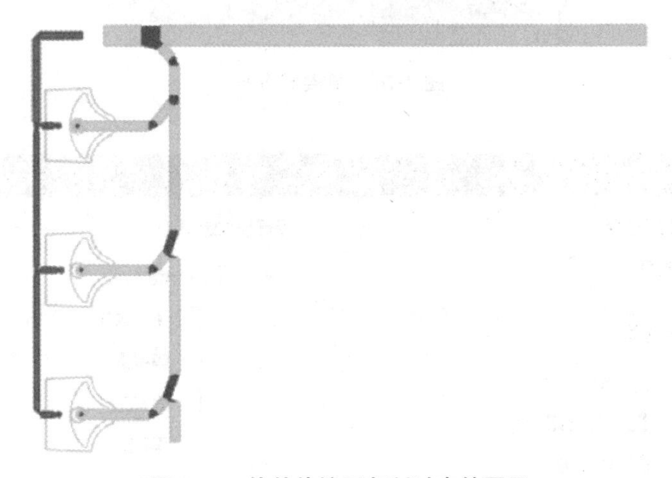

图 2-79 从其他楼层复制过来的图元

下面需要进行的是把复制过来的图元移动到对应的位置，可以借助“移动”功能。首先打开“跨类型选择”功能，单击状态栏上方的“跨类型选择”按钮，打开后该功能呈高亮状态，如图 2-80 所示。

图 2-80 “跨类型选择”按钮

然后左键拉框选择复制过来的全部图元，被选中后图元呈蓝色，再单击右键，在弹出的功能命令中选择“移动”功能，如图 2-81 所示。

左键单击“移动”按钮，根据状态栏文字提示，“指定第一点”，左键单击图元中某一点，一般选择给水管的起点或排水管的终点。单击图元中的排水起点位置，拖动鼠标，移动到首层需要放置图元的对应位置，找到对应的排水终点，如图 2-82 所示。

单击左键，将图元放置到卫生间对应的排水终点位置即可，完成图元从基础层复制到首层的操作。按照同样的操作步骤，完成从基础层到第 2～4 层的图元复制。

(2) 复制到其他层

在已经绘制好给排水图元的楼层中，以基础层为例，单击“楼层”功能包中的“复制图元到其他层”按钮，如图 2-83 所示。

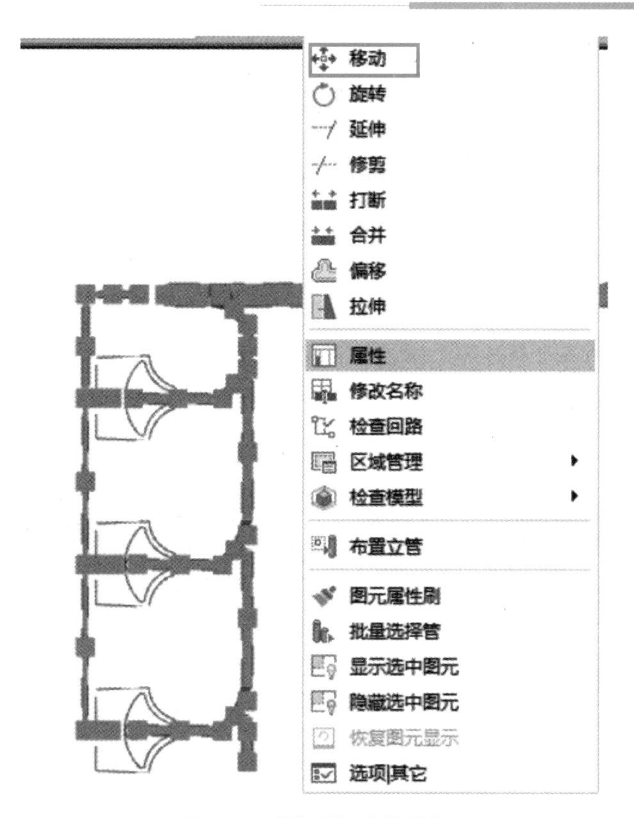

图 2-81　“移动”功能选择

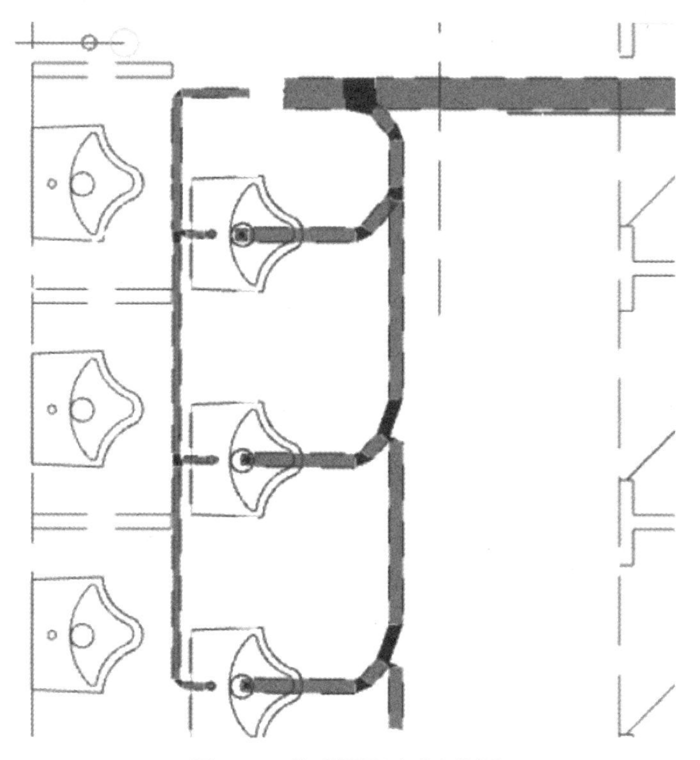

图 2-82　移动图元到对应位置

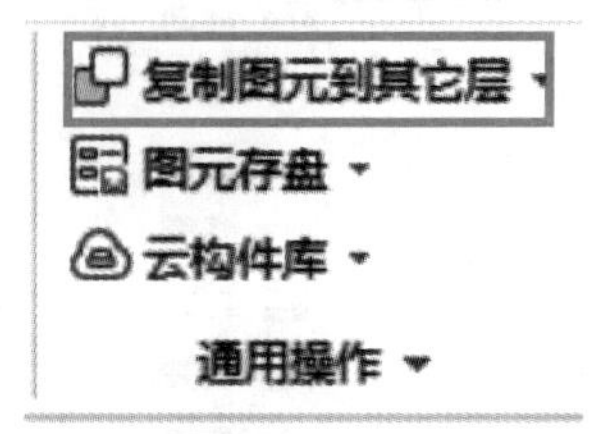

图 2-83 “复制图元到其他层”按钮

根据状态栏文字提示，“鼠标左键选择图元或拉框选择”，左键拉框选择图元，按右键确认，弹出“复制到其他层”对话框，如图 2-84 所示。在楼层列表下，左键选择需要复制到的楼层，比如第 2 层，如图 2-85 所示。

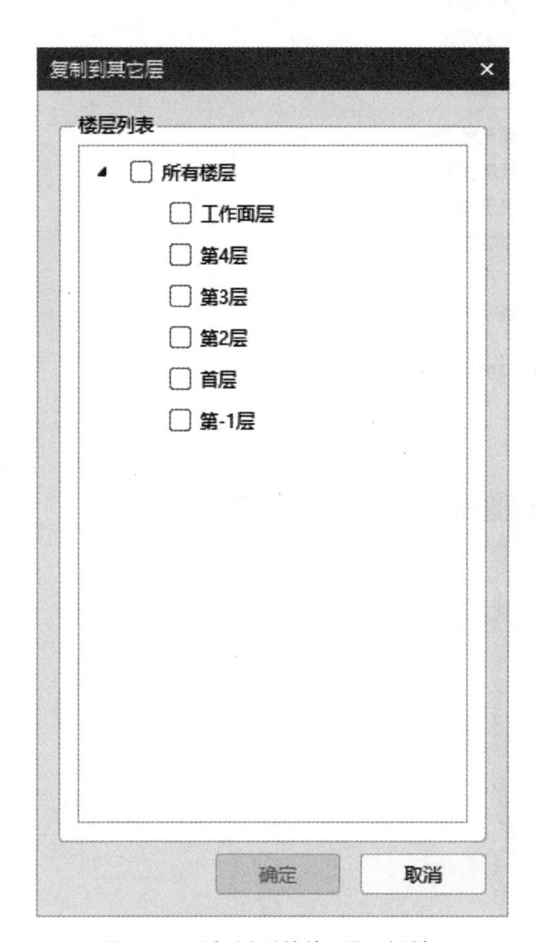

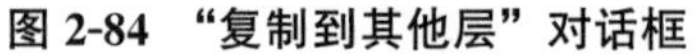
图 2-84 “复制到其他层”对话框

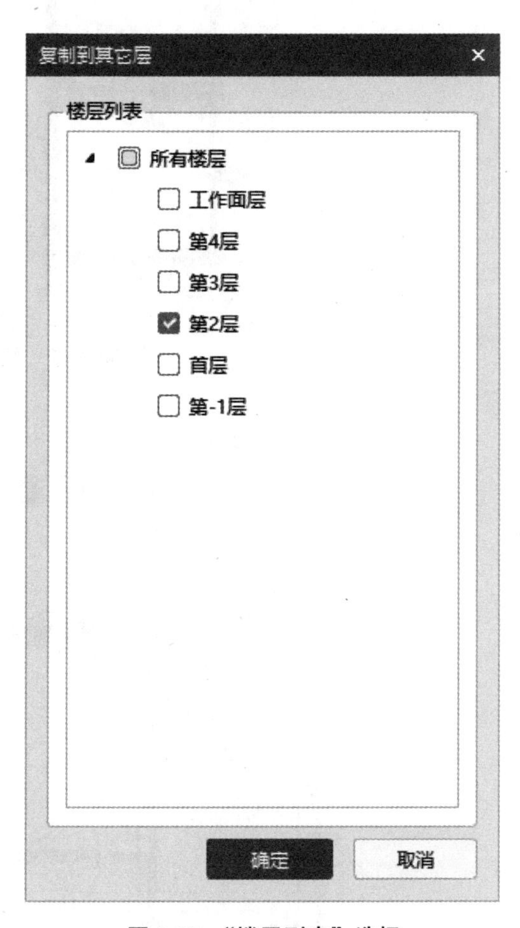

图 2-85 “楼层列表”选择

左键单击“确定”按钮，软件进行复制操作，之后弹出复制完成“提示”对话框，如图 2-86 所示。

单击“确定”按钮，完成复制操作。

切换楼层到第 2 层，可以观察到基础层的图元已经复制过来了。下面需要进行的是把

图 2-86 “提示”对话框

复制过来的图元移动到对应的位置，可以借助“移动”功能。方法同前面第一种“从其他层复制”操作步骤，在这里就不重复了。

（3）图元存盘/图元提取

在已经绘制好给排水图元的楼层中，以基础层为例，单击“楼层”功能包中的“图元存盘”按钮，如图 2-87 所示。

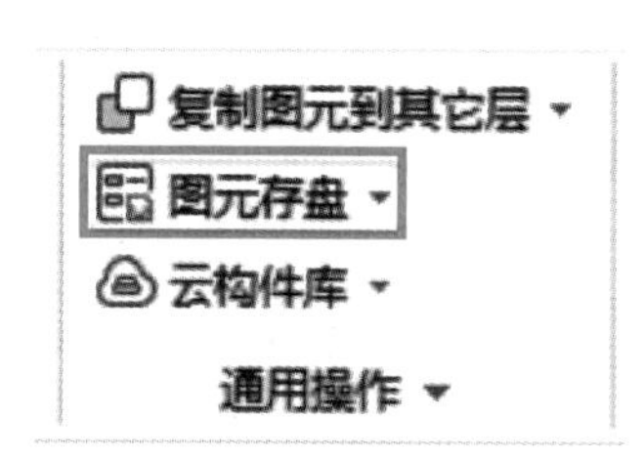

图 2-87 “图元存盘”按钮

根据状态栏文字提示，“选择要保存的图元”，左键拉框选择需要保存的图元，点击右键确认，根据状态栏文字提示，“鼠标左键指定插入点”，单击图元上某一点，一般以给水起点或者排水终点为插入点。左键单击图元排水终点，弹出“图元存盘”对话框，如图 2-88 所示。

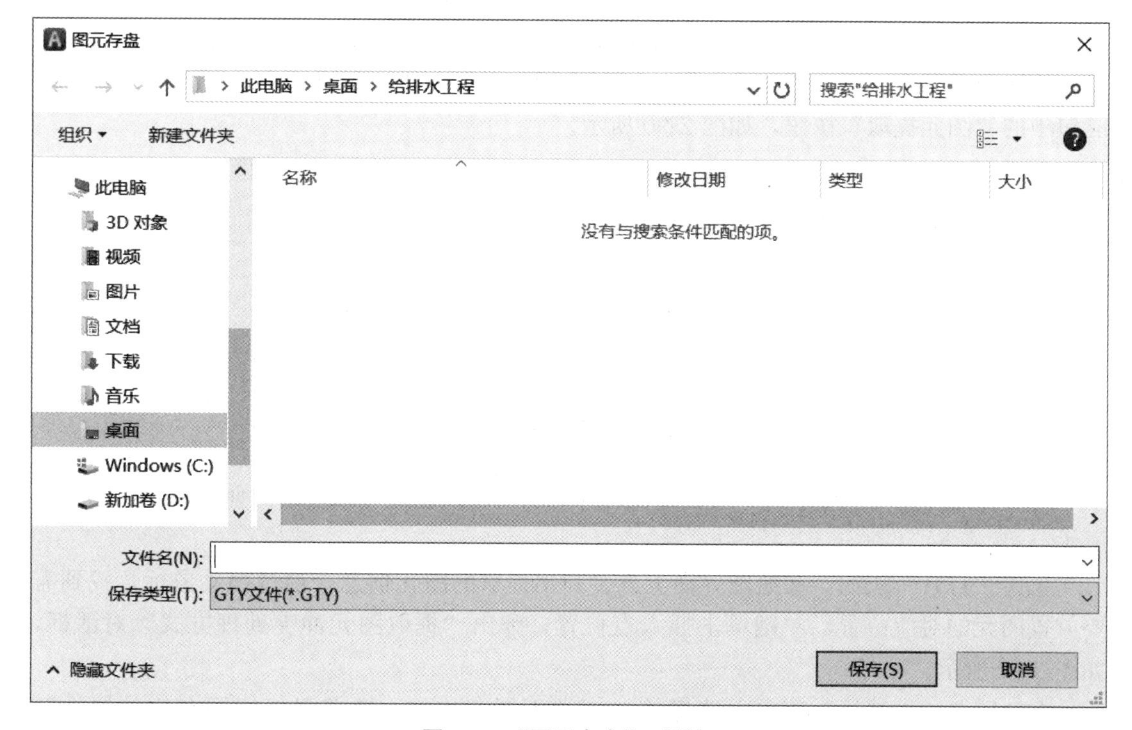

图 2-88 “图元存盘”对话框

手动输入文件名称，设定文件保存路径，如图 2-89 所示。

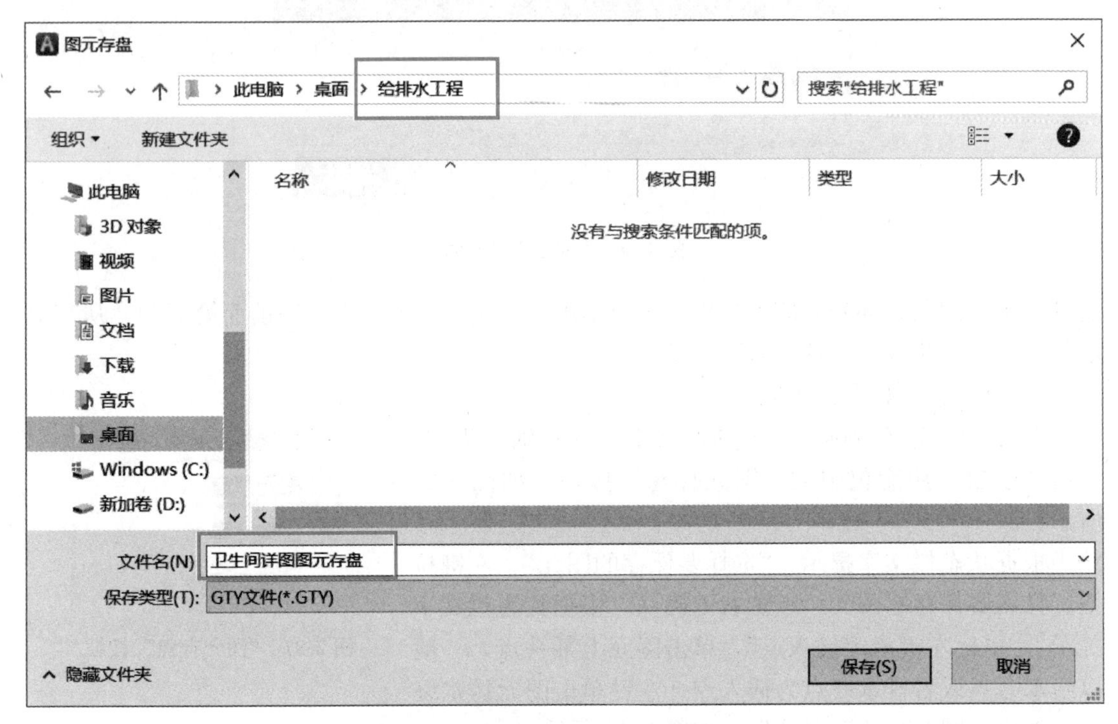

图 2-89 “图元存盘”设置名称和路径

单击“保存”按钮，完成图元存盘操作。

切换到需要绘制图元的楼层，以第 3 层为例，在第 3 层绘图界面中，单击“楼层”功能包中的“图元提取”按钮，如图 2-90 所示。

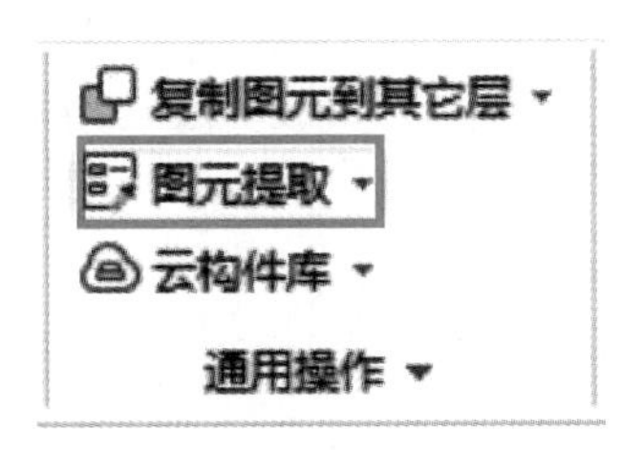

图 2-90 “图元提取”按钮

弹出“图元提取”对话框，通过路径选择之前“图元存盘”保存的图元文件，如图 2-91 所示。

单击“打开”按钮，在绘图界面上方会弹出提取的图元信息，通过拖动鼠标，找到需要放置图元的对应位置，左键单击插入点位置，弹出“提取图元冲突处理方式”对话框，如图 2-92 所示。

在“同名构件选择”菜单中选择第二项“不新建构件，覆盖目标层同名构件属性”，在“同位置图元选择”菜单中选择第一项“覆盖目标层同位置同类型图元”。如图 2-93 所示。

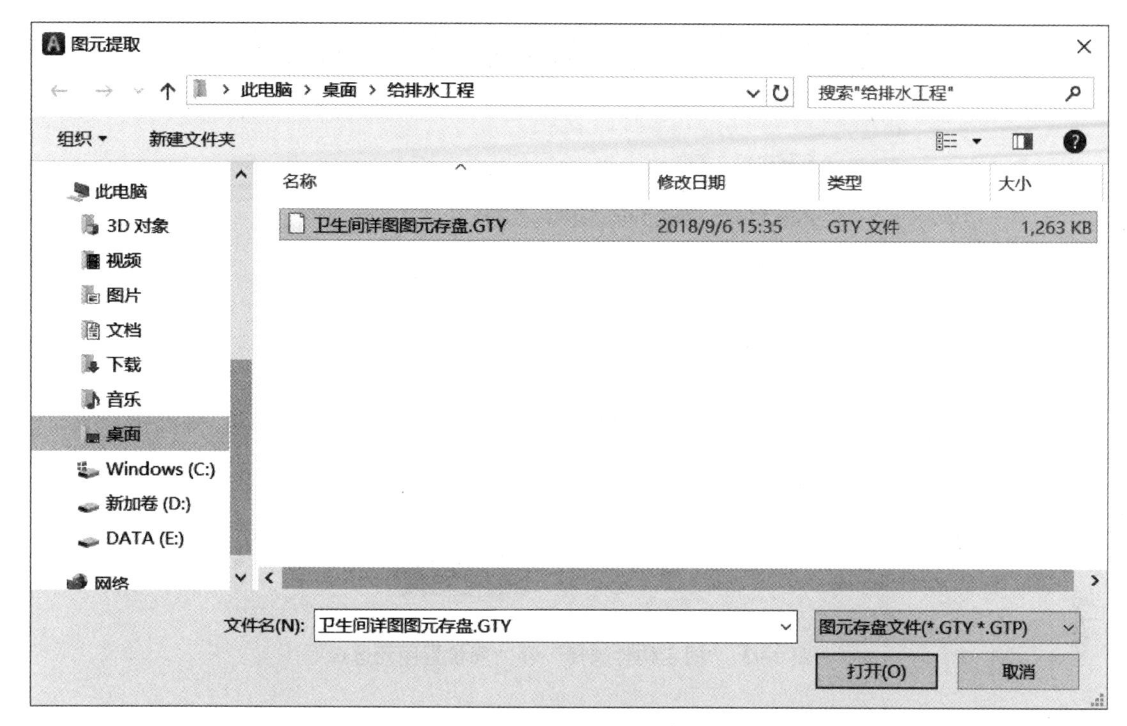

图 2-91　选择图元存盘文件

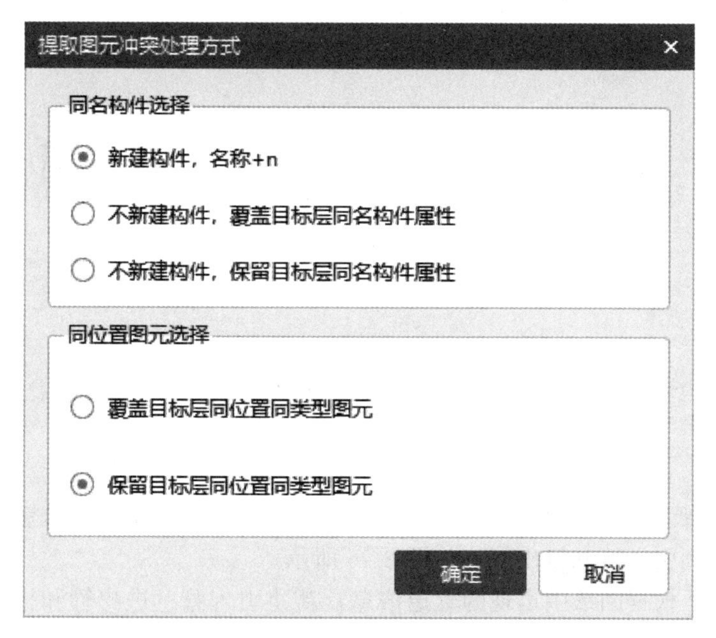

图 2-92　“提取图元冲突处理方式”对话框

左键单击“确定”按钮，弹出“提示”对话框，如图 2-94 所示。

左键单击“确定”按钮，完成图元的提取操作。

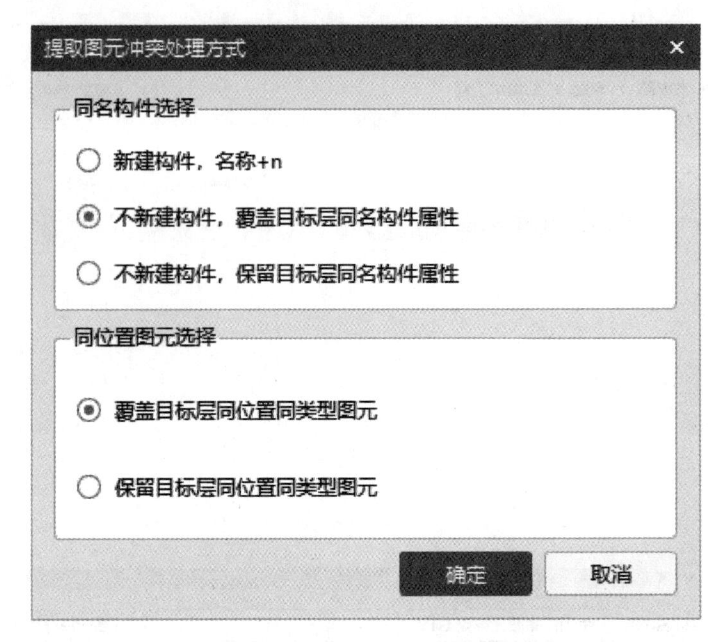

图 2-93 “同名构件选择”和“同位置图元选择”

图 2-94 图元提取“提示”对话框

2.6 引入管（排出管）的绘制

根据施工图纸，该工程的引入管和排出管布置在第－1层平面图位置，软件切换楼层到第－1层，找到引入管和排出管，如图 2-95 所示。

进户管、排出管、立管绘制

根据图纸中出现的管道信息，新建引入管、进户管和排出管，如图 2-96 所示。

绘制引入管，在左侧“构件列表”选择对应引入管，单击“直线”按钮，引入管要距离外墙皮 1.5m，左键单击引入管和外墙皮的交点，在绘图区域上方显示“点加长度”按钮，如图 2-97 所示。

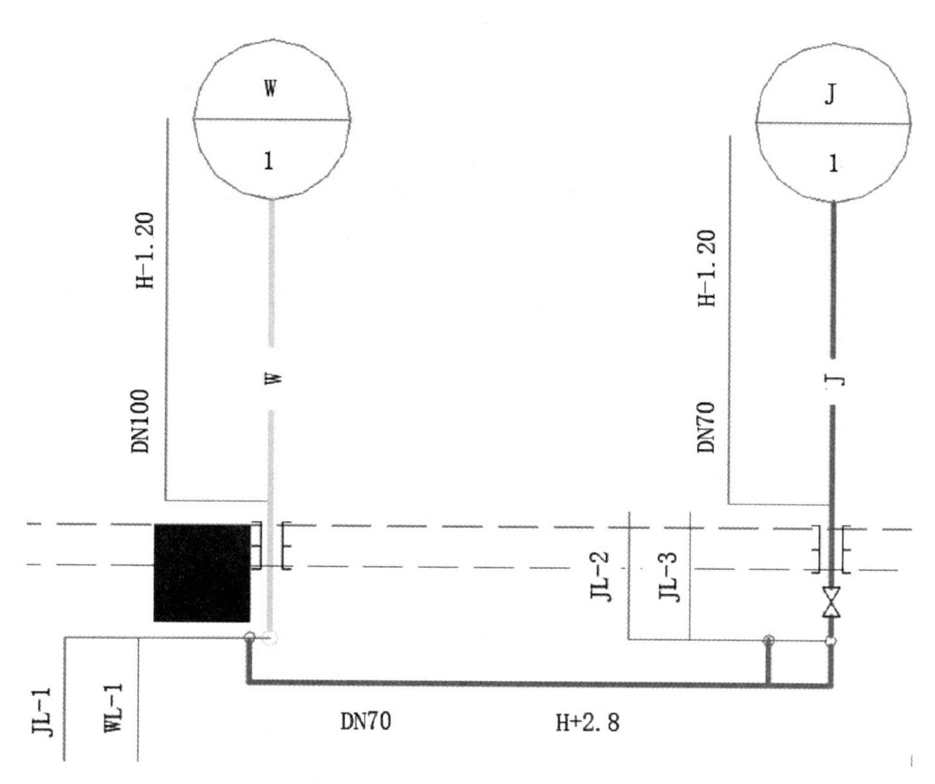

图 2-95　引入管和排出管位置图

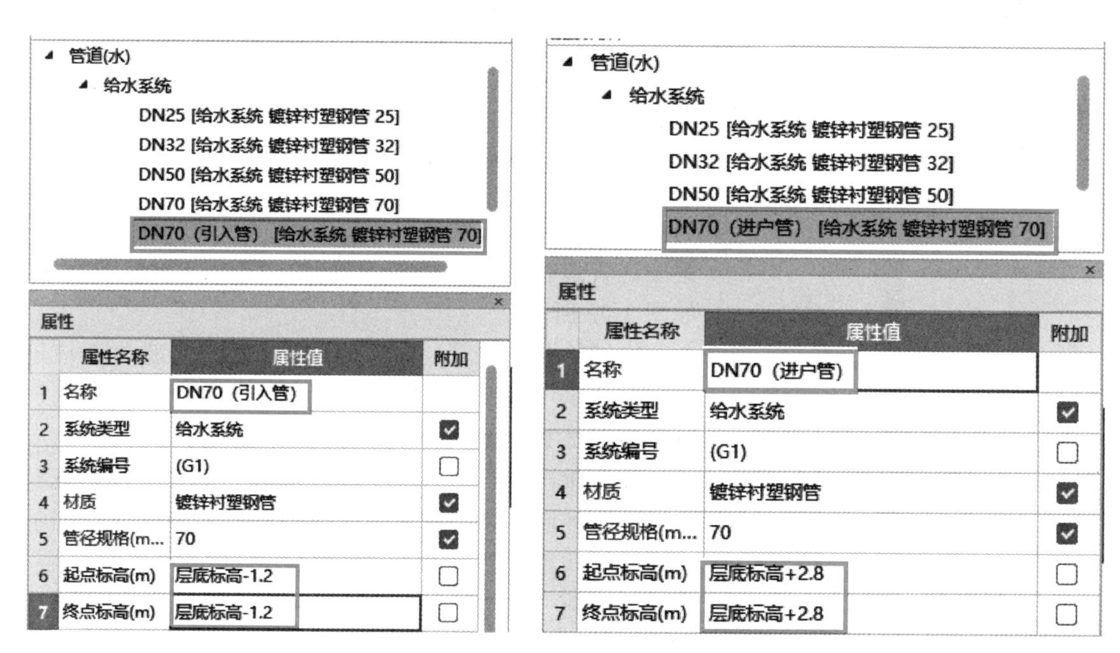

图 2-96　引入管、进户管、排出管（一）

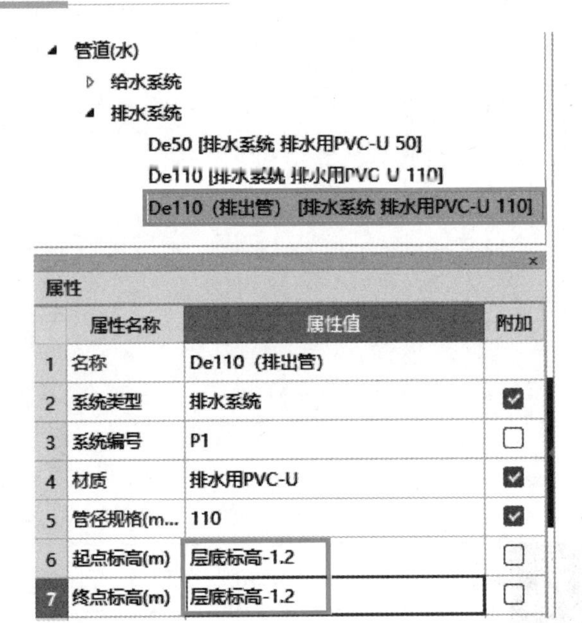

	属性名称	属性值	附加
1	名称	De110（排出管）	
2	系统类型	排水系统	☑
3	系统编号	P1	☐
4	材质	排水用PVC-U	☑
5	管径规格(m...	110	☑
6	起点标高(m)	层底标高-1.2	☐
7	终点标高(m)	层底标高-1.2	☐

图 2-96　引入管、进户管、排出管（二）

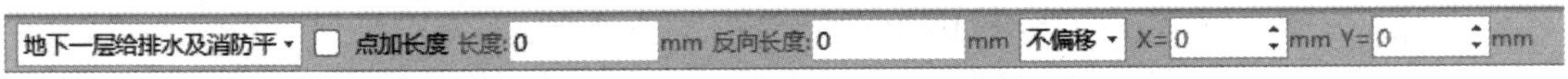

地下一层给排水及消防平 ▾ ☐ 点加长度 长度: 0 mm 反向长度: 0 mm 不偏移 ▾ X= 0 mm Y= 0 mm

图 2-97　“点加长度”按钮

鼠标左键在“点加长度”左侧方框内勾选，在“长度”列表框内输入“1500”，如图 2-98 所示。

图 2-98　“点加长度”属性设置

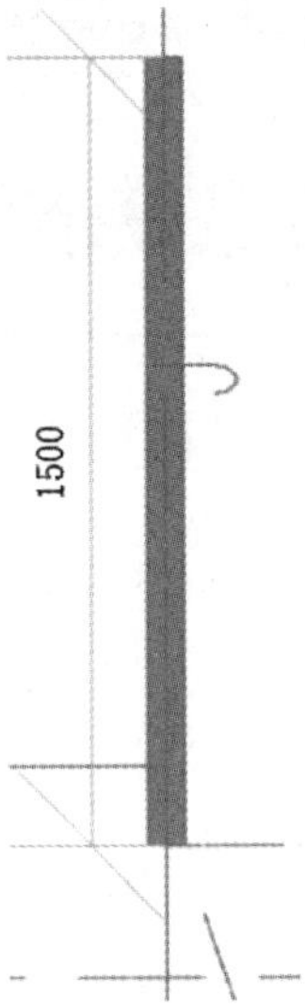

拖动鼠标将管道放置于需要绘制的管线侧，单击左键确定管道位置，单击右键确认，完成点加长度绘制，如图 2-99 所示。

1500

图 2-99　“点加长度”绘制效果图

继续绘制进户管，在左侧“构件列表”选择对应进户管，单击“直线”按钮，沿管线方向绘制进对应进户管，如图 2-100 所示。

绘制排出管，注意在绘制时同样用到“点加直线”，排出管距外墙皮尺寸按照出户第一个检查井来定，图纸如没有标注检查井位置时，按外墙皮 3.0m 考虑。

在左侧“构件列表”选择对应排出管，单击“直线”按钮，鼠标左键单击排出管与排水立管的交点作为第一点，第二点以排出管与外墙皮的交点，需要打开“交点”按钮，分别单击外墙皮 CAD 线和排出管线，如图 2-101 所示。

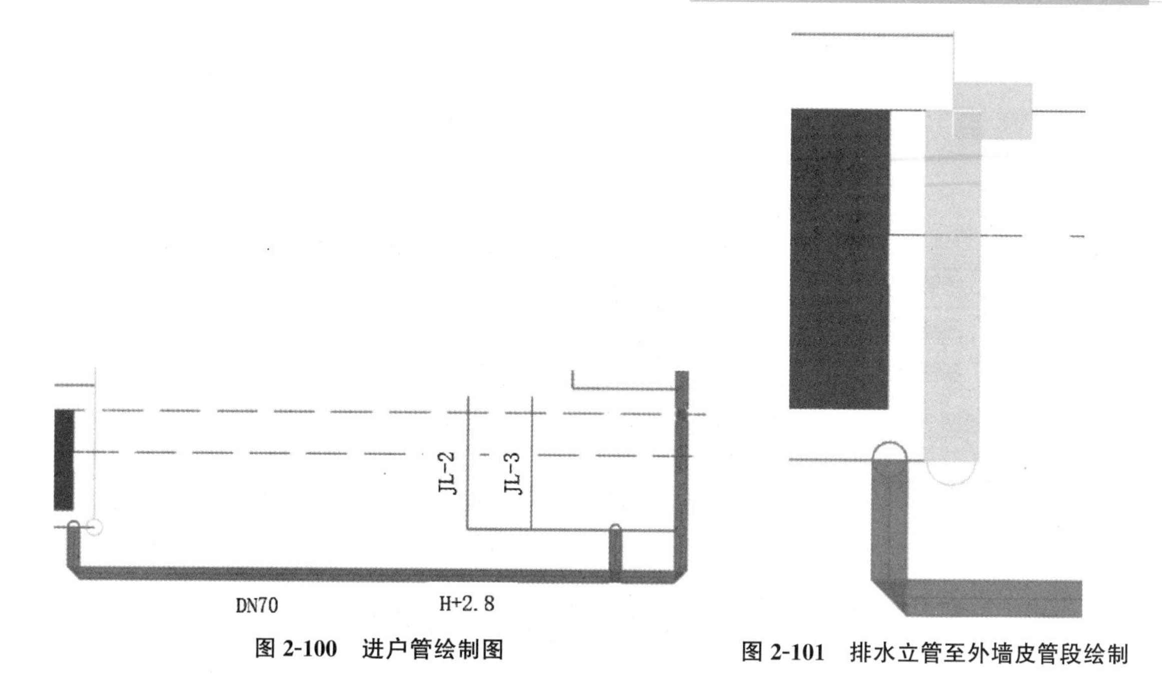

图 2-100　进户管绘制图

图 2-101　排水立管至外墙皮管段绘制

然后鼠标左键在“点加长度”左侧方框内勾选，在“长度”列表框内输入“3000”，如图 2-102 所示。

图 2-102　“点加长度”属性设置

拖动鼠标将管道放置于需要绘制的管线侧，单击左键确定管道位置，单击右键确认，完成点加长度绘制。整个引入管、进户管、排出管绘制完成，如图 2-103 所示。

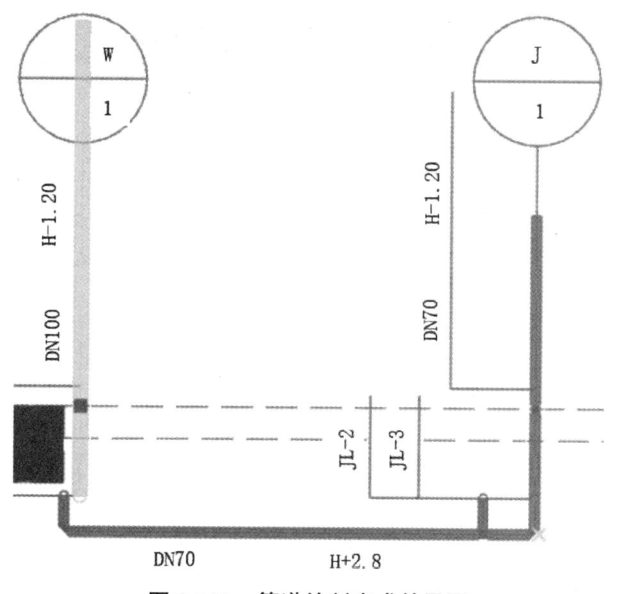

图 2-103　管道绘制完成效果图

2.7 立管的绘制

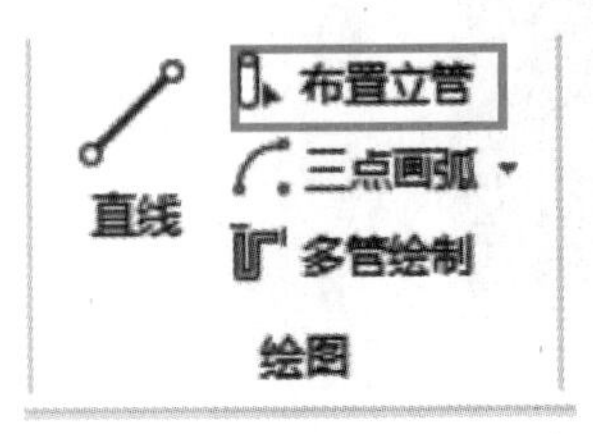

图 2-104 “布置立管”按钮

通过“管线提量”功能包中的“布置立管”按钮来实现立管绘制，如图 2-104 所示。

左键单击“布置立管”按钮，在左侧给水系统中选择 DN50 管道，根据状态栏文字提示，按鼠标左键指定插入点，单击给水立管中心点位置，弹出“立管标高设置”对话框，如图 2-105 所示。

按照该管径的管道实际标高设置起点和终点标高，设置起点标高为−1.2m，终点标高为 5.1m，如图 2-106 所示。

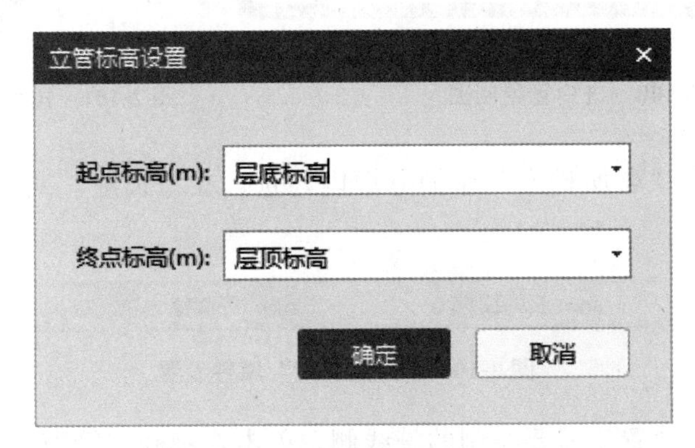

图 2-105 “立管标高设置”对话框

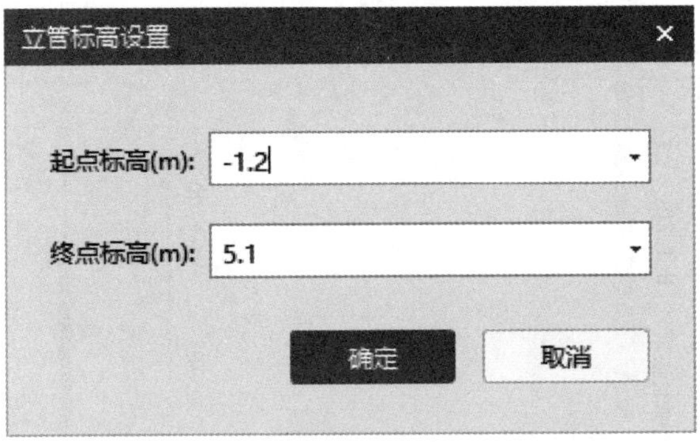

图 2-106 设置立管起点和终点标高

左键单击“确定”按钮，完成立管标高设置，在立管管线位置生成立管图元，如图 2-107 所示。

按照同样的操作方法，在原立管管线的基础上，继续完成管道规格为 DN40、DN32 的绘制，绘制完成效果图如图 2-108 所示。

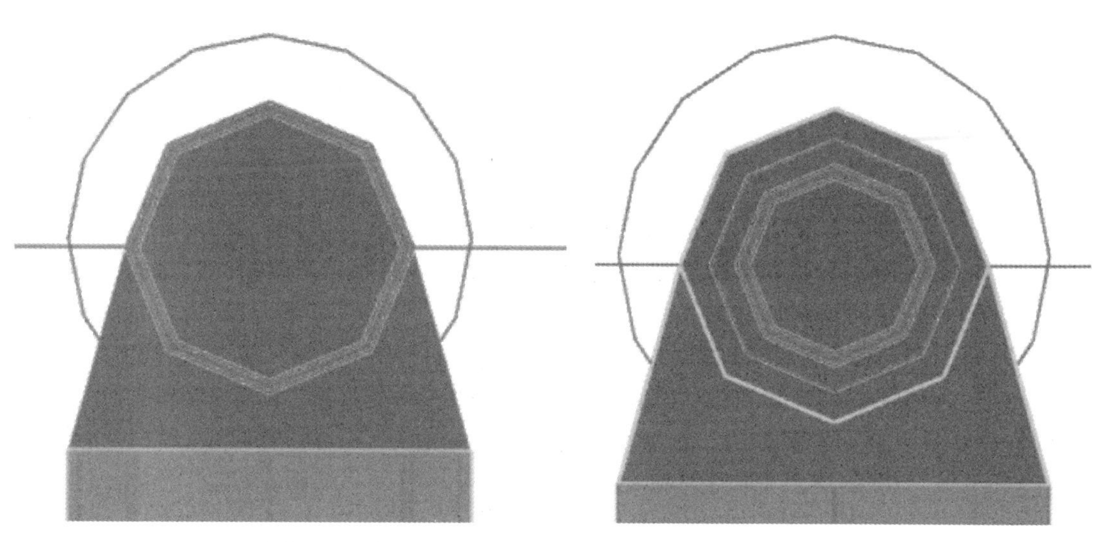

图 2-107　生成 DN50 的立管

图 2-108　给水立管绘制完成效果图

按照上面的操作方法，绘制排水立管 WL-1、给水立管 JL-2 和 JL-3，可以通过“实体渲染”进行观察三维效果图，如图 2-109 所示。

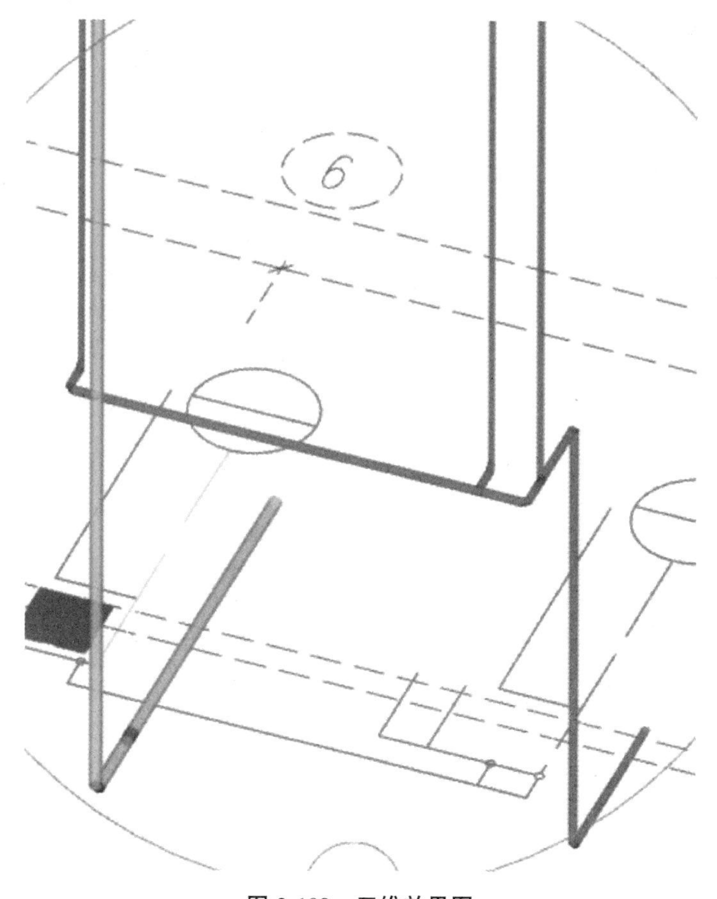

图 2-109　三维效果图

2.8 阀门法兰的绘制

阀门法兰、零星构件的识别

在左侧构件类型中，单击“阀门法兰（水）”，如图 2-110 所示。

再单击右侧构件新建的“▾”按钮，选择“新建阀门”或者“新建法兰”，如图 2-111 所示。

按照图示要求新建阀门，单击“新建阀门”按钮，在“阀门法兰”下方出现一个名为“FM-1［闸阀］”的构件，并在下方“属性”界面中出现了新的内容，如图 2-112 所示。

给排水
- 卫生器具(水)(W)
- 设备(水)(S)
- 管道(水)(G)
- 阀门法兰(水)(F)
- 管道附件(水)(A)
- 通头管件(水)(J)
- 零星构件(水)(K)

图 2-110 “阀门法兰”构件

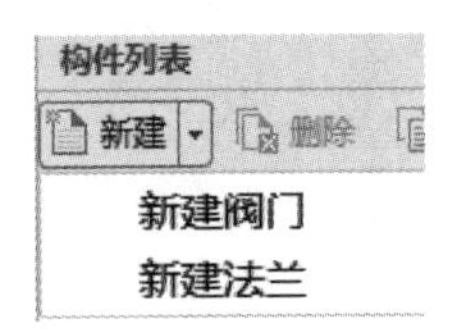

图 2-111 新建阀门或法兰

阀门法兰(水)
阀门
FM-1 [闸阀]

属性

	属性名称	属性值	附加
1	名称	FM-1	
2	类型	闸阀	☑
3	材质		☐
4	规格型号(m...		☑
5	连接方式		☐
6	所在位置		☐
7	安装部位		☐
8	系统类型	给水系统	☐
9	汇总信息	阀门法兰(水)	☐
10	是否计量	是	☐
11	乘以标准间...	是	☐
12	倍数	1	
13	图元楼层归属	默认	☐
14	备注		☐
15	⊞ 保温		
20	⊟ 显示样式		

图例　实体建模

图 2-112 新建“阀门”界面

通过“设备提量”的方式来识别阀门，识别方法同卫生器具，识别后的效果图如图 2-113 所示。也可以通过“实体渲染”的方式观察其三维效果图，如图 2-114 所示。

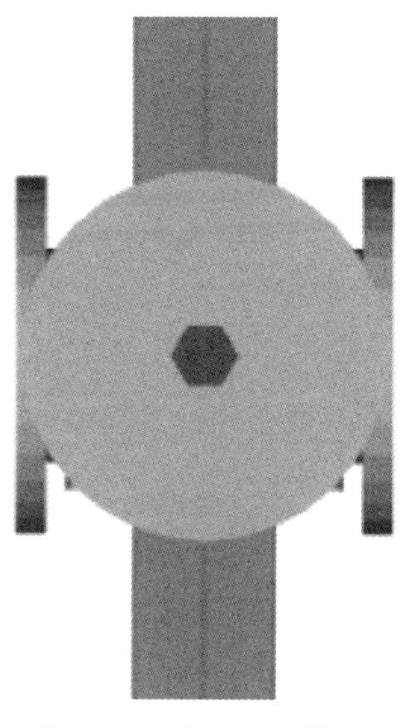

图 2-113　阀门识别效果图

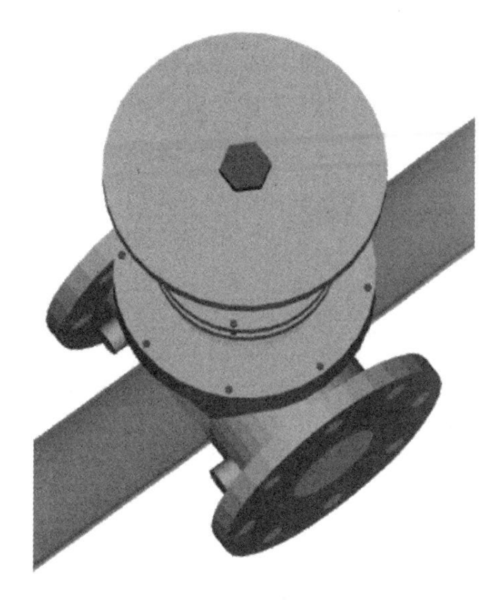

图 2-114　阀门三维效果图

2.9　套管的绘制

套管分为两种，穿墙的水平套管和穿楼板的垂直套管，套管绘制需要使用左侧构件类型中的“零星构件（水）”，如图 2-115 所示。

下面分别介绍水平套管和垂直套管的绘制方法。

（1）水平套管的绘制

首先要识别墙，单击左侧“建筑结构”下拉菜单中的“墙”按钮，如图 2-116 所示。

再单击右侧构件新建及编辑栏上部的新建按钮，单击“新建墙”，如图 2-117 所示。

给排水
卫生器具(水)(W)
设备(水)(S)
管道(水)(G)
阀门法兰(水)(F)
管道附件(水)(A)
通头管件(水)(J)
零星构件(水)(K)

图 2-115　零星构件

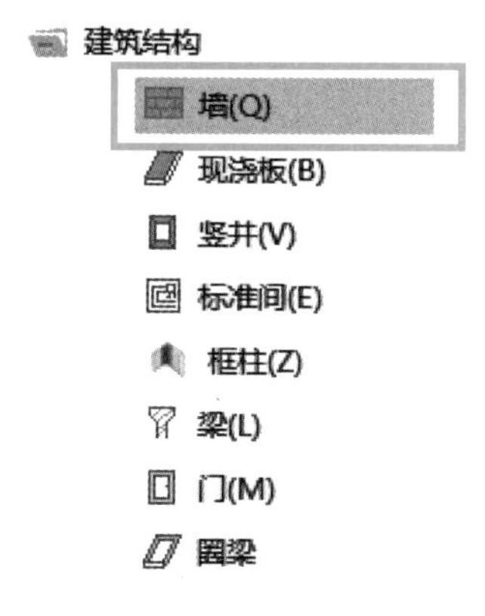

图 2-116　“墙”构件

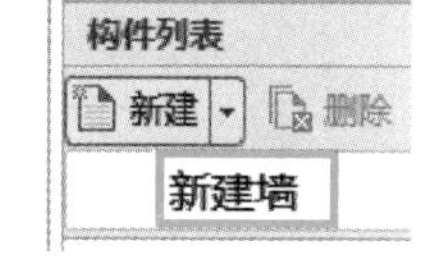

图 2-117　新建墙

在右侧“构件新建及编辑栏”内，“墙”下方新出现了一个名为“Q-1”的构件，并在下方“属性”界面中出现了新的内容，如图 2-118 所示。

左键单击“识别墙”功能包中的“自动识别”按钮，如图 2-119 所示。

◢ 墙

Q-1

属性

	属性名称	属性值	附加
1	名称	Q-1	
2	厚度(mm)	200	☐
3	类型	内墙	☐
4	备注		☐
5	⊞ 其它属性		
10	⊞ 显示样式		

图 2-118　新建“墙”界面

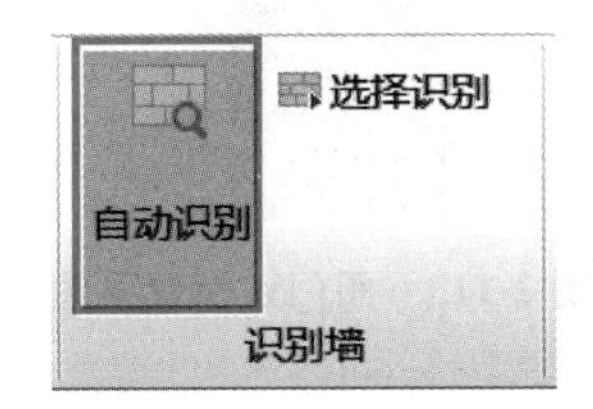

图 2-119　“自动识别”按钮

根据状态栏下方的文字提示，鼠标左键选择墙边线识别墙图元，被选中墙边线颜色变成蓝色，如图 2-120 所示。

单击右键，软件自动识别墙，之后弹出生成完毕“提示”窗口，如图 2-121 所示。

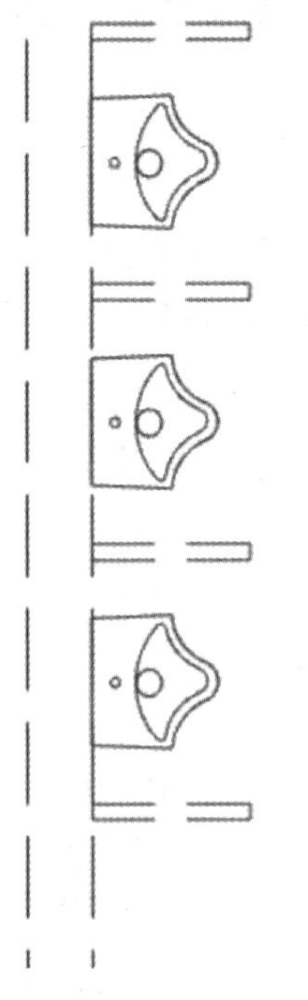

图 2-120　选择墙边线

图 2-121　生成墙图元“提示”对话框

单击“关闭”按钮，识别完成。观察绘图图纸，如有未识别的墙边线，按照相同的步骤继续进行识别操作，直到识别所有墙边线。如图 2-122 所示。

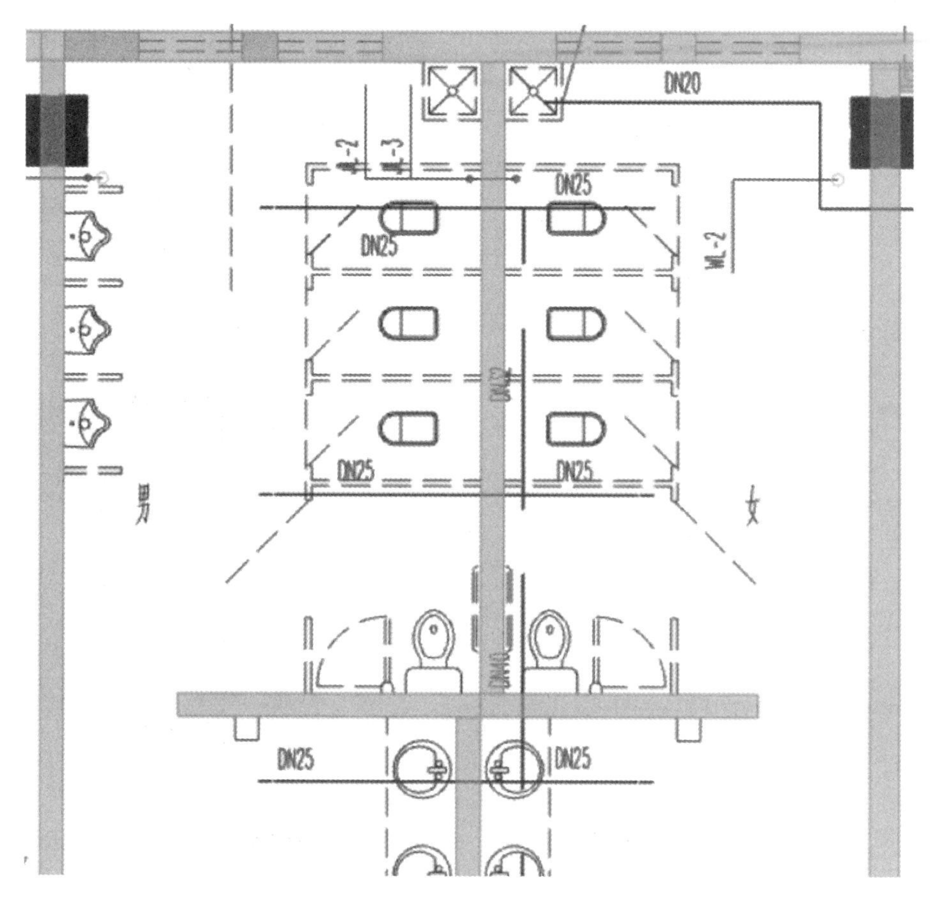

图 2-122　生成墙图元效果图

按照相同的识别墙的方法，对其他楼层的墙边线进行识别。

墙识别完成后，在左侧构件类型切换栏中，切换到“零星构件（水）”，然后左键单击“管线提量”功能包中的“生成套管”按钮，弹出“生成设置”对话框，如图 2-123 所示。

对套管属性进行设置，完成后单击“确定”按钮，软件自动生成套管，之后弹出生成套管“提示”对话框，如图 2-124 所示。

单击“确定”，完成操作，生成的套管图元如图 2-125 所示。

可以通过“实体渲染”观察套管三维效果图，如图 2-126 所示。

（2）垂直套管的绘制

首先要识别板，单击左侧“建筑结构”下拉菜单中的“现浇板”按钮，如图 2-127 所示。

再单击右侧构件新建及编辑栏上部的新建按钮，单击“新建现浇板”，如图 2-128 所示。

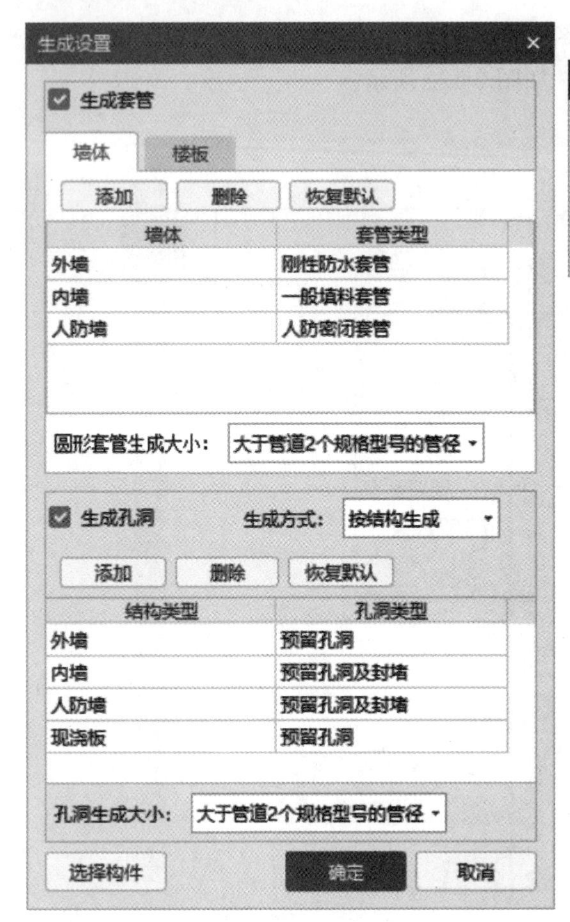

图 2-123 “生成设置”对话框

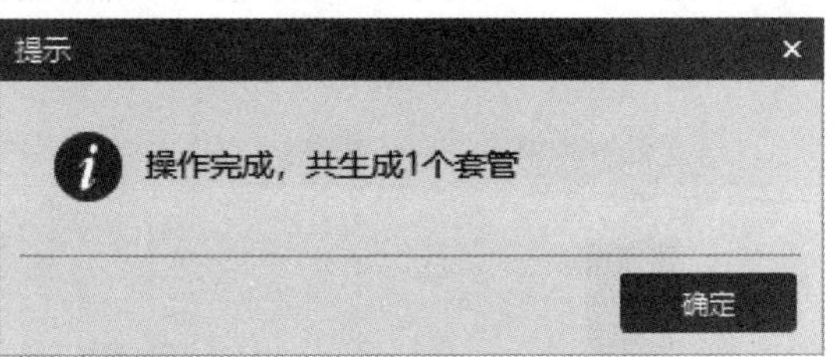

图 2-124 生成套管“提示”对话框

图 2-125 生成套管效果图

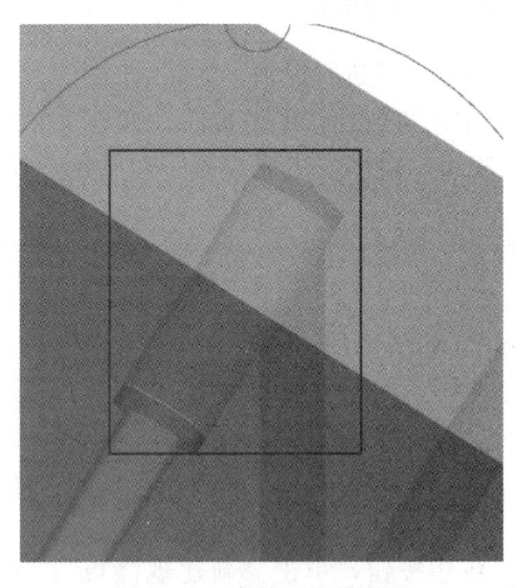

图 2-126 套管三维效果图

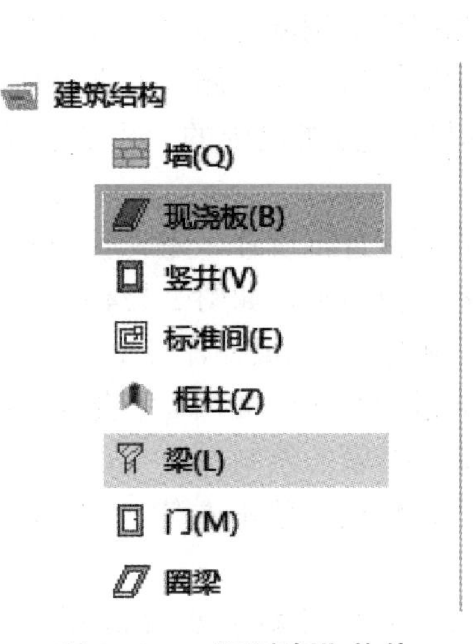

图 2-127 “现浇板”构件

在右侧“构件新建及编辑栏”内，“现浇板”下方新出现了一个名为“B-1”的构件，并在下方“属性”界面中出现了新的内容，如图 2-129 所示。

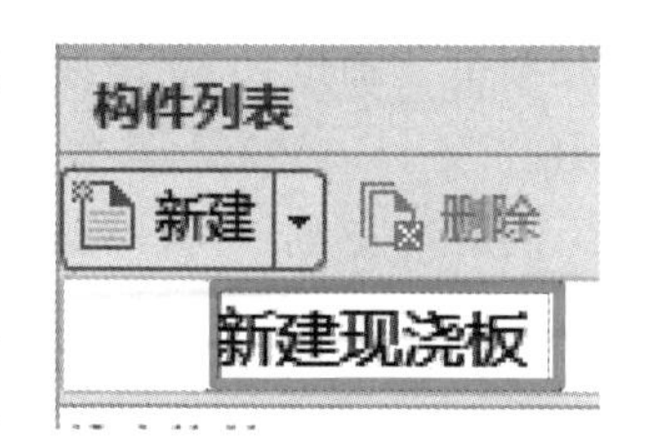

图 2-128　新建现浇板

单击“绘图”功能包中的“矩形”按钮，根据状态栏上方文字提示，“指定矩形角点”。鼠标左键单击绘图区域左上角，作为矩形第一个角点。然后拖动鼠标拉框选择到绘图区域右下角，根据状态栏上方文字提示，“指定矩形另一角点”，鼠标左键单击右下角，作为矩形另一角点。

注意：保证绘图区域都在矩形框内部即可。

矩形框绘制完毕，单击鼠标右键确认，完成效果如图 2-130 所示。

按照同样的绘制板的操作步骤，完成其他楼层板的绘制。

板识别完成后，在左侧构件类型切换栏中，切换到“零星构件（水）”，然后左键单击“管线提量”功能包中的“生成套管”按钮，软件自动生成套管，之后弹出生成套管“提示”对话框，如图 2-131 所示。

◢ 现浇板
B-1

属性

	属性名称	属性值	附加
1	名称	B-1	
2	厚度(mm)	120	☐
3	顶标高(m)	层顶标高	☐
4	备注		☐
5	⊞ 显示样式		

图 2-129　新建“现浇板”界面

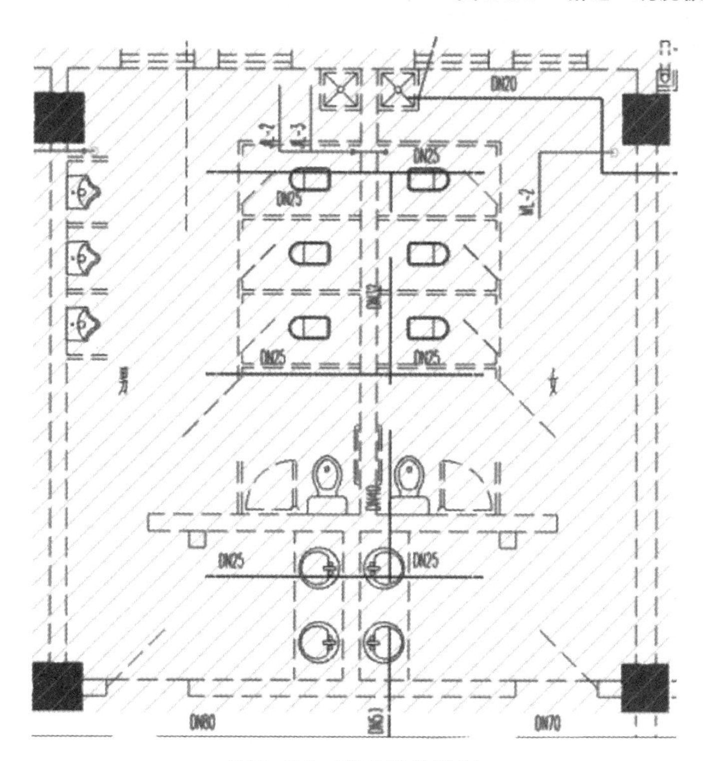

图 2-130　完成板的绘制

单击“确定”，完成操作，可以通过“实体渲染”观察套管三维效果图，如图 2-132 所示。

同时在左侧“构件列表”中新生成套管构件，如图 2-133 所示。

图 2-131　生成套管“提示”对话框

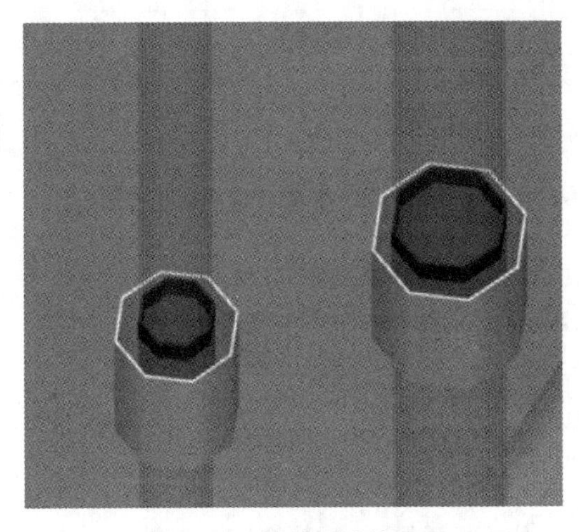

图 2-132　套管三维效果图

零星构件(水)
- TG-1 [一般填料套管 100]
- TG-2 [一般填料套管 150]
- TG-3 [一般填料套管 50]
- TG-4 [一般填料套管 65]
- TG-5 [一般填料套管 80]

属性

	属性名称	属性值	附加
1	名称	TG-2	
2	材质		☐
3	套管类型	一般填料套管	☑
4	规格型号(m...	150	☑
5	所在位置		☐
6	安装部位		☐
7	系统类型	给水系统	☐
8	每侧附加(m...	20	☐
9	套管长度(m...	280	☐
10	标高(m)	层底标高	☐
11	汇总信息	套管(水)	☐
12	是否计量	是	☐
13	乘以标准间...	是	☐
14	倍数	1	
15	备注		☐
16	⊞ 显示样式		

图 2-133　新生成套管构件

2.10 检查及汇总计算

2.10.1　漏量检查

单击“检查编辑”选项卡，在“检查/显示”功能包中单击“检查模型”按钮，如图 2-134 所示。在展开的功能按钮中逐一单击鼠标左键进行检查，如图 2-135 所示，校验识别或绘图输入过程是否存在问题。

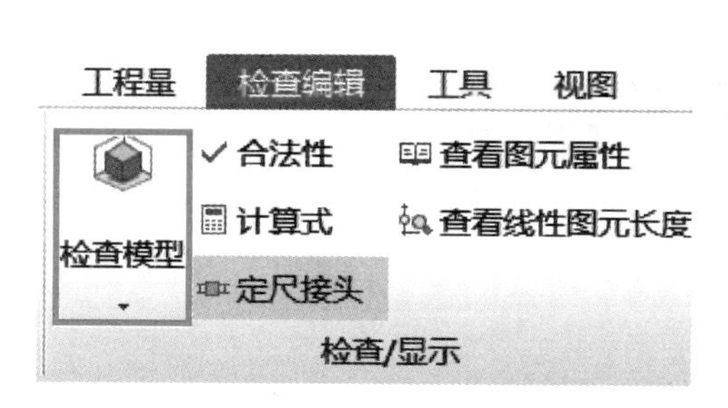

图 2-134　“检查模型”功能

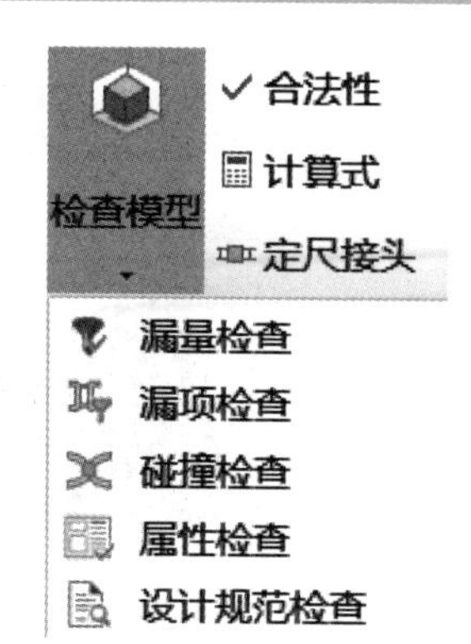

图 2-135　“检查模型”中的功能按钮

在阀门和管道识别时，由于种类较多，若按构件类型采用人为筛查的方式，工作量较大，难免造成一些遗漏。单击“漏量检查”弹出一个窗口，如图 2-136 所示。

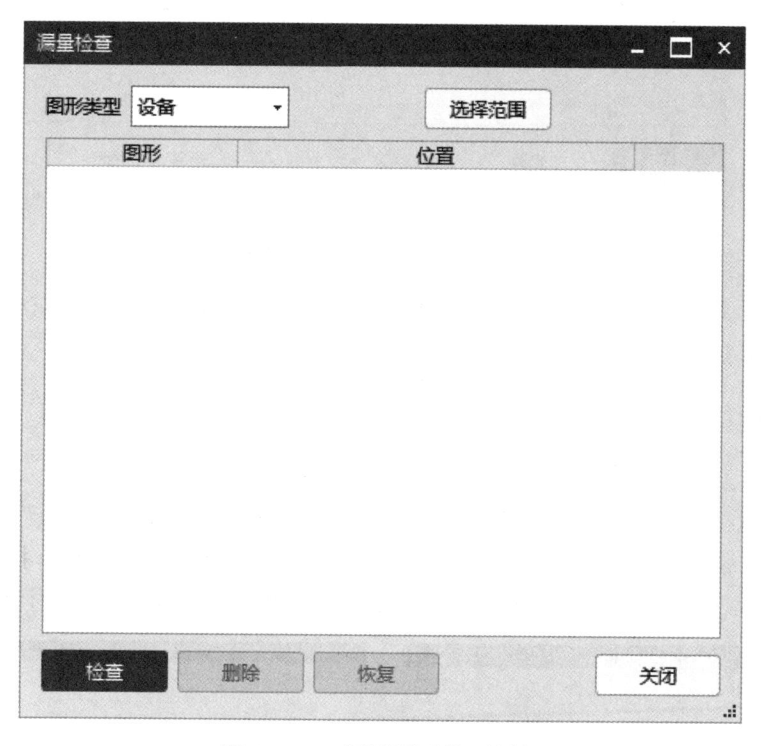

图 2-136　“漏量检查”对话框

单击对话框左下方的“检查”按钮，就可以对统计个数的器具进行漏量检查了。在窗口下方原本空白的区域中，出现了一些未被识别的图例符号，以及这些图例符号对应的信息，其中，位置信息用“楼层（数字）”来表达，如图 2-137 所示。楼层表示该图例符号出现的对应楼层，“数字”表示该图例符号未被识别或绘图的数目。

在图 2-137 所示的对话框中，对于未被识别的图例符号来说，有一些是不必识别的，如表示方位的指南针符号，或是本实例工程中还不需要识别的卫生间内的卫生器具等。双击其中一个图例符号对应的图形或位置的单元格，绘图区域将会快速定位到该图例符号所

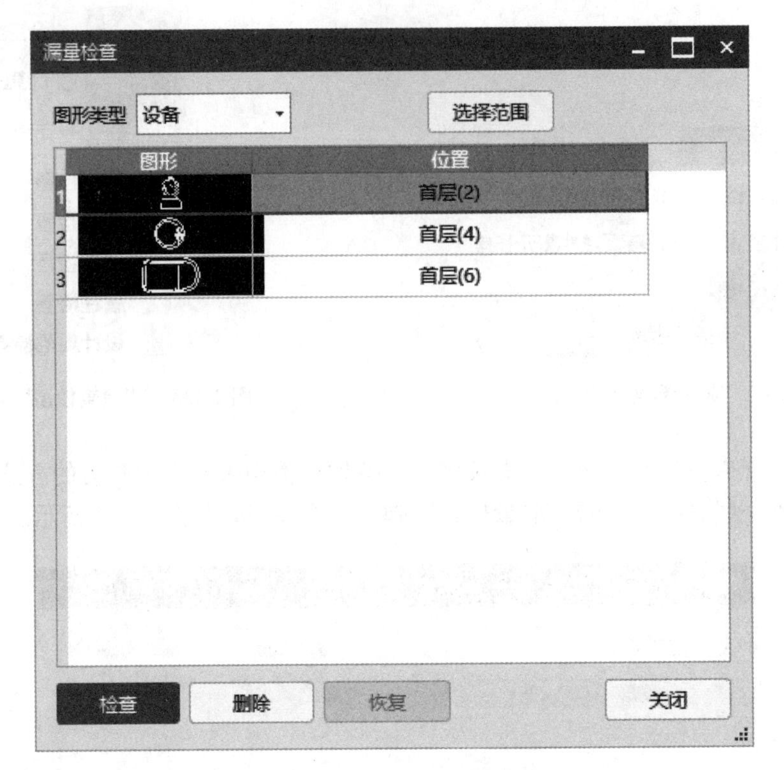

图 2-137 单击“检查”后的“漏量检查”窗口

在的图纸位置，并将该图例以被选中的深蓝色来标出。这样，就可以观察该图例符号是否为遗漏的图例，进而判断是否需要进行下一步的处理。

2.10.2 其他检查

进行完漏量检查后，下面进行“碰撞检查”“属性检查”“设计规范检查”这三项。如果检查无误，将会弹出对话框提示如图 2-138～图 2-140 所示。如果出现错误，按照对话框界面下方的文字提示，双击出现的错误信息，定位到绘图区域对应的位置，再进行修改即可。

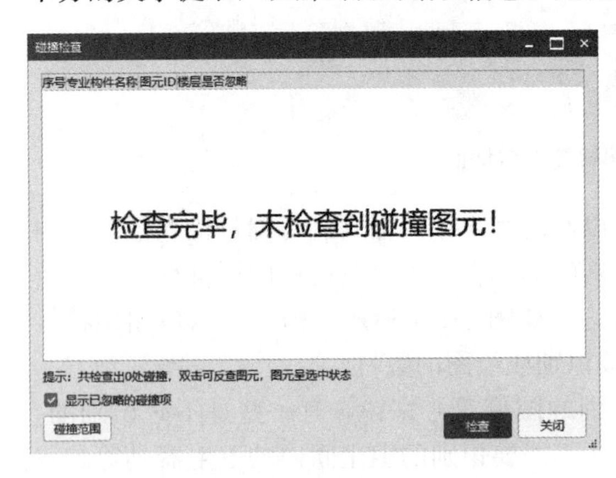

图 2-138 碰撞检查无误对话框

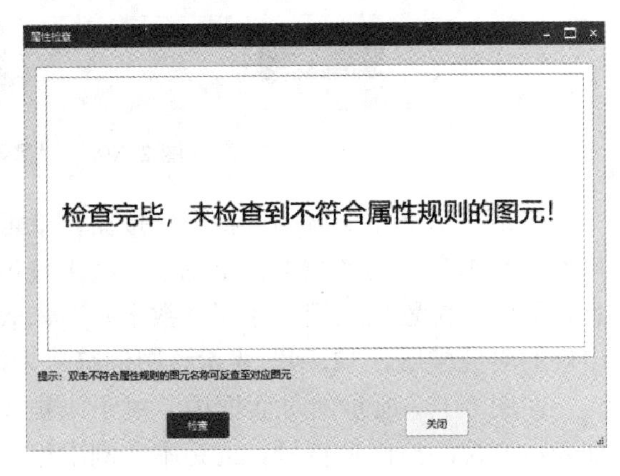

图 2-139 属性检查无误对话框

最后单击“检查/显示”功能包中的“合法性”图标按钮，进行合法性检查，弹出提示框，如图 2-141 所示，这样就完成识别构件所有的检查工作了。

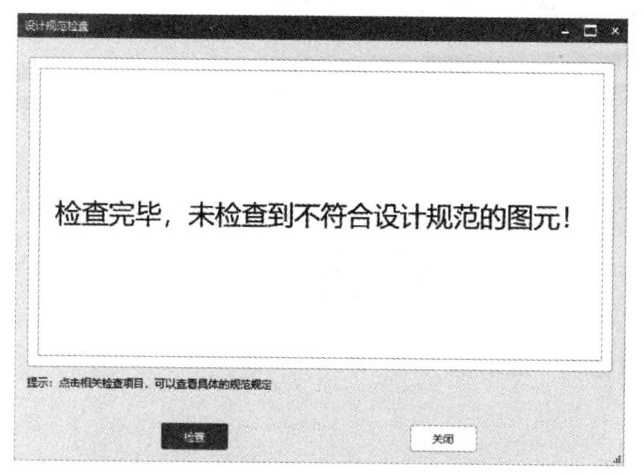

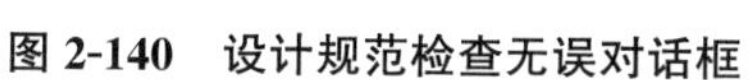
图 2-140　设计规范检查无误对话框

图 2-141　合法性检查

2.10.3　汇总计算

检查完毕后，单击软件界面上方“工程量”选项卡，在“工程量”功能包中单击“汇总计算”按钮，如图 2-142 所示。

汇总计算、套清单、套定额

弹出“汇总计算”对话框，其中，对话框中楼层中默认的选项为当前楼层即首层，单击“全选”按钮（图 2-143），将所有楼层选中，或者根据需要进行楼层选择，再单击“计算”（图 2-143）。这样，软件将根据绘图区域中已被识别的构件进行计算、分类和汇总。

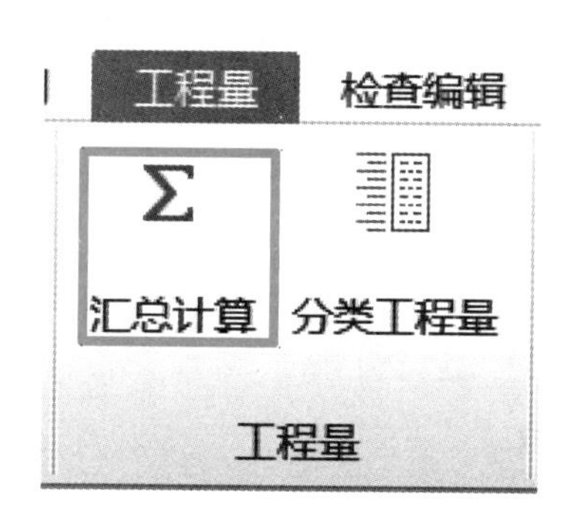

图 2-142　汇总计算

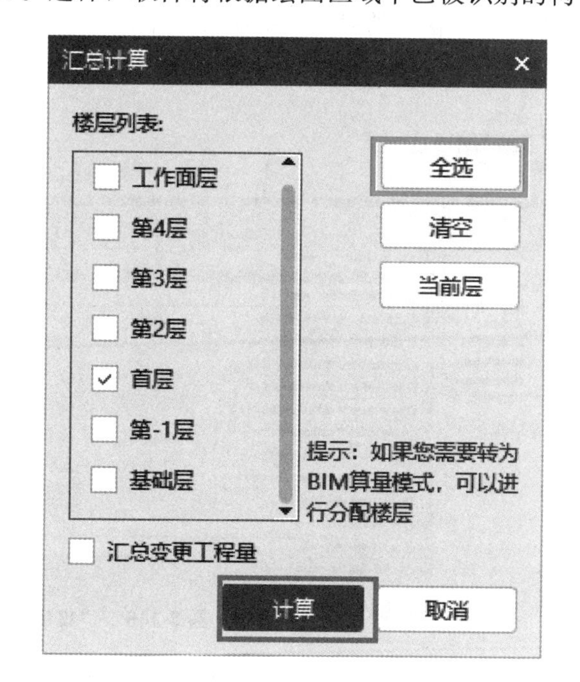

图 2-143　“汇总计算”对话框

最后弹出提示框，提醒计算完毕，如图 2-144 所示。

图 2-144 “计算完毕”提示框

2.11 集中套用的做法

通过集中套用的做法，可以将计量的结果快速地导入广联达计价软件，从而实现量与价的无缝对接以及快速完成造价文件。

2.11.1 隐藏不需要集中套用做法的构件

单击“工程量”选项卡，单击“套做法”功能包中的“套做法”按钮，将界面切换至“集中套做法”的状态。切换后，界面分为“模块导航栏”“工程量数据区域”“数据反查区域”三个部分，如图 2-145 所示。

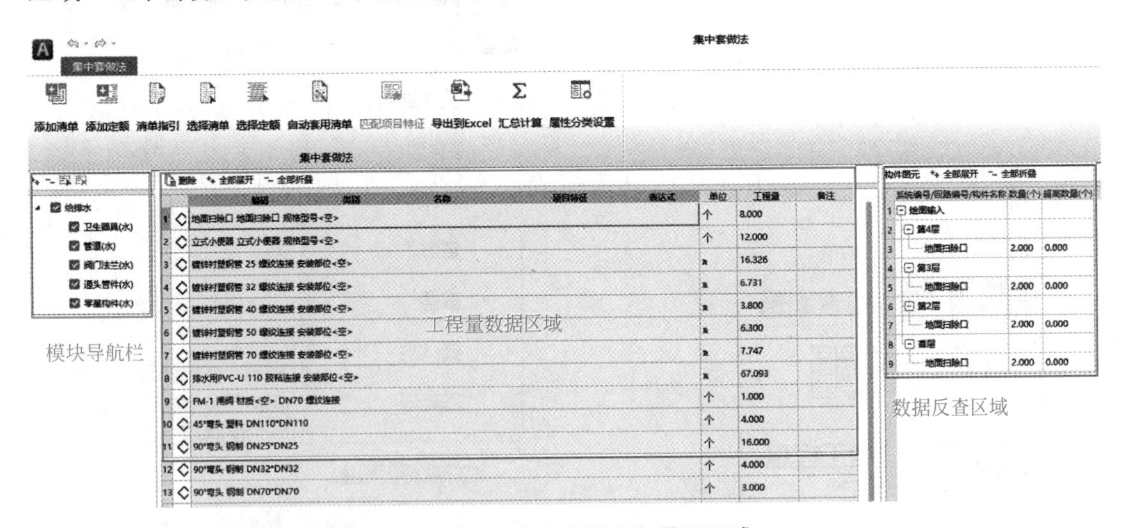

图 2-145 “集中套做法”界面区域

由于不需显示给排水管道弯头、三通等构件，单击在“通头管件（水）”前的“□”，取消“√”即可。这样，在“工程量数据区域”中弯头、三通就不会显示出来，如图 2-146 所示。

		编码	类别	名称	项目特征	表达式	单位	工程量	备注
1	◇	地面扫除口 地面扫除口 规格型号<空>					个	8.000	
2	◇	立式小便器 立式小便器 规格型号<空>					个	12.000	
3	◇	镀锌衬塑钢管 25 螺纹连接 安装部位<空>					m	16.326	
4	◇	镀锌衬塑钢管 32 螺纹连接 安装部位<空>					m	6.731	
5	◇	镀锌衬塑钢管 40 螺纹连接 安装部位<空>					m	3.800	
6	◇	镀锌衬塑钢管 50 螺纹连接 安装部位<空>					m	6.300	
7	◇	镀锌衬塑钢管 70 螺纹连接 安装部位<空>					m	7.747	
8	◇	排水用PVC-U 110 胶粘连接 安装部位<空>					m	67.093	
9	◇	FM-1 闸阀 材质<空> DN70 螺纹连接					个	1.000	
10	◇	TG-1 一般填料套管 DN100 给水系统					个	1.000	
11	◇	TG-2 一般填料套管 DN150 排水系统					个	25.000	
12	◇	TG-3 一般填料套管 DN50 给水系统					个	1.000	
13	◇	TG-4 一般填料套管 DN65 给水系统					个	1.000	
14	◇	TG-5 一般填料套管 DN80 给水系统					个	2.000	

图 2-146　调整后的“工程量数据区域”界面

2.11.2　定额选择套用

先进行“地面扫除口”的做法套用，单击“地面扫除口”，再单击界面上方“选择定额”按钮（图 2-147），进行套用定额的操作。这时，弹出一个“选择定额”对话框，在左侧的定额列表中，通过单击各类展开按钮，来选择对应的定额。依次单击“第十册　给排水、采暖、燃气工程”“第六章　卫生器具”“十四、给、排水附件”“4. 地面扫除口安装”，在右侧“插入子目”区域中便会出现各个定额。双击定额“C10-6-99 地面扫除口安装 公称直径（mm 以内）100”任意一个区域，如图 2-148 所示。

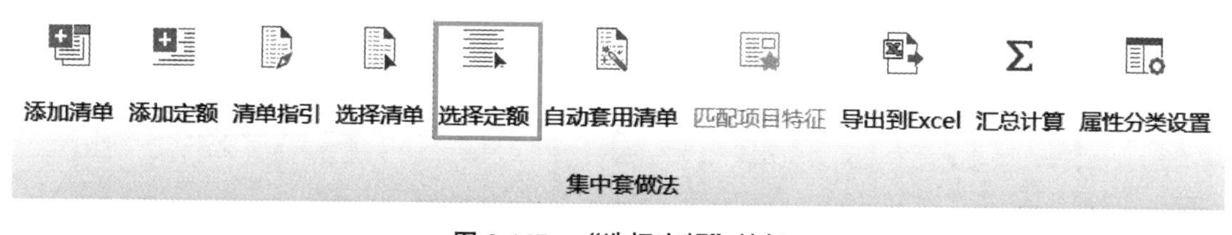

图 2-147　“选择定额”按钮

这样，在工程量数据区域中，在“地面扫除口”这一行的下方就会新增一行定额的内容，且在“地面扫除口”左侧的图标“◇”变成了“◆”（图 2-149），表明该内容添加了额外的信息，这样就完成了定额的套用。

如需删除套用的定额，单击“工程量数据区域”中左上方的“删除”按钮即可，如图 2-149 所示。

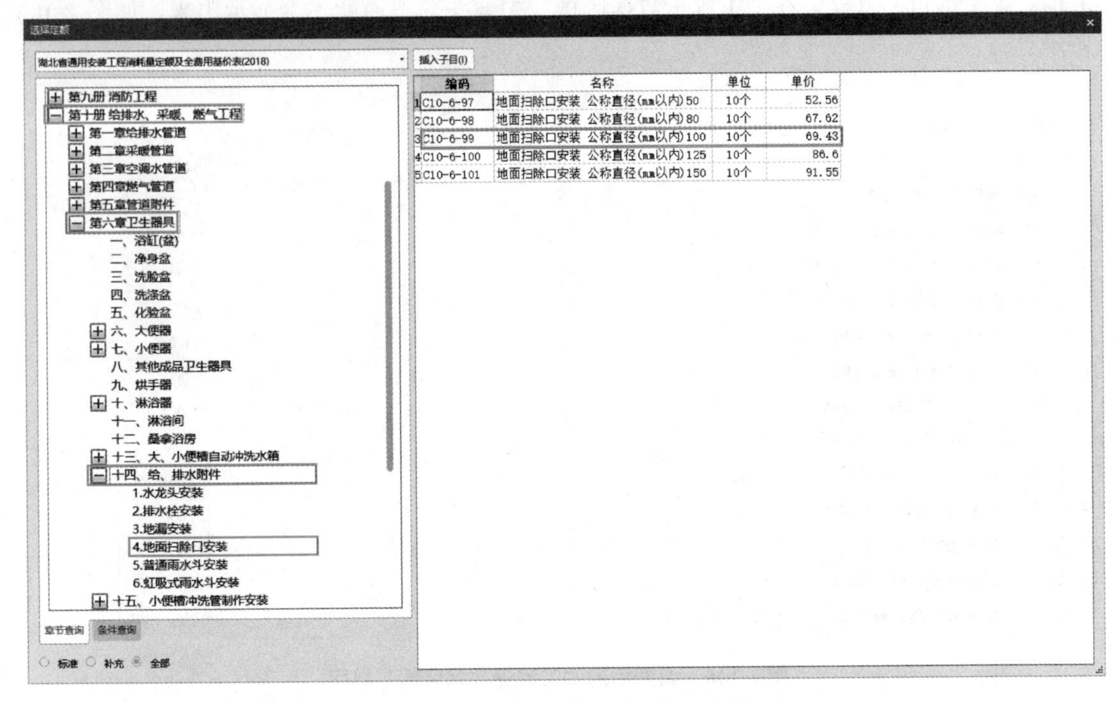

图 2-148　定额目录展开和选择定额

删除　全部展开　全部折叠

	编码	类别	名称	项目特征	表达式	单位	工程量	备注
1	地面扫除口 地面扫除口 规格型号<空>					个	8.000	
2	031004014001	项	给、排水附(配)件		SL	个/组	8.000	

图 2-149　套用定额删除按钮

2.11.3　自动套用清单

单击界面上方的“集中套做法”功能包中的“自动套用清单”按钮，如图 2-150 所示。

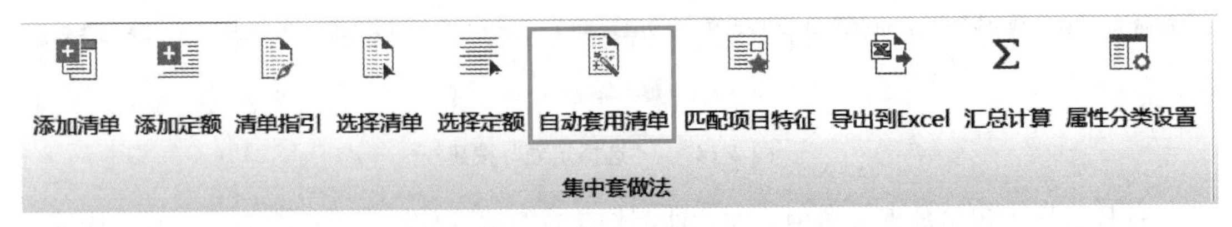

图 2-150　“自动套用清单”按钮

此时，软件就会在“工程量数据区域”对应的各个工程量下方自动生成最匹配的清单，但仍有部分工程量无法自动匹配清单（图 2-151）。无法自动匹配的就可以采用单击“选择清单”按钮，进行手动选择的方式来完成。

删除　全部展开　全部折叠

		编码	类别	名称	项目特征	表达式	单位	工程量	备注
1	◇	地面扫除口 地面扫除口 规格型号<空>					个	8.000	
2	◆	⊟ 立式小便器 立式小便器 规格型号<空>					个	12.000	
3		031004007001	项	小便器		SL	组	12.000	
4	◇	镀锌衬塑钢管 25 螺纹连接 安装部位<空>					m	16.326	
5	◇	镀锌衬塑钢管 32 螺纹连接 安装部位<空>					m	6.731	
6	◇	镀锌衬塑钢管 40 螺纹连接 安装部位<空>					m	3.800	
7	◇	镀锌衬塑钢管 50 螺纹连接 安装部位<空>					m	6.300	
8	◇	镀锌衬塑钢管 70 螺纹连接 安装部位<空>					m	7.747	
9	◆	⊟ 排水用PVC-U 110 胶粘连接 安装部位<空>					m	67.093	
10		031001006001	项	塑料管		CD+CGCD	m	67.093	
11	◆	⊟ FM-1 闸阀 材质<空> DN70 螺纹连接					个	1.000	
12		031003001001	项	螺纹阀门		SL+CGSL	个	1.000	
13	◆	⊟ TG-1 一般填料套管 DN100 给水系统					个	1.000	
14		031002003001	项	套管		SL+CGSL	个	1.000	
15	◆	⊟ TG-2 一般填料套管 DN150 排水系统					个	25.000	
16		031002003002	项	套管		SL+CGSL	个	25.000	
17	◆	⊟ TG-3 一般填料套管 DN50 给水系统					个	1.000	
18		031002003003	项	套管		SL+CGSL	个	1.000	
19	◆	⊟ TG-4 一般填料套管 DN65 给水系统					个	1.000	
20		031002003004	项	套管		SL+CGSL	个	1.000	
21	◆	⊟ TG-5 一般填料套管 DN80 给水系统					个	2.000	
22		031002003005	项	套管		SL+CGSL	个	2.000	

图 2-151　自动套用清单后的界面

这时的清单仍缺少项目特征的文字描述，需要进行额外处理。进行自动套用清单后，原本的“自动套用清单”按钮旁灰色的“匹配项目特征”图标将变成正常的颜色（图 2-152），提示可以使用，单击此图标进行项目特征的匹配。之后软件会弹出一个提示框，提示匹配完毕，这样工程量清单的项目特征就添加完毕了，如图 2-153 所示。

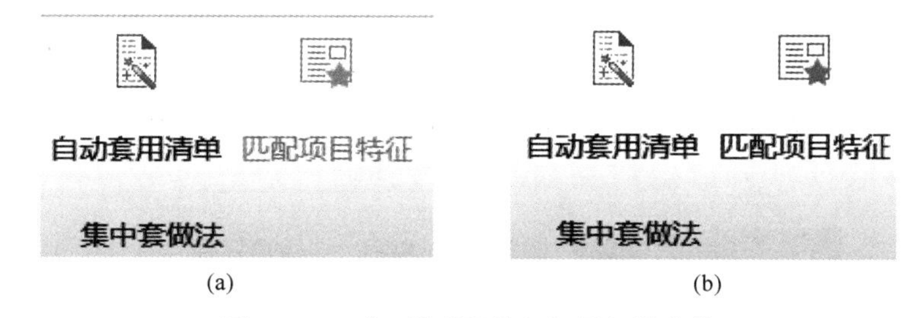

图 2-152　“匹配项目特征”图标的变化

（a）套用前；（b）套用后

再次单击“汇总计算”，进行“全楼选择”的汇总计算，保存好文件，这样，广联达 BIM 安装计量软件 GQI2021 就可以正常导入对应的计价程序中去了。

删除　全部展开　全部折叠

	编码	类别	名称	项目特征	表达式	单位	工程量	备注
1	◆ ⊟ 地面扫除口 地面扫除口 规格型号<空>					个	8.000	
2	031004014001	项	给、排水附(配)件		SL	个/组	8.000	
3	◆ ⊟ 立式小便器 立式小便器 规格型号<空>					个	12.000	
4	031004007001	项	小便器		SL	组	12.000	
5	◆ ⊟ 镀锌衬塑钢管 25 螺纹连接 安装部位<空>					m	16.326	
6	031001007001	项	复合管	1. 材质、规格: 镀锌衬塑钢管 25 2. 连接形式: 螺纹连接	CD+CGCD	m	16.326	
7	◆ ⊟ 镀锌衬塑钢管 32 螺纹连接 安装部位<空>					m	6.731	
8	031001007002	项	复合管	1. 材质、规格: 镀锌衬塑钢管 32 2. 连接形式: 螺纹连接	CD+CGCD	m	6.731	
9	◆ ⊟ 镀锌衬塑钢管 40 螺纹连接 安装部位<空>					m	3.800	
10	031001007003	项	复合管	1. 材质、规格: 镀锌衬塑钢管 40 2. 连接形式: 螺纹连接	CD+CGCD	m	3.800	
11	◆ ⊟ 镀锌衬塑钢管 50 螺纹连接 安装部位<空>					m	6.300	
12	031001007004	项	复合管	1. 材质、规格: 镀锌衬塑钢管 50 2. 连接形式: 螺纹连接	CD+CGCD	m	6.300	
13	◆ ⊟ 镀锌衬塑钢管 70 螺纹连接 安装部位<空>					m	7.747	
14	031001007005	项	复合管	1. 材质、规格: 镀锌衬塑钢管 70 2. 连接形式: 螺纹连接	CD+CGCD	m	7.747	
15	◆ ⊟ 排水用PVC-U 110 胶粘连接 安装部位<空>					m	67.093	
16	031001006001	项	塑料管	1. 材质、规格: 排水用PVC-U 110 2. 连接形式: 胶粘连接	CD+CGCD	m	67.093	

图 2-153　项目特征匹配完毕的工程量区域

2.12 报表预览和数据反查

2.12.1 报表预览

单击“工程量”选项卡，单击“报表”功能包中的“报表预览”按钮，如图 2-154 所示。

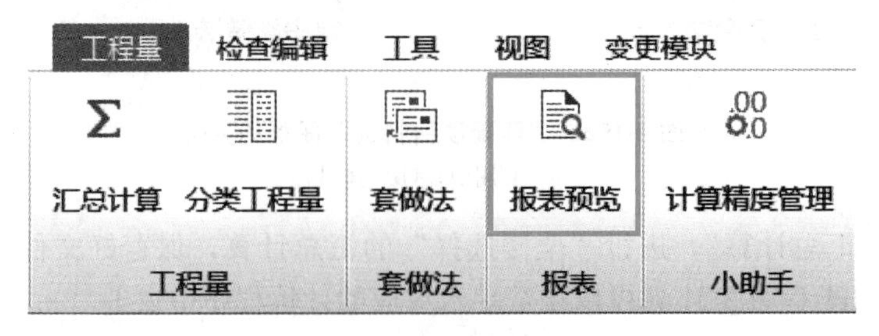

图 2-154　“报表预览”按钮

将界面切换至“报表预览”状态，切换后，由于未通过模块导航栏选定具体的报表，因此报表数据区域为空白，如图 2-155 所示。

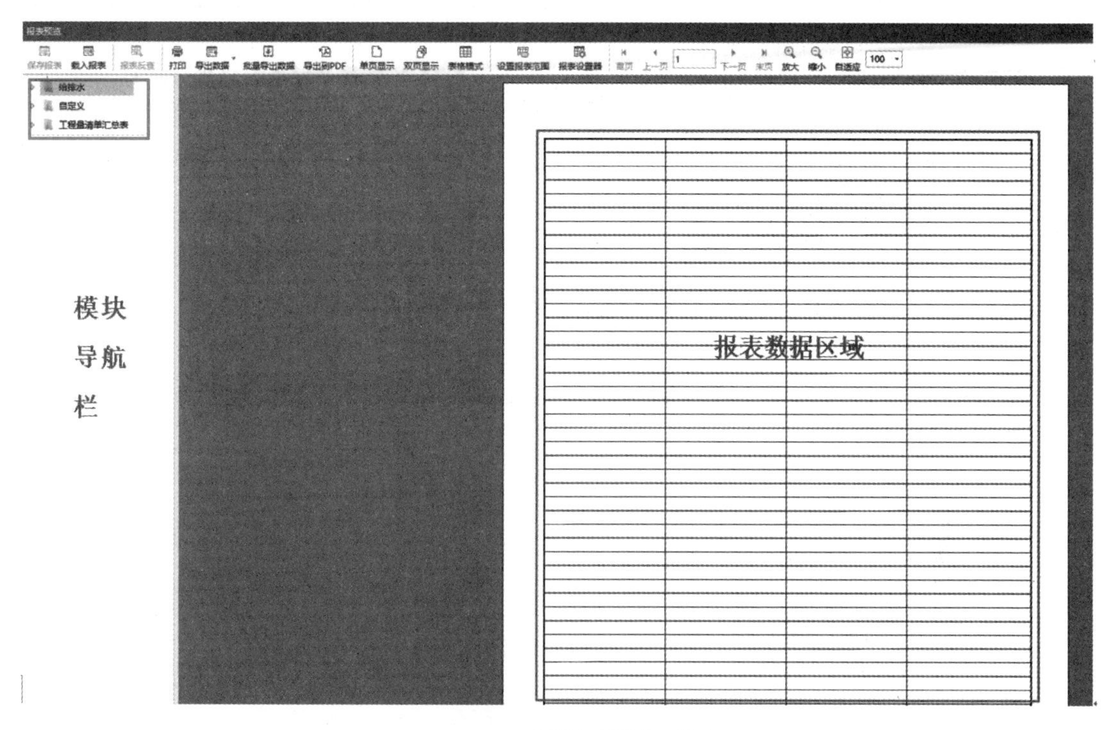

图 2-155　“报表预览”界面

在图 2-154 所示“报表预览”模块导航栏，单击“给排水”图标旁的白色“▹”按钮，展开更多的功能按钮。在展开的列表中出现“工程量汇总表”“系统汇总表”“工程量明细表”三个内容，如图 2-156 所示。单击“工程量汇总表”左侧“▹”按钮，展开内容，出现“管道”“设备”“刷油保温保护层”，如图 2-157 所示。单击“管道”，原本软件界面中部空白的区域，就将按该类型的归属出现管道构件的数据表格，如图 2-158 所示。

图 2-156　“给排水”展开的报表

图 2-157　“工程量汇总表”展开的报表

单击图 2-156 所示“工程量明细表”旁的“▹”按钮，展开列表，在展开的列表中单击“管道”，切换软件界面中部区域的报表。出现的报表将按楼层、系统类型、工程量名称等内容分类汇总工程量，并配有详细的计算式。管道长度计算式中，数字右边的“L”（图 2-159），表明该数字为立管长度。

给排水管道工程量汇总表

工程名称:给排水工程　　　　第1页 共1页

项目名称	工程量名称	单位	工程量
管道			
镀锌衬塑钢管-25	长度(m)	m	48.218
	内表面积(m2)	m2	3.787
	外表面积(m2)	m2	3.787
镀锌衬塑钢管-32	长度(m)	m	25.123
	超高长度(m)	m	0.200
	内表面积(m2)	m2	2.546
	外表面积(m2)	m2	2.546

图 2-158　“报表预览”中的管道构件

项目名称	工程量名称	单位	工程计算式	工程量
管道				
第-1层				
给水系统				
G1				
镀锌衬塑钢管-50	长度(m)	m	0.800L	0.800
	超高长度(m)	m	0.400L	0.400
	内表面积(m2)	m2	0.188L	0.188
	外表面积(m2)	m2	0.188L	0.188
镀锌衬塑钢管-70	长度(m)	m	0.979+2.800L+3.695+0.274	7.747
	内表面积(m2)	m2	0.215+0.616L+0.813+0.060	1.704
	外表面积(m2)	m2	0.215+0.616L+0.813+0.060	1.704
排水系统				
P1				
排水用PVC-U-110	长度(m)	m	0.268+0.192+2.792+0.216+0.188+0.800+0.427+0.188+0.800+0.426+0.188+0.312+0.426+3.450L+0.150L	10.823
	超高长度(m)	m	0.400L	0.400
	内表面积(m2)	m2	0.087+0.063+0.909+0.070+0.061+0.260+0.139+0.061+0.260+0.139+0.061+0.101+0.139+1.123L+0.179L	3.653
	外表面积(m2)	m2	0.092+0.067+0.965+0.075+0.065+0.276+0.147+0.065+0.276+0.147+0.065+0.108+0.147+1.192L+0.190L	3.878
首层				
给水系统				
G1				
镀锌衬塑钢管-25	长度(m)	m	0.127+0.127+0.127+0.800+0.700L+0.700L+0.700L+0.800	4.081
	内表面积(m2)	m2	0.010+0.010+0.010+0.063+0.055L+0.055L+0.055L+0.063	0.321
	外表面积(m2)	m2	0.010+0.010+0.010+0.063+0.055L+0.055L+0.055L+0.063	0.321

图 2-159　管道工程量明细表

此外，报表的数据排列方式，有树状和表格两种模式。单击软件界面上方“报表显示”功能包中的“树状模式”按钮（图 2-160），将改变表格排列模式。单击“树状模式”按钮一次，“树状模式”将变成“表格模式”，而单击“表格模式”，将变成“树状模式”，从而实现两种图标按钮的互换。

图 2-160　“树状模式”按钮

两种模式的表格数据显示都有各自特点，可根据工程的要求和使用者习惯来自行选择，如图 2-161 和图 2-162 所示。

给排水管道工程量明细表

工程名称：给排水工程　　　　第1页 共4页

计算项目	楼层	系统类型	系统编号	材质-规格型号	工程量名称	单位	工程计算式	工程量
管道	第-1层	给水系统	G1	镀锌衬塑钢管-50	长度(m)	m	0.800L	0.800
					超高长度(m)	m	0.400L	0.400
					内表面积(m2)	m2	0.188L	0.188
					外表面积(m2)	m2	0.188L	0.188
				镀锌衬塑钢管-70	长度(m)	m	0.979+2.800L+3.695+0.274	7.747
					内表面积(m2)	m2	0.215+0.616L+0.813+0.060	1.704
					外表面积(m2)	m2	0.215+0.616L+0.813+0.060	1.704
		排水系统	P1	排水用PVC-U-110	长度(m)	m	0.268+0.192+2.792+0.216+0.188+0.800+0.427+0.188+0.800+0.426+0.188+0.312+0.426+3.450L+0.150L	10.823
					超高长度(m)	m	0.400L	0.400
					内表面积(m2)	m2	0.087+0.063+0.909+0.070+0.061+0.260+0.139+0.061+0.260+0.139+0.061+0.101+0.139+1.123L+0.179L	3.653
					外表面积(m2)	m2	0.092+0.067+0.965+0.075+0.065+0.276+0.147+0.065+0.276+0.147+0.065+0.108+0.147+1.192L+0.190L	3.878
	首层	给水系统	G1	镀锌衬塑钢管-25	长度(m)	m	0.127+0.127+0.127+0.800+0.700L+0.700L+0.700L+0.800	4.081
					内表面积(m2)	m2	0.010+0.010+0.010+0.063+0.055L+0.055L+0.055L+0.063	0.321
					外表面积(m2)	m2	0.010+0.010+0.010+0.063+0.055L+0.055L+0.055L+0.063	0.321
				镀锌衬塑钢管-32	长度(m)	m	0.500+0.232	0.733
					内表面积(m2)	m2	0.050+0.023	0.074
					外表面积(m2)	m2	0.050+0.023	0.074
				镀锌衬塑钢…	长度(m)	m	2.300L+1.300L	3.600

图 2-161　表格模式显示的报表

给排水管道工程量明细表

工程名称：给排水工程　　　　第1页 共5页

项目名称	工程量名称	单位	工程计算式	工程量
⊟管道				
⊟第-1层				
⊟给水系统				
⊟G1				
镀锌衬塑钢管-50	长度(m)	m	0.800L	0.800
	超高长度(m)	m	0.400L	0.400
	内表面积(m2)	m2	0.188L	0.188
	外表面积(m2)	m2	0.188L	0.188
镀锌衬塑钢管-70	长度(m)	m	0.979+2.800L+3.695+0.274	7.747
	内表面积(m2)	m2	0.215+0.616L+0.813+0.060	1.704
	外表面积(m2)	m2	0.215+0.616L+0.813+0.060	1.704
⊟排水系统				
⊟P1				
排水用PVC-U-110	长度(m)	m	0.268+0.192+2.792+0.216+0.188+0.800+0.427+0.188+0.800+0.426+0.188+0.312+0.426+3.450L+0.150L	10.823
	超高长度(m)	m	0.400L	0.400
	内表面积(m2)	m2	0.087+0.063+0.909+0.070+0.061+0.260+0.139+0.061+0.260+0.139+0.061+0.101+0.139+1.123L+0.179L	3.653
	外表面积(m2)	m2	0.092+0.067+0.965+0.075+0.065+0.276+0.147+0.065+0.276+0.147+0.065+0.108+0.147+1.192L+0.190L	3.878
⊟首层				
⊟给水系统				
⊟G1				
镀锌衬塑钢管-25	长度(m)	m	0.127+0.127+0.127+0.800+0.700L+0.700L+0.700L+0.800	4.081
	内表面积(m2)	m2	0.010+0.010+0.010+0.063+0.055L+0.055L+0.055L+0.063	0.321
	外表面积(m2)	m2	0.010+0.010+0.010+0.063+0.055L+0.055L+0.055L+0.063	0.321

图 2-162　树状模式显示的报表

2.12.2　报表反查

报表预览中提供的工程量数据，可以利用报表反查，实现表格数据与绘图输入构件的

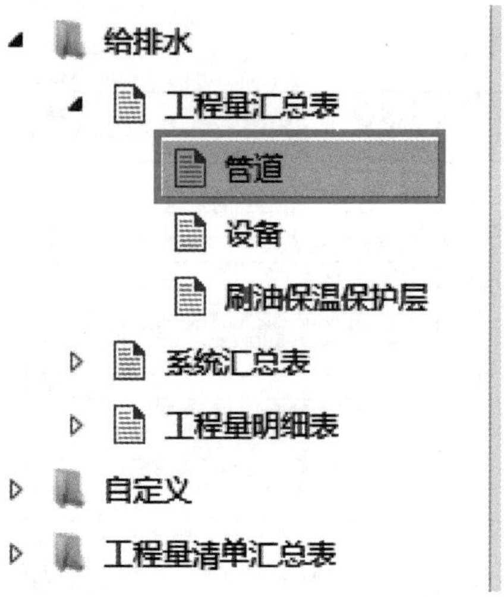

给排水
工程量汇总表
管道
设备
刷油保温保护层
系统汇总表
工程量明细表
自定义
工程量清单汇总表

图 2-163 “工程量汇总表”中的“管道”

对照，方便检查识别的构件是否有重复、漏量等问题。

单击鼠标左键，将软件中部区域报表显示状态“工程量汇总表”中的“管道”，切换成报表状态，如图 2-163 所示。单击“报表预览”选项卡中的“报表反查”按钮，软件中部的报表区域发生变化，原来的标题及工程信息栏消失，而表格的第一行向上移动且变成了深蓝色，此外，表格窗口区域也发生了移动，如图 2-164 所示。

这里，先进行“排水用 PVC-U-110”工程量的反查。双击该构件对应的“长度（m）”那一行中带有“168.531”工程量表格区域（图 2-165），弹出“反查图元”对话框，如图 2-166 所示。

保存报表 载入报表 返回报表 打印 导出数据 批量导出数据 导出到PDF 单页显示

给排水
工程量汇总表
管道
设备
管件
刷油保温保护层
系统汇总表
工程量明细表
自定义
工程量清单汇总表

	项目名称	工程量名称	单位	工程量
1	− 管道			
2	镀锌衬塑钢管-25	长度(m)	m	48.218
3		内表面积(m2)	m2	3.787
4		外表面积(m2)	m2	3.787
5	镀锌衬塑钢管-32	长度(m)	m	25.123
6		超高长度(m)	m	0.200
7		内表面积(m2)	m2	2.546
8		外表面积(m2)	m2	2.546
9	镀锌衬塑钢管-40	长度(m)	m	3.600
10		超高长度(m)	m	0.200
11		内表面积(m2)	m2	0.478
12		外表面积(m2)	m2	0.478
13	镀锌衬塑钢管-50	长度(m)	m	95.640
14		超高长度(m)	m	2.600
15		内表面积(m2)	m2	15.431
16		外表面积(m2)	m2	15.431
17	镀锌衬塑钢管-70	长度(m)	m	8.025
18		内表面积(m2)	m2	1.765
19		外表面积(m2)	m2	1.765
20	排水用PVC-U-110	长度(m)	m	168.531
21		超高长度(m)	m	2.400
22		内表面积(m2)	m2	55.633
23		外表面积(m2)	m2	59.070
24	排水用PVC-U-50	长度(m)	m	54.364
25		内表面积(m2)	m2	7.856
26		外表面积(m2)	m2	8.539
27	排水用PVC-U-75	长度(m)	m	13.002
28		内表面积(m2)	m2	2.876
29		外表面积(m2)	m2	3.064

图 2-164 “报表反查”界面

排水用PVC-U -110	长度(m)	m	168.531
	超高长度(m)	m	2.400
	内表面积(m2)	m2	55.633
	外表面积(m2)	m2	59.070

图 2-165　构件的工程量反查

这时，双击任意楼层对应“绘图工程量”那一栏，软件界面将切换回“绘图输入”状态，且在绘图区域中有管道构件被选中，呈深蓝色状态，并弹出“工程量”对话框，如图 2-167 所示。

如果单击对话框右下方的“退出”按钮，对话框将关闭，但界面仍处于“绘图输入”状态，且刚被选中的构件自动取消选中状态，不再显示深蓝色。而如果单击对话框下方的“返回报表”按钮，则回到“反查图元”对话框。

反查图元

	构件类型	绘图工程量	表格工程量	变更工程量
1	⊟ 第4层			
2	管道(水)	33.133	0.000	0.000
3	⊟ 第3层			
4	管道(水)	33.133	0.000	0.000
5	⊟ 第2层			
6	管道(水)	33.133	0.000	0.000
7	⊟ 首层			
8	管道(水)	33.133	0.000	0.000
9	⊟ 第-1层			
10	管道(水)	36.000	0.000	0.000

图 2-166　“反查图元”对话框

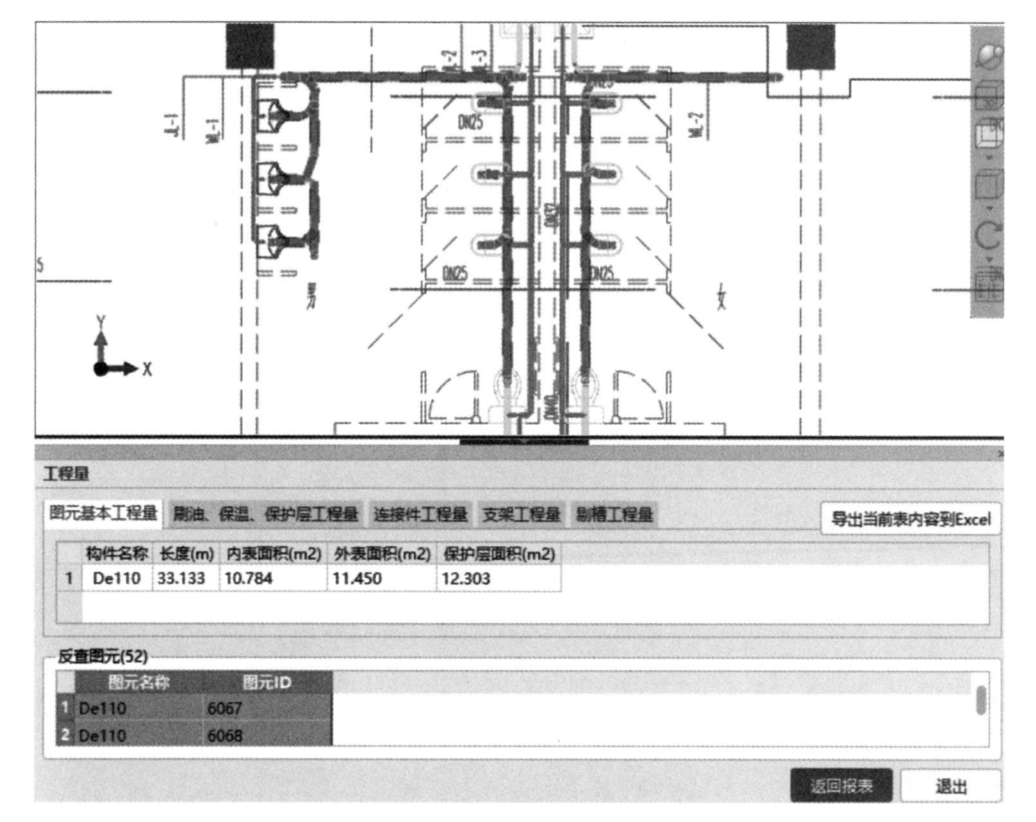

图 2-167　“工程量”对话框

教学单元3 消防工程的软件算量

Chapter 03

知识目标

- 了解消防工程的新建操作；熟悉消火栓的识别方法；掌握消火栓管道的绘制方法。
- 了解喷头的识别方法；掌握立管、喷淋管道的绘制方法。
- 了解管道附件的识别方法；掌握管道支架的设置方法。

能力目标

- 能够根据图纸熟练进行楼层和比例设置，并合理分割定位图纸。
- 准确设置消火栓、消火栓管道的属性值，能按图正确绘制消火栓管道并和消火栓连接。
- 能够准确识别喷头、绘制喷淋管道，并将喷淋管道与喷头连接。

素质目标

- 培养学生要有安全意识，严格遵守实践过程中的安全规则。
- 培养学生要有扎实的专业素养，在施工过程中要有认真负责的态度。
- 培养学生爱思考、善总结的习惯，有强烈的敬业精神。

3.1 消防工程算量前的操作流程

3.1.1 新建工程

新建工程最终完成效果如图 3-1 所示。信息确认无误后，即可单击下方的“创建工程”按钮，完成“新建工程”操作，进入“工程设置”界面。

图 3-1 消火栓管道工程“新建工程”对话框

3.1.2 工程设置

1. 楼层设置

综合图纸情况，按照“楼层设置”的操作方法，最终得到该实例工程的楼层设置情况，如图 3-2 所示。

2. 计算设置

针对本实例图纸的工程情况，不需要对计算设置进行设置和修改。读者可以单击这个按钮，在弹出的“计算设置”对话框中了解它们对应的内容，如图 3-3 所示。

楼层设置

添加　删除　插入楼层　删除楼层　上移　下移

消防工程

首层	编码	楼层名称	层高(m)	底标高(m)	相同层数	板厚(mm)	建筑面积(m2)
☐	5	屋面层	3.8	15.2	1	120	
☐	4	第4层	3.8	11.4	1	120	
☐	3	第3层	3.8	7.6	1	120	
☐	2	第2层	3.8	3.8	1	120	
☑	1	首层	3.8	0	1	120	
☐	-1	第-1层	4	-4	1	120	
☐	0	基础层	3	-7	1	500	

图 3-2　“楼层设置”对话框

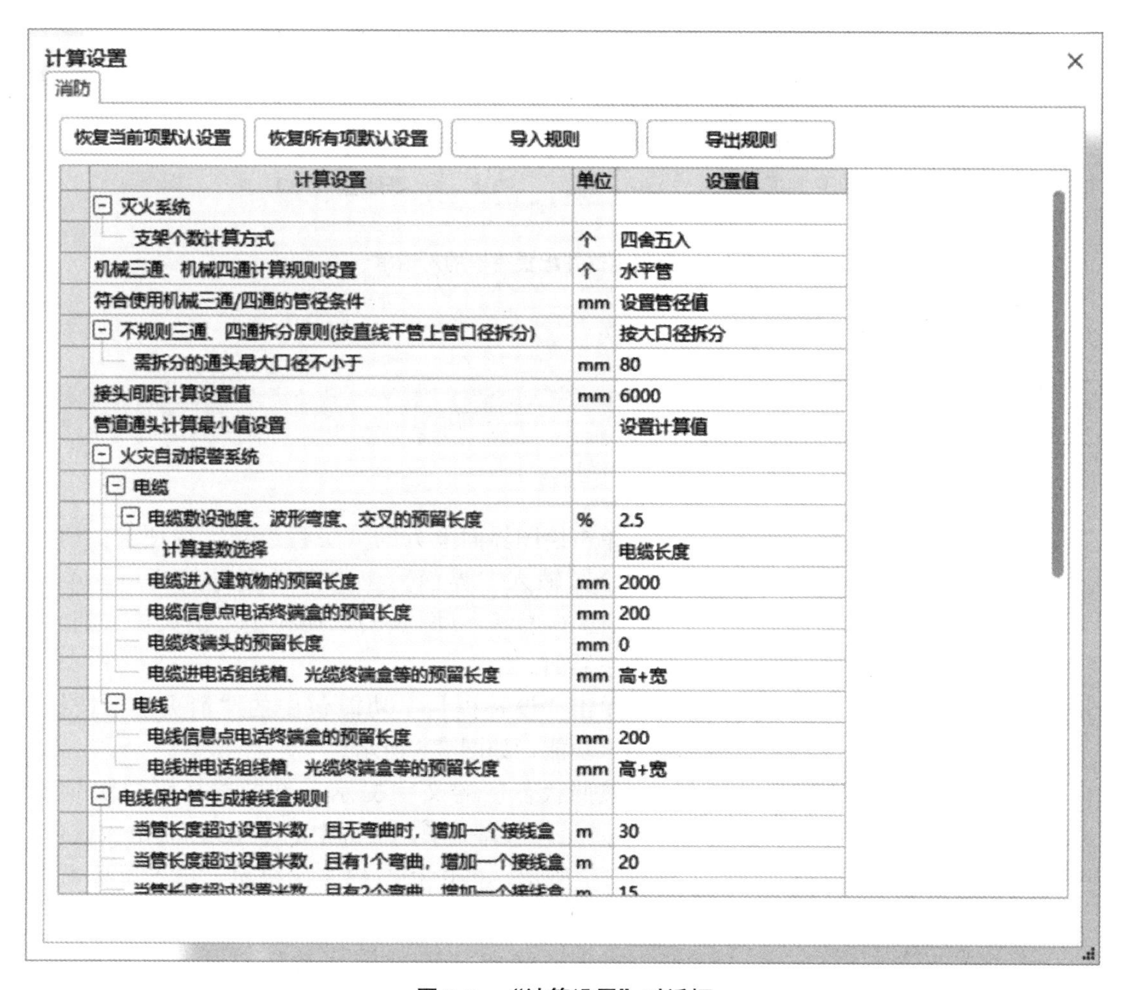

计算设置

消防

恢复当前项默认设置　恢复所有项默认设置　导入规则　导出规则

计算设置	单位	设置值
⊟ 灭火系统		
支架个数计算方式	个	四舍五入
机械三通、机械四通计算规则设置	个	水平管
符合使用机械三通/四通的管径条件	mm	设置管径值
⊟ 不规则三通、四通拆分原则(按直线干管上管口径拆分)		按大口径拆分
需拆分的通头最大口径不小于	mm	80
接头间距计算设置值	mm	6000
管道通头计算最小值设置		设置计算值
⊟ 火灾自动报警系统		
⊟ 电缆		
⊟ 电缆敷设弛度、波形弯度、交叉的预留长度	%	2.5
计算基数选择		电缆长度
电缆进入建筑物的预留长度	mm	2000
电缆信息点电话终端盒的预留长度	mm	200
电缆终端头的预留长度	mm	0
电缆进电话组线箱、光缆终端盒等的预留长度	mm	高+宽
⊟ 电线		
电线信息点电话终端盒的预留长度	mm	200
电线进电话组线箱、光缆终端盒等的预留长度	mm	高+宽
⊟ 电线保护管生成接线盒规则		
当管长度超过设置米数，且无弯曲时，增加一个接线盒	m	30
当管长度超过设置米数，且有1个弯曲，增加一个接线盒	m	20
当管长度超过设置米数，且有2个弯曲，增加一个接线盒	m	15

图 3-3　“计算设置”对话框

3.1.3 导入图纸

导入“暖通给排水图纸”及完成其他操作。各楼层分割定位并配置完毕的图纸，如图3-4所示。

图纸管理

添加 定位 手动分割 复制 删除 楼层编号

搜索图纸...

	图纸名称	比例	楼层	楼层编号
1	暖通给排水图纸.dwg			
2	模型	1:1	首层	
3	地下一层给排水及消防平面图	1:1	第-1层	-1.1
4	首层给排水及消防平面图	1:1	首层	1.1
5	二层给排水及消防平面图	1:1	第2层	2.1
6	三层给排水及消防平面图	1:1	第3层	3.1
7	四层给排水及消防平面图	1:1	第4层	4.1
8	屋顶平面图	1:1	屋面层	5.1
9	卫生间详图	1:1	基础层	0.1

图3-4 分割定位并配置完毕的对话框

3.2 消火栓的识别

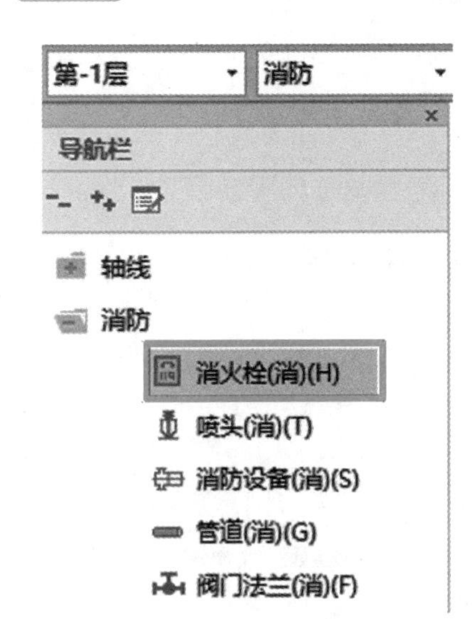

图3-5 消防工程中各构件类型

单击绘图界面上方的“工程绘制”选项卡，切换至“绘图输入”界面。在构件类型导航栏中，单击“消火栓（消）”（图3-5），切换至“消火栓（消）”功能包界面。

单击“设备提量”功能包中的“消火栓”按钮，激活该功能，如图3-6所示。

按照状态栏的文字提示，单击选择需要识别的CAD图元。选择完毕，被选中的CAD图元呈深蓝色，如图3-7所示，再按状态栏文字提示，单击鼠标右键进行确认，完成操作。

此时，弹出“识别消火栓”对话框，如图3-8所示。

对话框中，需要根据图纸情况修改参数设置。消

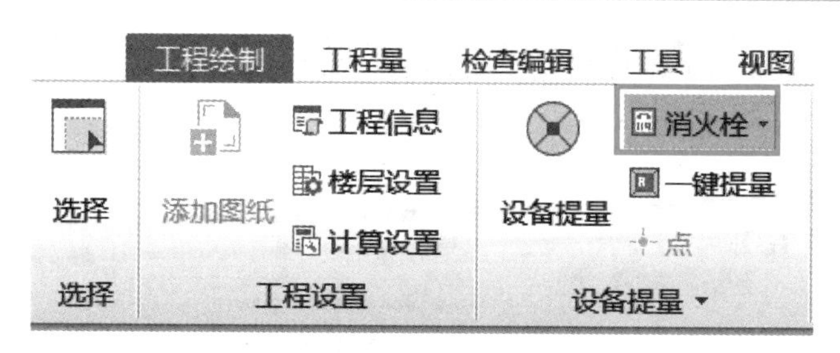

图 3-6　“消火栓”按钮

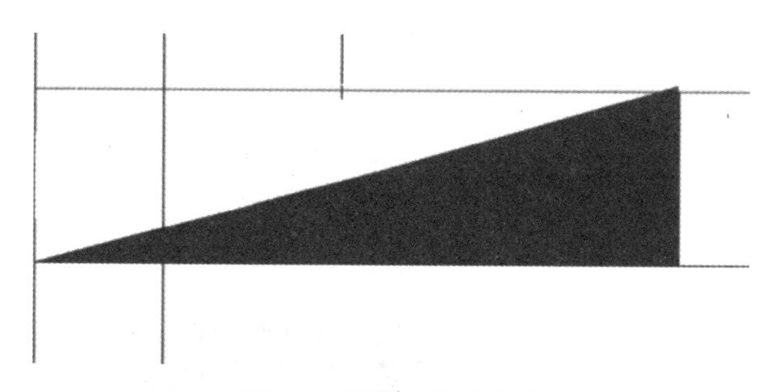

图 3-7　被选中的消火栓

火栓参数设置下方有“要识别成的消火栓”（图 3-8），单击右侧“...”按钮，弹出“选择要识别成的构件”对话框，这时“选择要识别成的构件”对话框中，会自动创建一个名称为“XHS-1”的构件，如图 3-9 所示。

图 3-8　“识别消火栓”对话框

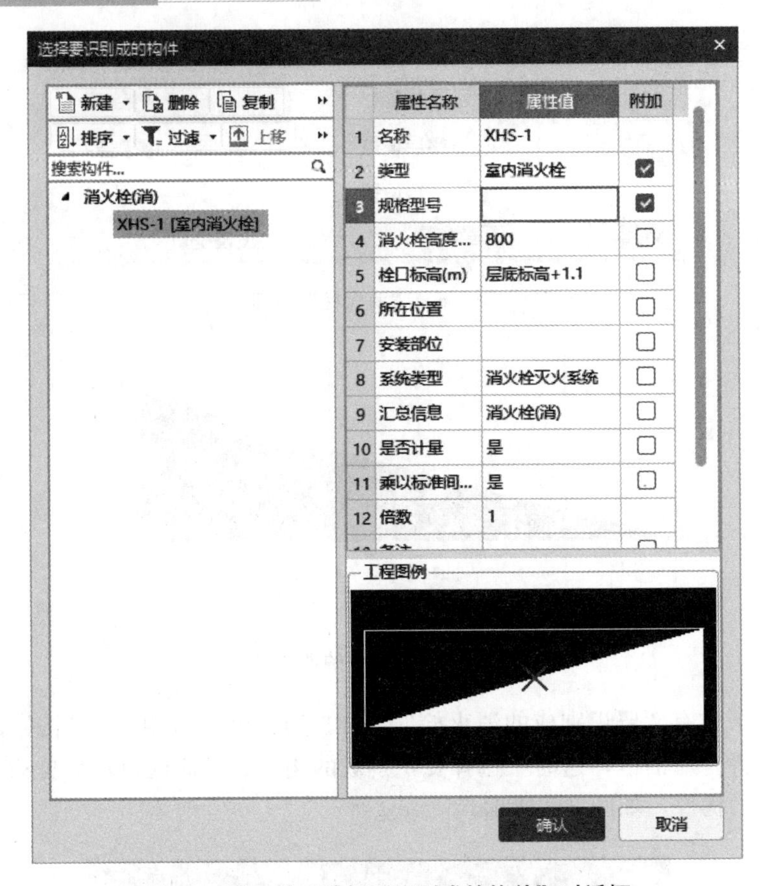

图 3-9 消火栓“选择要识别成的构件”对话框

	属性名称	属性值	附加
1	名称	室内消火栓	
2	类型	室内消火栓	☑
3	规格型号	DN70	☑
4	消火栓高度...	800	☐
5	栓口标高(m)	层底标高+1.1	☐
6	所在位置	室内部分	☐
7	安装部位		☐
8	系统类型	消火栓灭火系统	☐
9	汇总信息	消火栓(消)	☐
10	是否计量	是	☐
11	乘以标准间...	是	☐
12	倍数	1	

图 3-10 消火栓的属性设置

根据图纸信息，完成构件的属性信息各项内容的修改，如图 3-10 所示。

接着在“选择要识别成的构件”对话框上部区域双击“室内消火栓”构件（图 3-11），完成 CAD 图例和构件的关联。

回到“识别消火栓”的对话框界面。在对话框界面最下方，有两组图例，一组为消火栓下部接连接管道示意图（图 3-12a），另一组为消火栓侧面接连接管示意图（图 3-12b），根据图纸情况，选择图 3-12（a）。

消火栓支管参数设置中，根据图纸设计说明要求，管径按默认选为 65 即可，而水平支管的安装高度，在图纸中并无额外交代，这里，可以选用软件默认的设置，即层底标高＋0.8，而其他参数无须修改，单击对话框下方的“确定”按钮，完成操

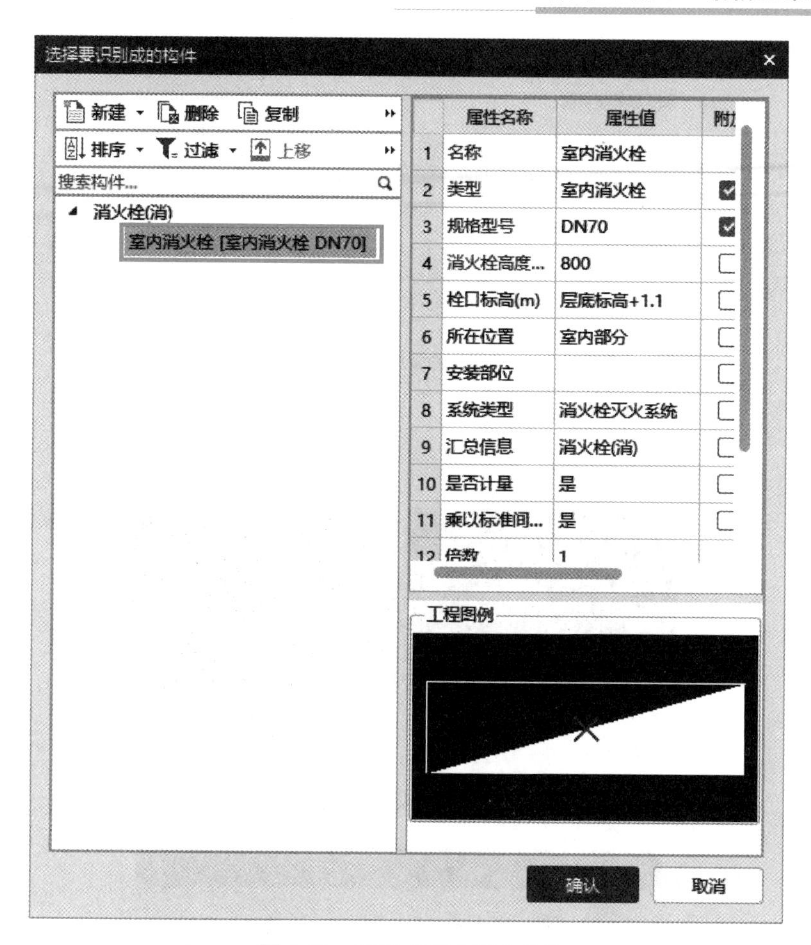

图 3-11　双击“室内消火栓”

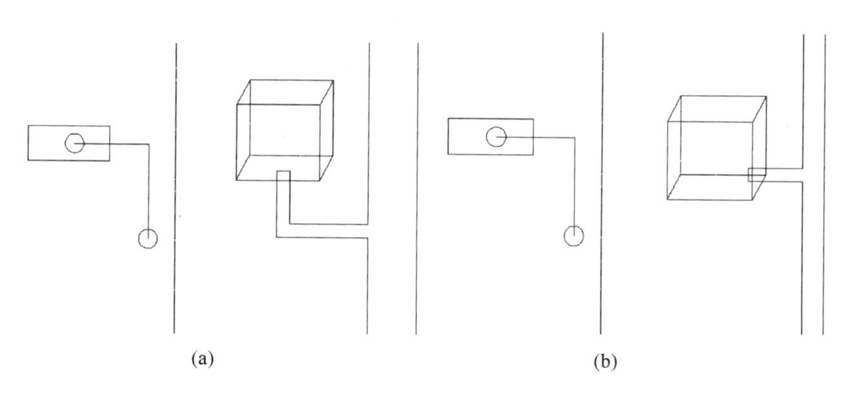

图 3-12　消火栓接管位置示意图

作，如图 3-13 所示。

单击“确认”按钮，弹出“提示”对话框（图 3-14），表明识别成功。单击“确定”按钮，完成操作。

识别完毕的消火栓将会自动配置一根连接短管（图 3-15），这样就省去了额外处理消火栓连接短管的操作。

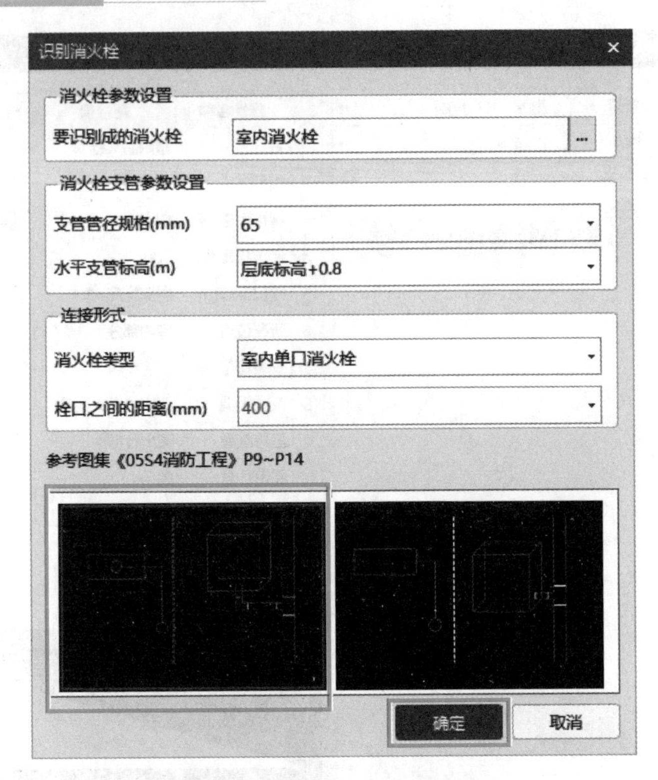

图 3-13　完成识别消火栓操作

图 3-14　识别成功后的提示框

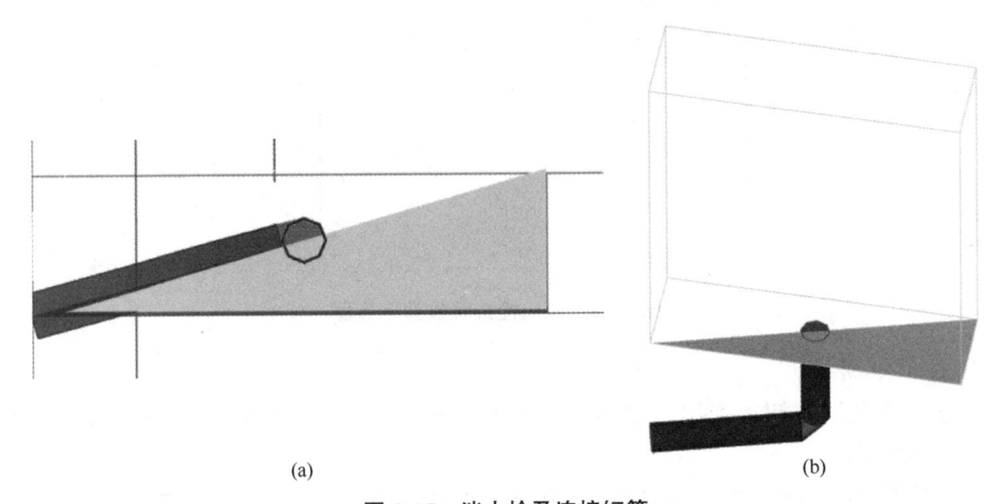

图 3-15　消火栓及连接短管

（a）消火栓平面图；（b）消火栓三维图

3.3 构件的批量选择

在“构件类型切换栏”中，单击“管道（消）”，切换构件。由于在识别消火栓时，连接短管是自动匹配生成的，因此，在构件新建及编辑栏中，存在一个名称为“JXGD-1”的构件（图 3-16），即消火栓连接短管。

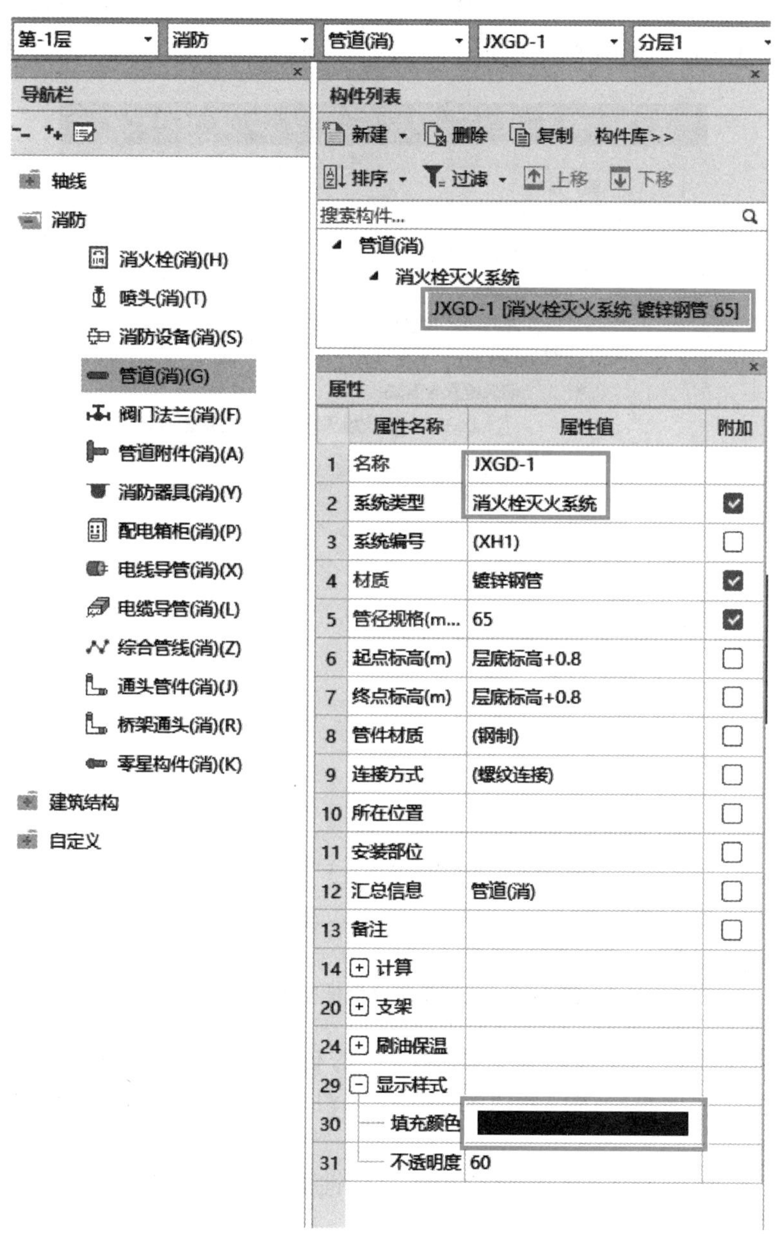

图 3-16 名称为“JXGD-1”的构件

单击软件界面上方“图元工具”功能包中的“批量选择”按钮，如图 3-17 所示，弹出“批量选择构件图元”对话框。对话框中显示的内容为当前楼层已经存在的各个构件。由于还未进行任何操作，因此对话框下方的“确定”按钮为灰色，表示还不能单击，如图 3-18 所示。

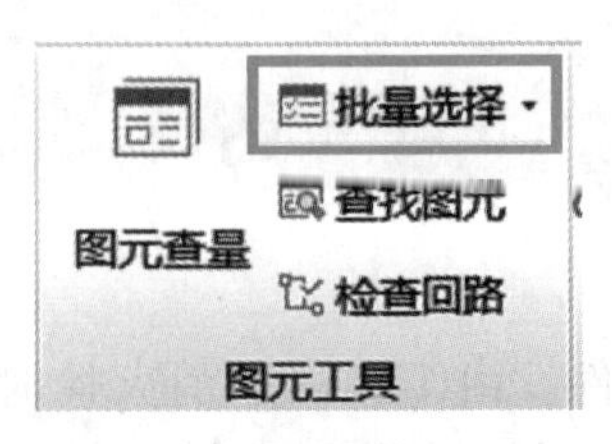

图 3-17　“批量选择”按钮

这时，单击“JXGD-1”构件左边的“□”，“□”中出现“√”，由于当前的管道构件只有自动生成的“JXGD-1”构件，因此，“管道（消）”和“消火栓灭火系统”左边的“□”都出现了“√”，并且界面下方的“确定”按钮不再是灰色，呈现正常颜色状态。单击“确定”按钮，完成操作，如图 3-19 所示。

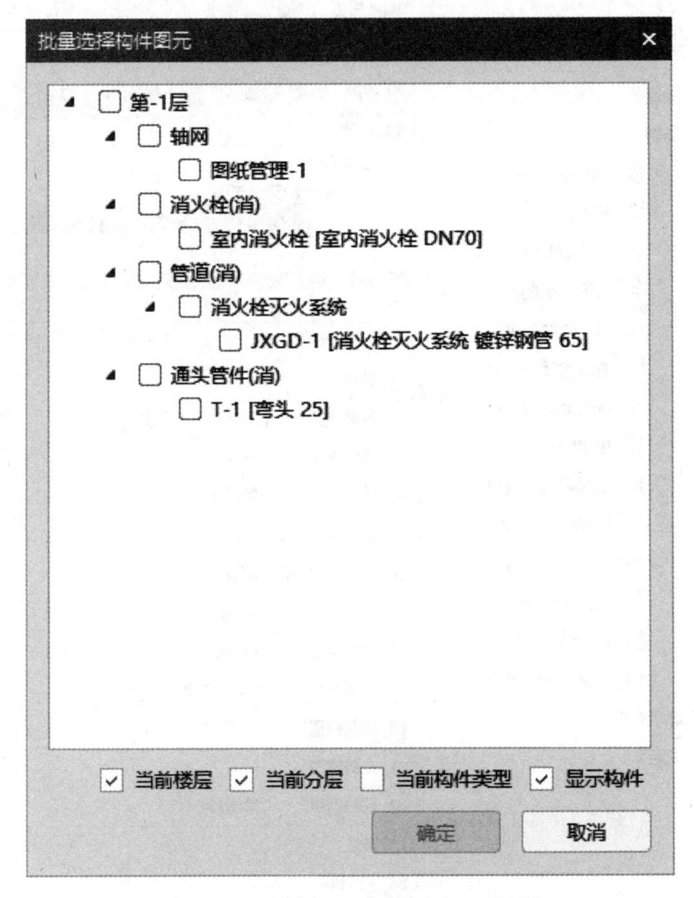

图 3-18　“批量选择构件图元”对话框

这时，当前楼层所有名称为“JXGD-1”的构件都被选中，就不难把“属性编辑器”中所需修改的信息一次性修改完毕了，最终得到所需的构件属性信息，如图 3-20 所示。

这样，名称为“JXGD-1”的管道构件一次性被修改成“消防用镀锌钢管 DN65”构件，其他需要修改的信息也被一次性修改完毕。

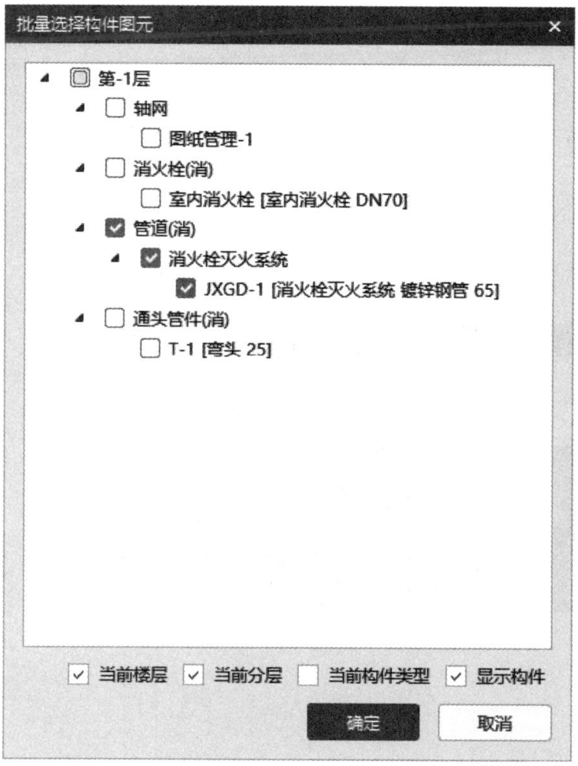

图 3-19　选中构件后的“批量选择构件图元”对话框

图 3-20　修改后的管道构件属性信息

3.4　管道的支架设置

单击“消防用镀锌钢管 DN65”构件属性信息第 20 号“支架”前的“⊞”，展开“支架”内容信息，如图 3-21 所示。

（1）支架间距设置

根据《建筑给水排水及采暖工程施工质量验收规范》GB 50242—2002 中对于管道的支架间距的规定，在图 3-21 中“支架间距（mm）”一行输入数值“6000”，只考虑水平管道安装管道支架即可，如图 3-22 所示。

（2）支架类型

图纸信息并未对管道支架采用的类型作出具体的规定。“支架类型”信息栏中，单击“▭”按钮，弹出“选择支架”对话框，如图 3-23 所示。

在对话框中，可以根据管道类型和设计要求，选择合适的类型。单击“支架分类”下拉列表框，选择对应的支架类型，如图 3-24 所示。

单击“管径（mm）”下拉列表框，选择对应的管道管径，如图 3-25 所示。

13	备注		☐
14	⊞ 计算		
20	⊟ 支架		
21	支架间…	(0)	☐
22	支架类型		
23	支架重…	(0)	☐
24	⊞ 刷油保温		

图 3-21　管道构件属性信息中支架展开内容

20	⊟ 支架		
21	支架间…	6000	☐
22	支架类型		
23	支架重…	(0)	☐

图 3-22　管道支架间距设置

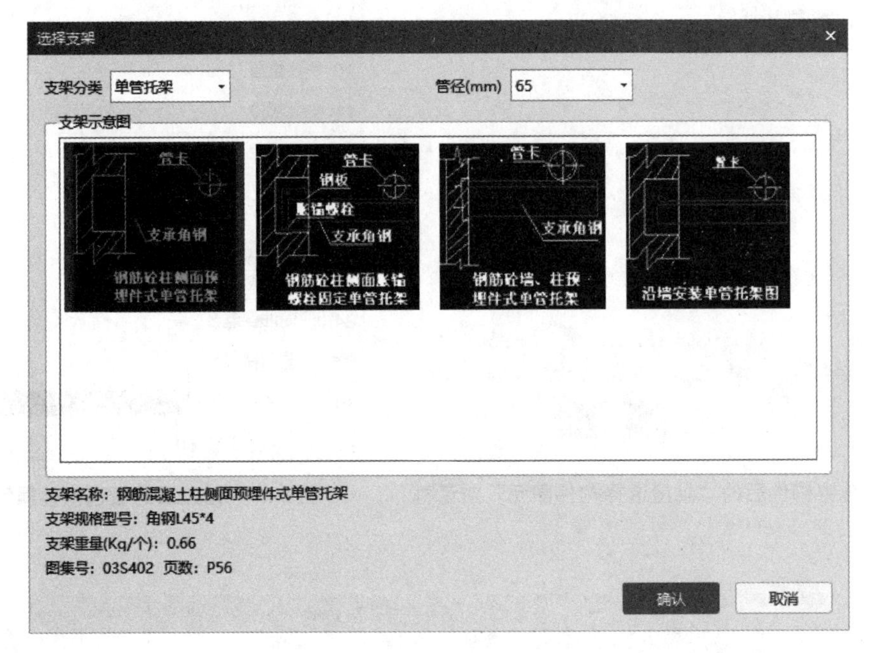

图 3-23　“选择支架”对话框

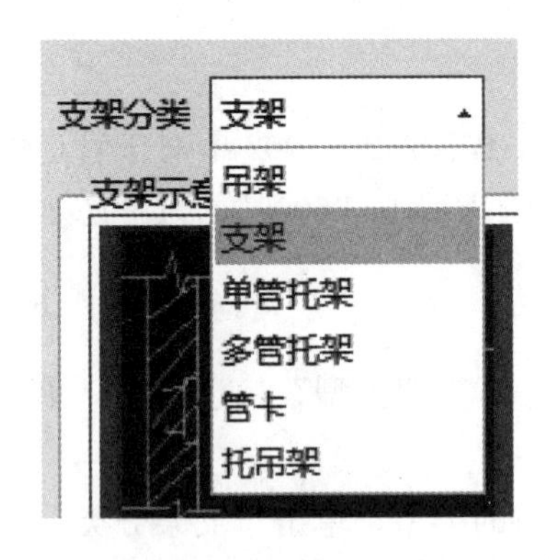

图 3-24　支架类型的选择

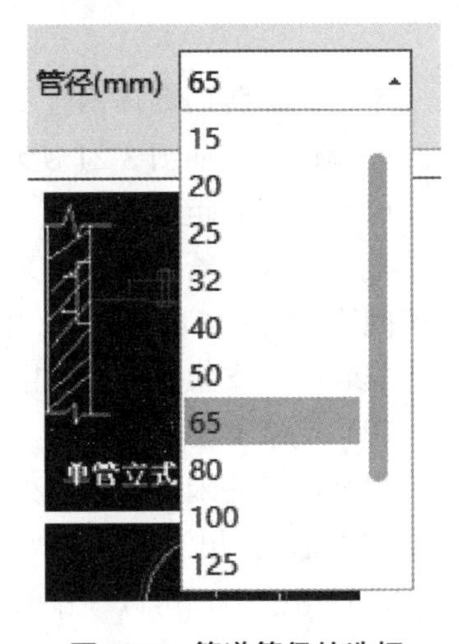

图 3-25　管道管径的选择

选择好支架类型后，在“支架分类”下方的“支架示意图”中选择对应的支架示意图，如图 3-26 所示。

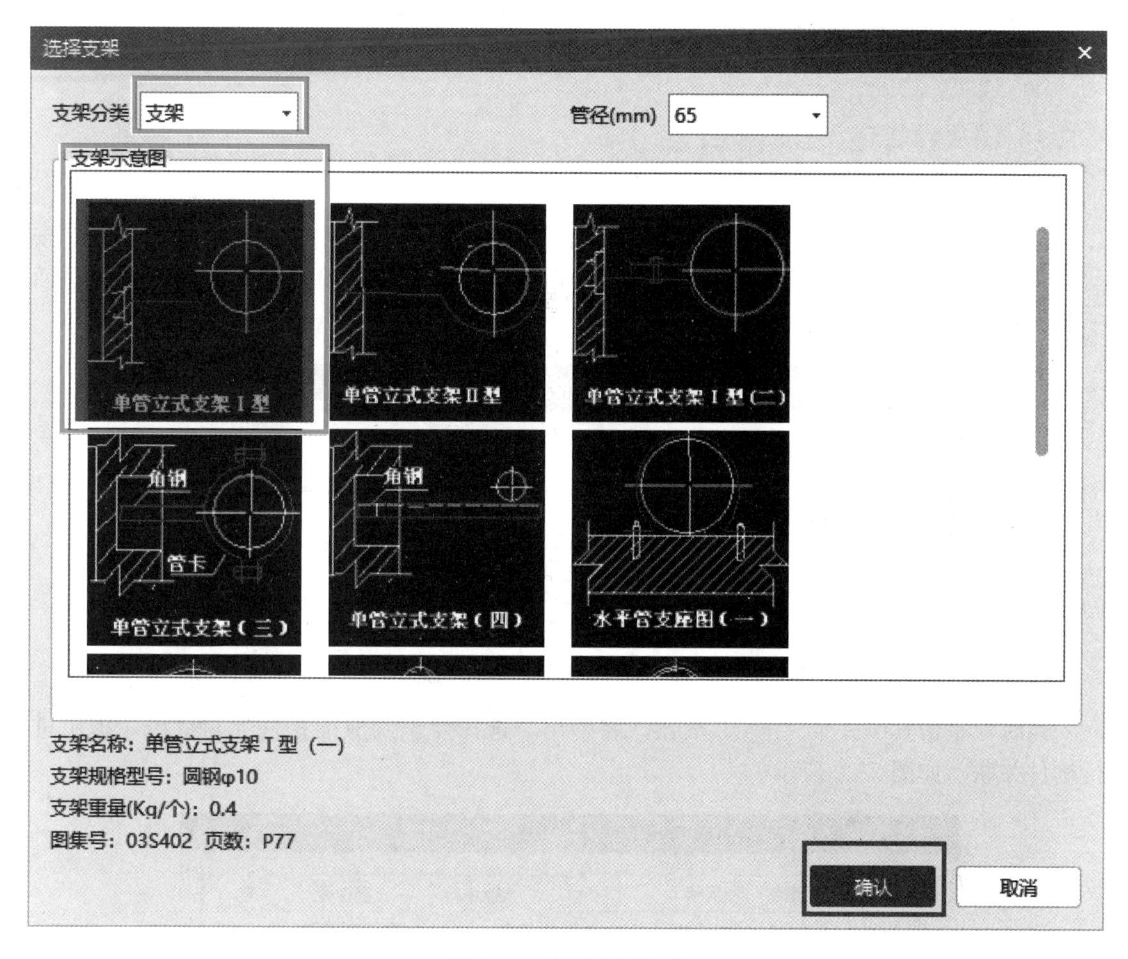

图 3-26　支架选择完成

选择完成，单击“确认”按钮，完成支架的属性设置。回到管道属性对话框，在“支架重量”中出现了对应的数字，如图 3-27 所示。

20	⊟ 支架		
21	支架间...	6000	☐
22	支架类型	管立式支架Ⅰ型（一）	
23	支架重...	(0.4)	☐

图 3-27　设置好的管道支架属性信息

3.5 水平管道的识别

3.5.1 消火栓管道识别时的注意事项

识别消防水平管道时，单击“管线提量”功能包中的“选择识别”按钮，根据状态栏文字提示，选中需要识别的管道，单击鼠标右键，弹出对话框，如图 3-28 所示。

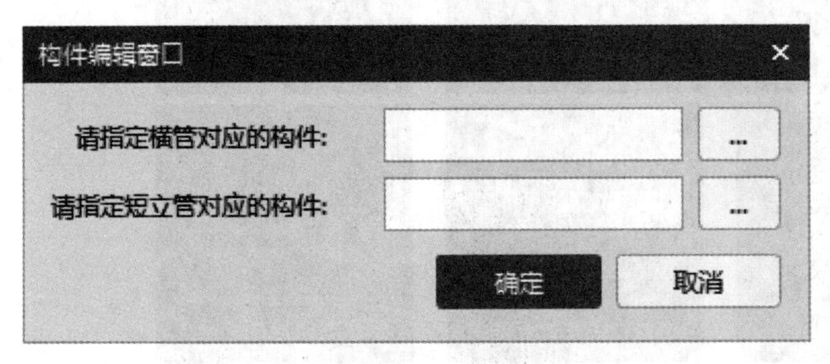

图 3-28 “构件编辑窗口”对话框

这时，单击其中一个“…”按钮，将弹出“选择要识别成的构件”对话框，提示进行构件关联，如图 3-29 所示。

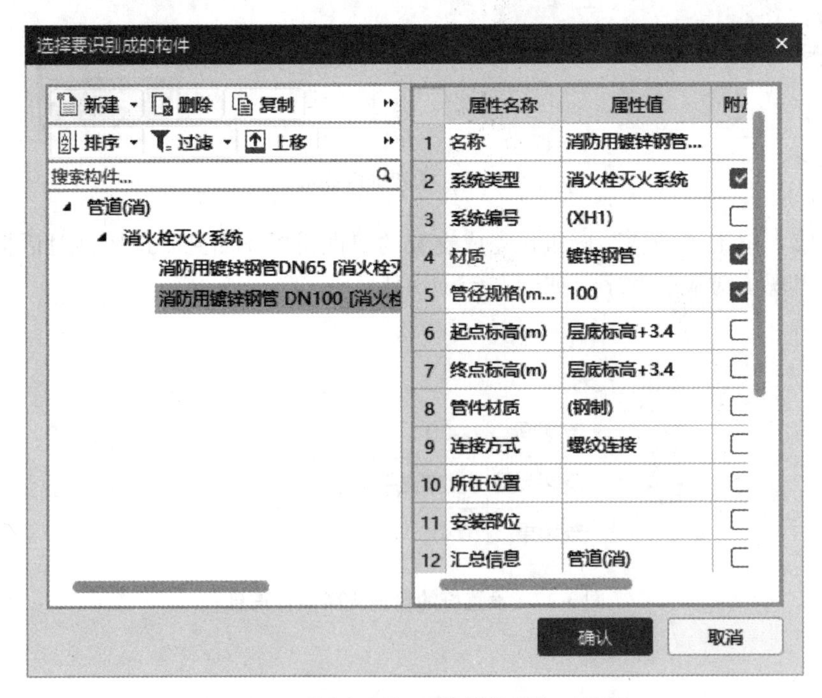

图 3-29 “选择要识别成的构件”对话框

对横管（水平管道）和连接短管分别进行构件的选择关联，然后单击“确定”按钮，完成对应管道的关联，弹出“构件编辑窗口”对话框，如图3-30所示。

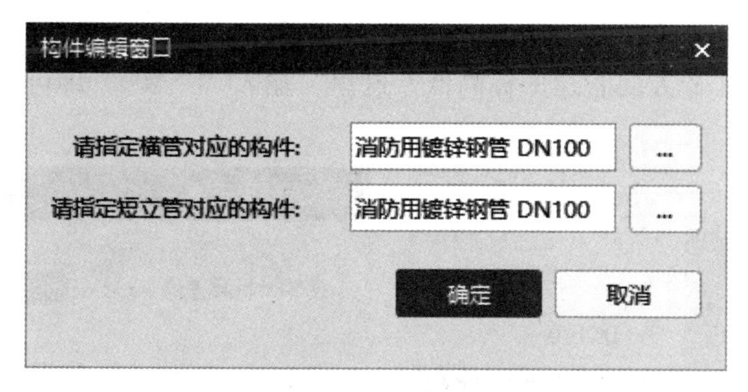

图3-30　“构件编辑窗口”对话框

选择相同的构件，单击“确定”按钮完成构件编辑操作。然后按照“选择识别”或者“直线”的操作方法，完成其他消火栓管道的绘制。

3.5.2　交叉不连接管道的处理——扣立管

识别完第－1层水平管道后，图中有一根消火栓管道和喷淋管道发生交叉并连接形成了管道零件接头，如图3-31所示。

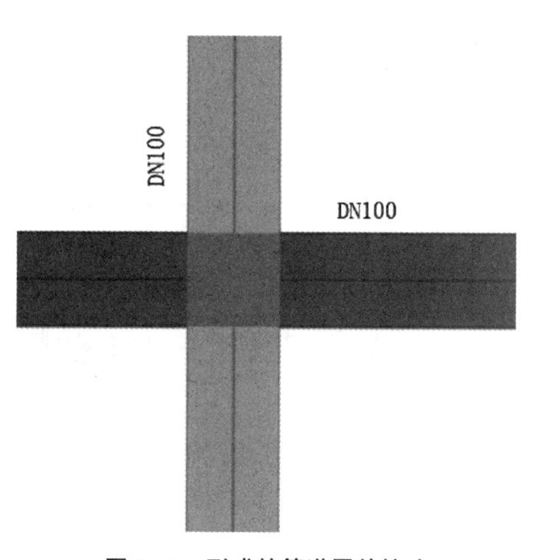

图3-31　形成的管道零件接头

单击软件界面上方的“检查编辑”选项卡，单击“编辑工具”功能包中的“扣立管”按钮（图3-32），激活该功能。

按照状态栏的文字提示，选中需要处理的管道，先选中在Y方向管道左侧那部分X方向管道，这时，被选中的管道呈蓝色，再按照状态栏的文字提示，单击管道上的一个位置，选择起扣点，这时，点中的位置出现一个“×”，即管道的起扣点，如图3-33所示，所点的位置注意不要太过接近Y方向的

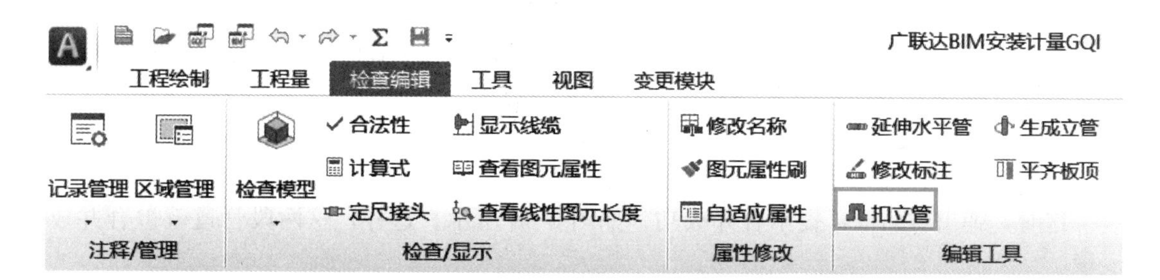

图3-32　“扣立管”按钮

管道。之后状态栏会有文字提示"请按鼠标左键选择需要改变标高的那一段管道"，此时单击"×"右侧的蓝色管道即可。

这时，弹出"请输入标高差值"对话框，提示"请输入标高差值（mm）"，如图 3-34 所示。按照提示，输入正值表示管道的当前标高被升高，输入负值表示管道的当前标高被降低。X 方向管道比 Y 方向管道的标高低，这里，输入"－500"即可。

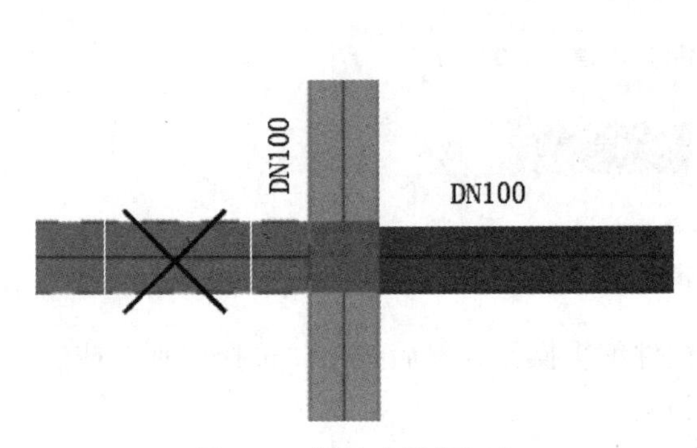

图 3-33　被选中的起扣点

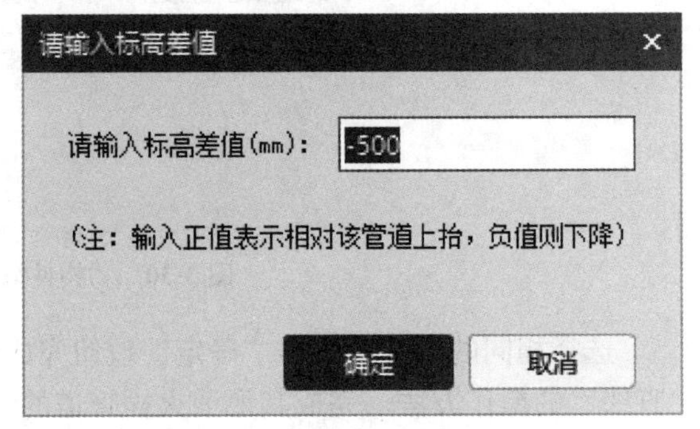

图 3-34　"请输入标高差值"对话框

软件将以"×"起扣点为起点，在"×"右边一侧降低被选中的管道标高，并在起扣点位置和 X、Y 方向管道连接点的位置生成立管，如图 3-35 所示。

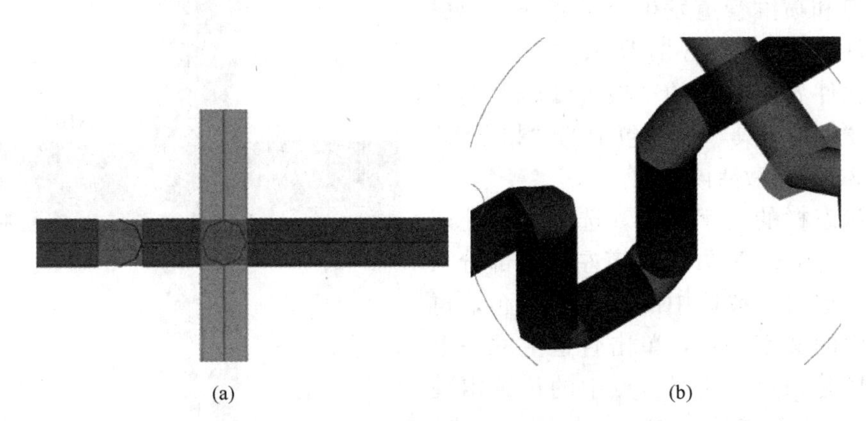

(a)　　(b)

图 3-35　左侧管起扣点操作效果

（a）平面图；（b）三维图

按照这样的操作方式，再对 Y 向右侧那部分 X 向管道也进行起扣点处理。这时，右侧的起扣点位置也生成立管，同时，X、Y 方向管道连接点位置的立管消失，观察三维图，X 方向管将绕过 Y 方向管布置，如图 3-36 所示。

单击交叉点左右两侧的两段管道，再单击鼠标右键，在光标位置弹出操作提示框，单击"合并"，如图 3-37 所示。

这时，弹出对话框，提示合并成功，如图 3-38 所示。这样，这两段管道就被合并成一段。

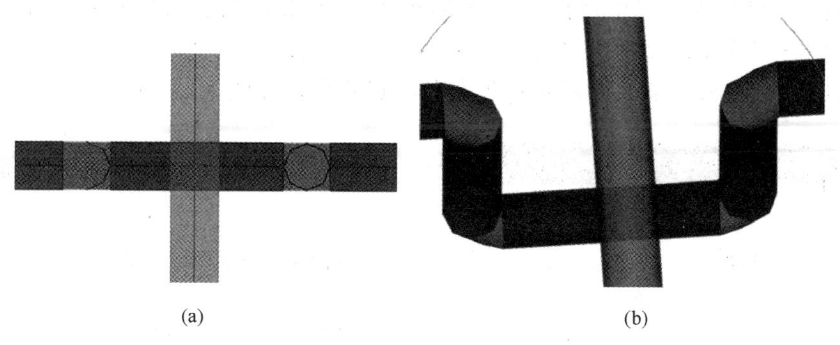

图 3-36　起扣点操作完毕效果

（a）平面图；（b）三维图

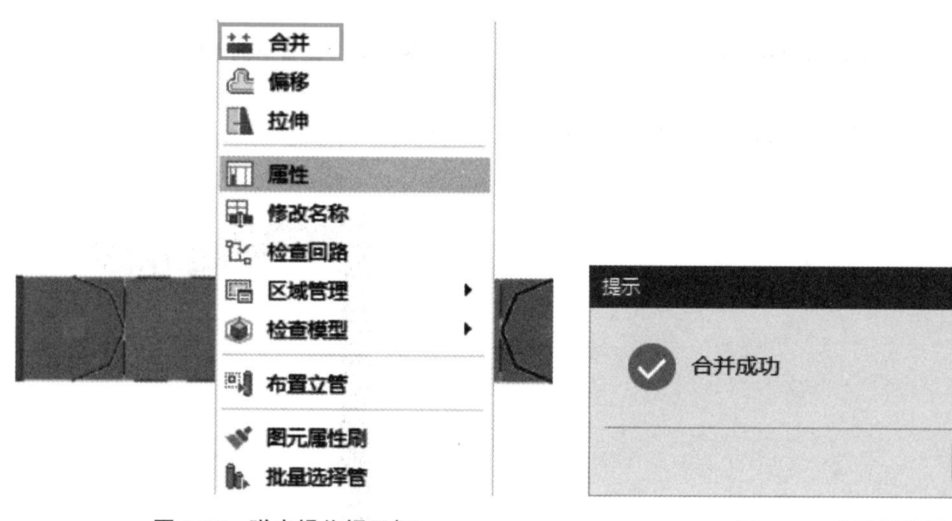

图 3-37　弹出操作提示框　　图 3-38　确认提示框

3.6 立管的识别

单击“管线提量”功能包中的“布置立管”按钮，如图 3-39 所示。

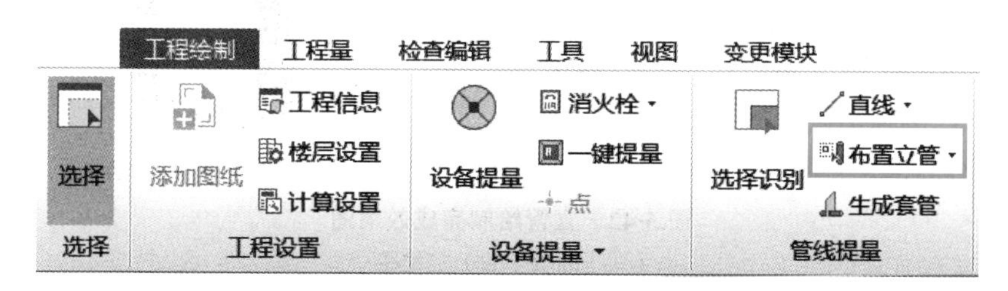

图 3-39　“布置立管”按钮

在管道“构件列表”栏中选择对应规格的管道，根据状态栏文字提示，左键指定立管插入点，弹出“立管标高设置”对话框，如图 3-40 所示。

根据原 CAD 图纸要求，设置立管起点和终点标高，如图 3-41 所示。

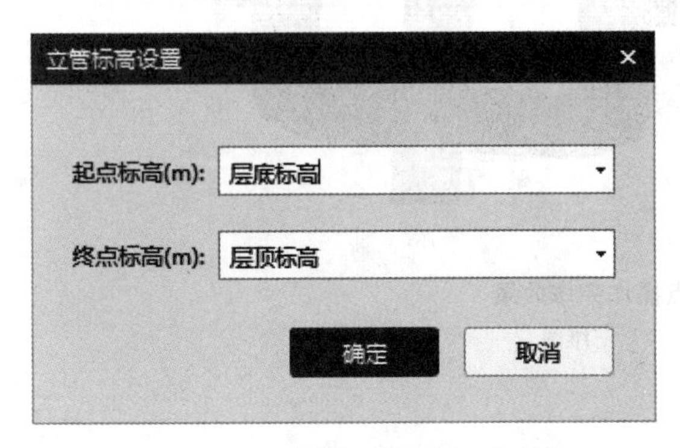

图 3-40 “立管标高设置”对话框

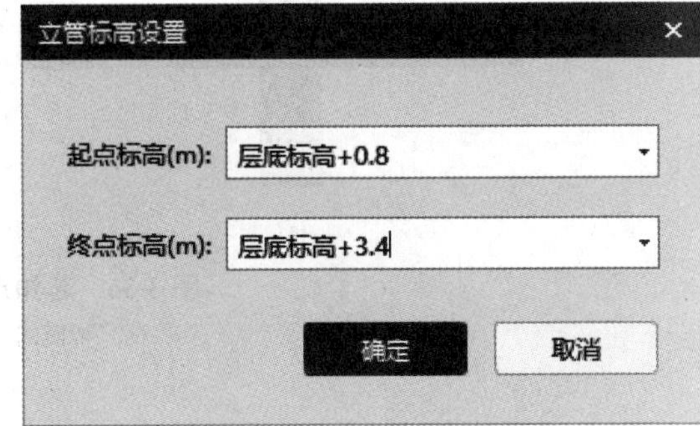

图 3-41 设置后的立管标高

单击“确定”按钮，完成立管的绘制，如图 3-42 所示。

显示跨层立管、绘制闭合水平管、阀门

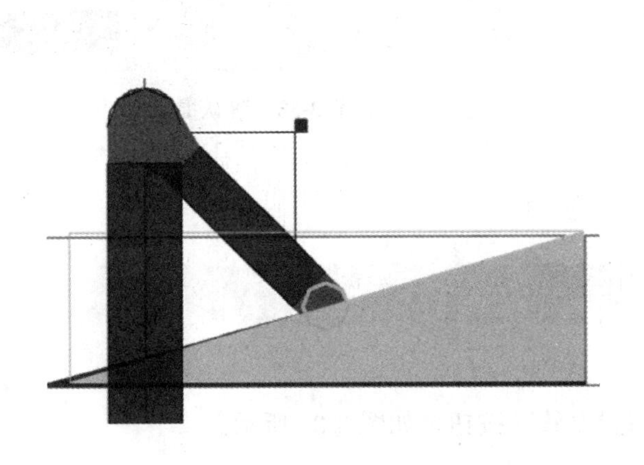

(a)

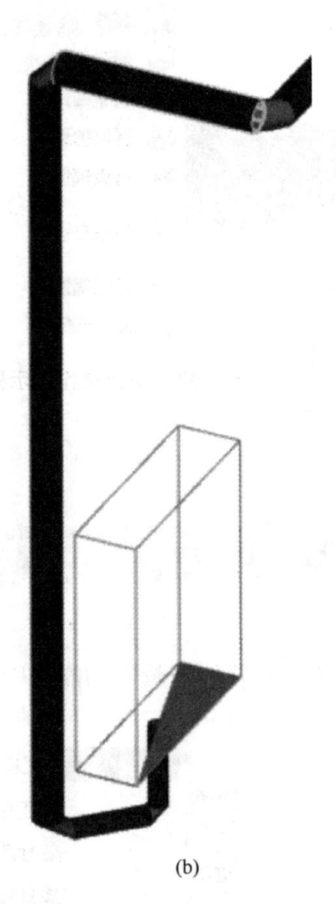

(b)

图 3-42 立管绘制完成效果图

(a) 平面图；(b) 三维图

3.7 喷头的识别

将楼层状态切换至"第－1层"，按照构件的识别顺序，首先识别喷头。单击构件类型切换栏中的"喷头（消）"，再新建喷头构件，如图3-43所示。

喷头采用闭式喷头，喷头为下垂型喷头，距水平管道下沿500mm，水平管道敷设高度为层底标高＋3.4m，因此，喷头安装高度为层底标高＋2.9m，修改喷头属性值，如图3-44所示。

喷头识别、喷淋管道绘制、阀门水流指示器识别

接着，只需单击软件界面上方"设备提量"功能包中的"设备提量"按钮，对喷头进行识别即可，识别后如图3-45所示。

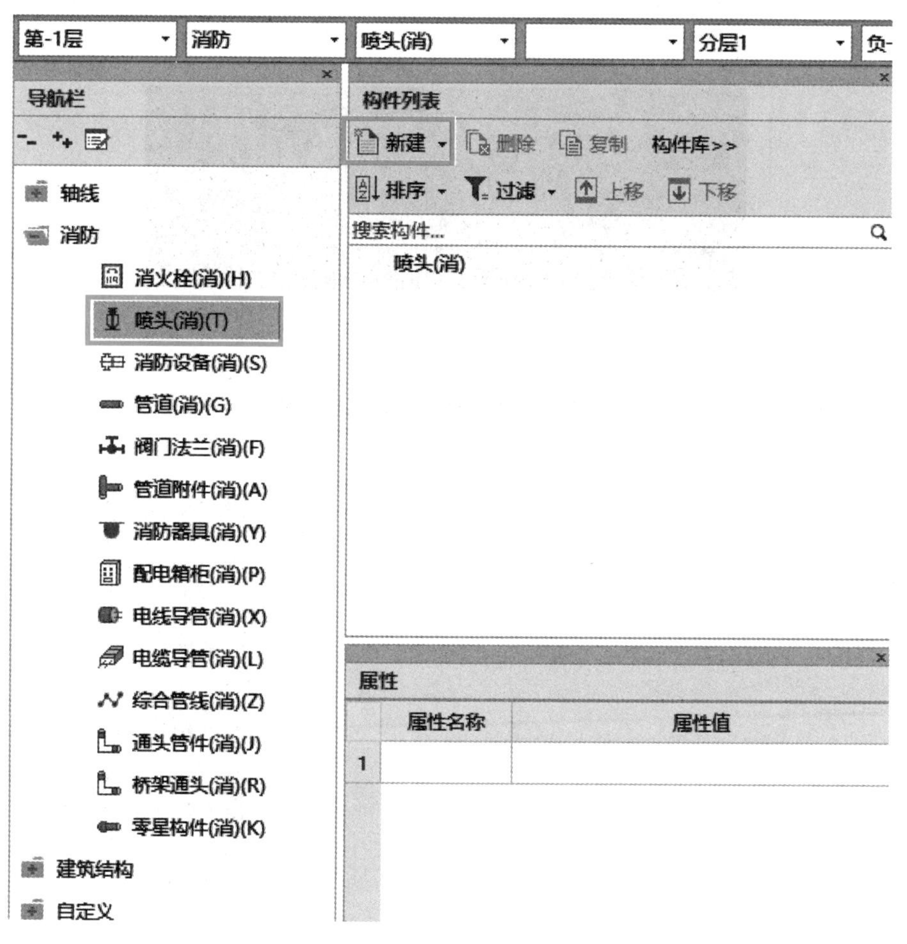

图3-43　新建喷头构件

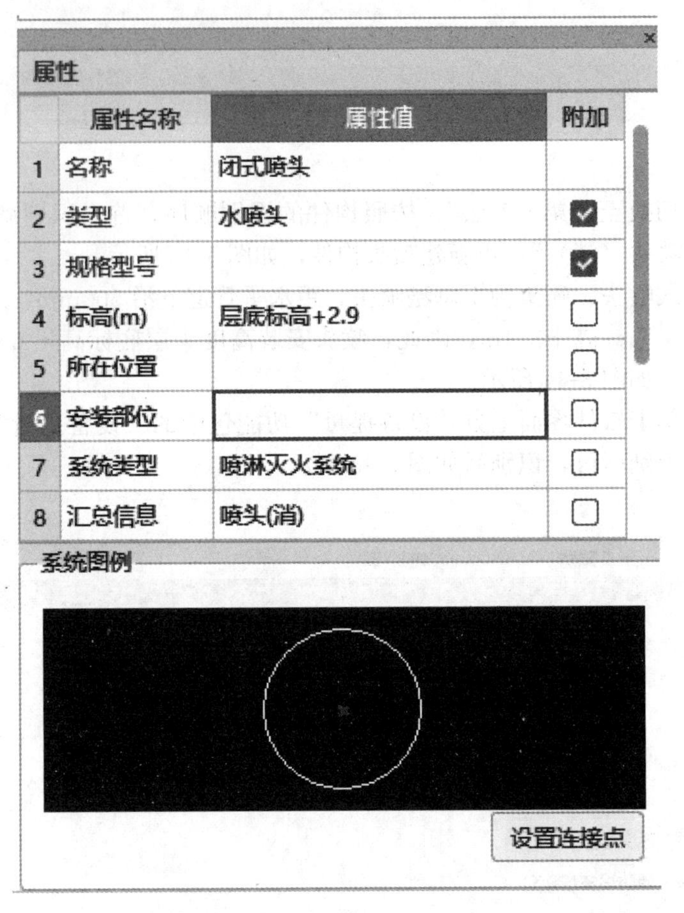

图 3-44　修改完毕喷头的属性信息

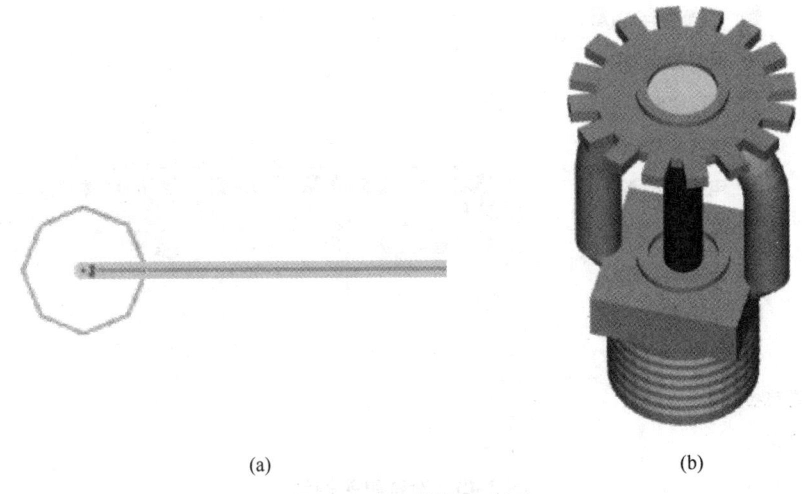

(a)　　(b)

图 3-45　识别的喷头图

(a) 平面图；(b) 三维图

3.8 喷淋管道的识别

按照识别顺序识别管道。首先识别水平管道，即图中安设于梁下的喷淋水平管道。

3.8.1　标识识别

单击“消防水”功能包中的“标识识别”按钮，如图 3-46 所示。

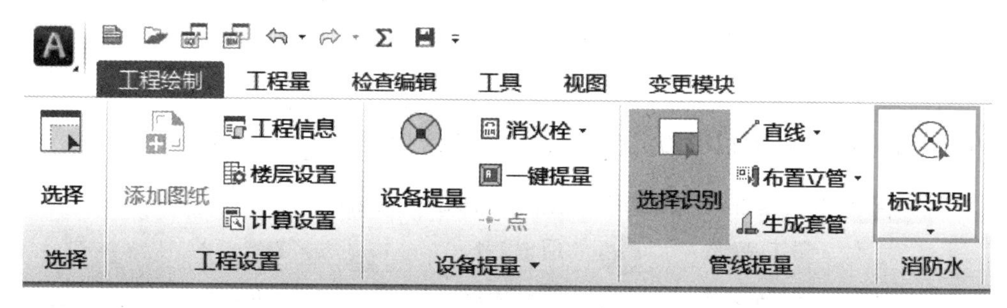

图 3-46　“标识识别”按钮

根据状态栏文字提示，“选择一条代表管线的 CAD 线和标识”，左键单击管线和标识，然后单击右键，弹出“标识识别”对话框，按照图纸要求，修改“材质”和“标高”属性，如图 3-47 所示。

单击“确定”按钮，软件自动识别管道图元，之后弹出识别完成提示框，如图 3-48 所示。

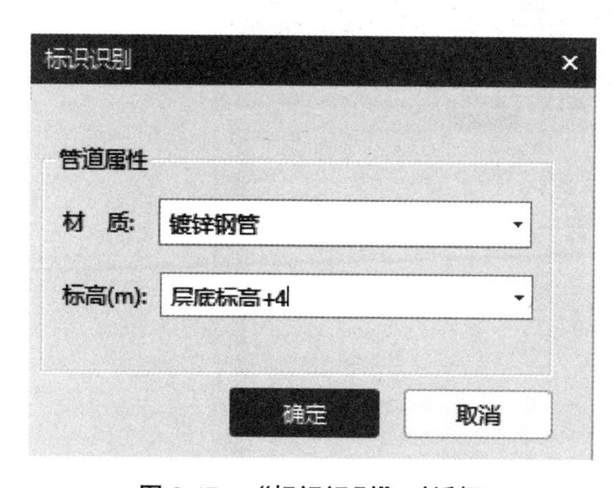

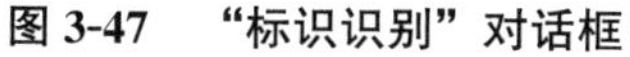
图 3-47　“标识识别”对话框

图 3-48　识别完毕提示框

单击“确定”，完成管道识别，如图 3-49 所示为识别完成效果图。

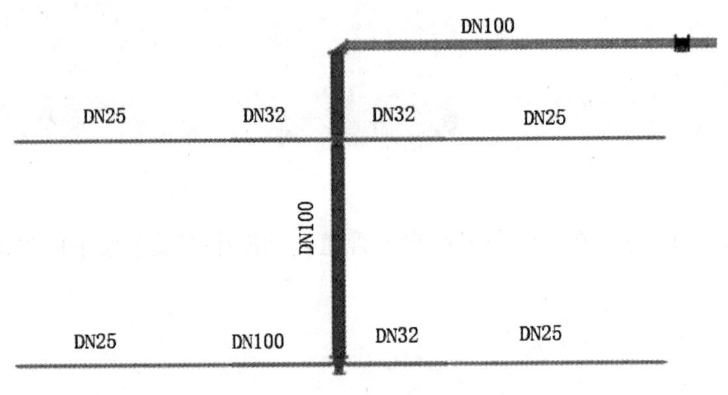

图 3-49　管道识别完成效果图

3.8.2　按系统编号识别

单击“消防水”功能包中的“按系统编号识别”按钮，如图 3-50 所示。

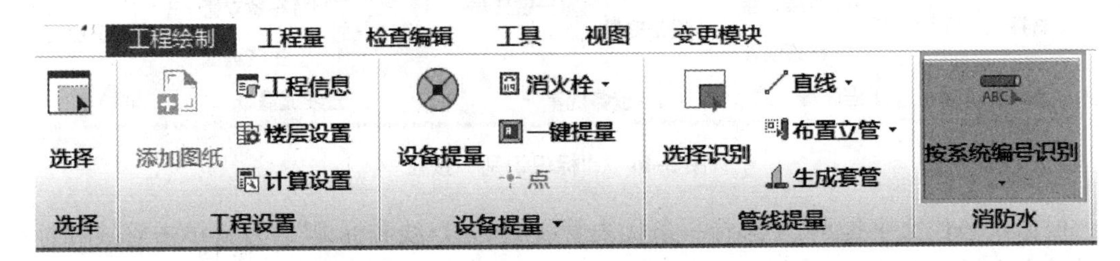

图 3-50　“按系统编号识别”按钮

根据状态栏文字提示，“选择一根代表管线的 CAD 线及一个代表管径的标识（标识可不选）”，左键单击管线和标识，右键确认，弹出“管道构件信息”对话框，如图 3-51 所示。

管道构件信息

系统类型：喷淋灭火系统　材质：镀锌钢管　建立/匹配构件

	标识	反查	构件名称
1	没有对应标注的管线	路径1	
2	DN100	路径2	
3	DN80	路径3	
4	DN70	路径4	
5	DN50	路径5	
6	DN40	路径6	
7	DN32	路径7	
8	DN25	路径8	
9	DN20	路径9	

系统编号　删除　确定　取消

图 3-51　“管道构件信息”对话框

单击右上角的“建立/匹配构件”按钮，软件会自动匹配添加到对话框中“构件名称”这一列中，如图 3-52 所示。

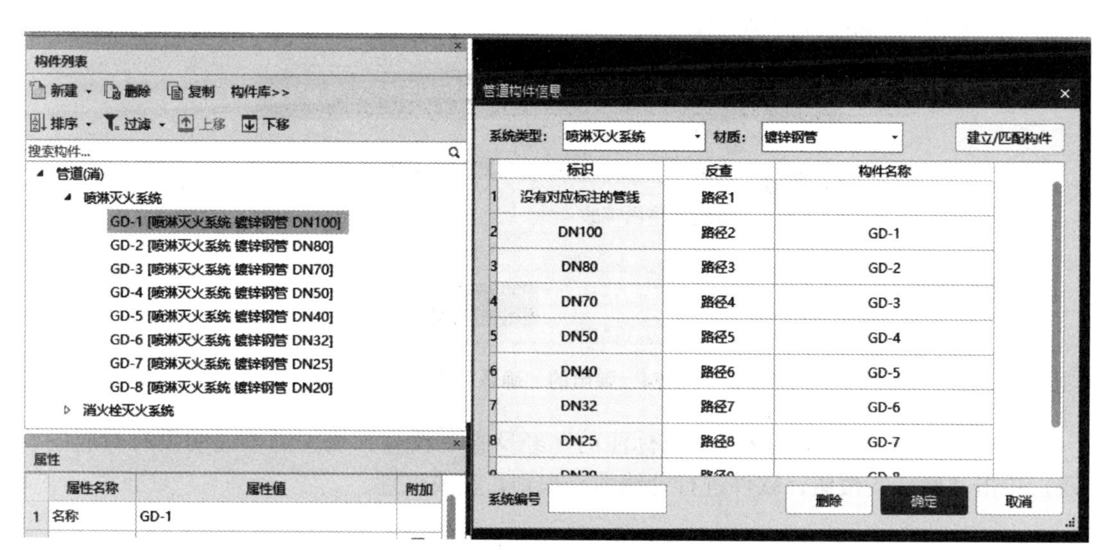

图 3-52　对话框中自动匹配的构件

被自动新建的管道构件默认标高为层顶标高，应修改为“层底标高+3.4m”。

先反查 DN100 构件对应的情况。双击“反查”这一列中 DN100 对应的单元格，这时，单元格会出现“…”，单击该按钮，完成操作，如图 3-53 所示。

管道构件信息

系统类型: 喷淋灭火系统　材质: 镀锌钢管　建立/匹配构件

	标识	反查	构件名称
1	没有对应标注的管线	路径1	
2	DN100	路径2	GD-1
3	DN80	路径3	GD-2
4	DN70	路径4	GD-3
5	DN50	路径5	GD-4
6	DN40	路径6	GD-5
7	DN32	路径7	GD-6
8	DN25	路径8	GD-7

系统编号　删除　确定　取消

图 3-53　构件反查

此时，软件暂时关闭对话框，而在绘图区域中，对应 DN100 构件选择的管线被标记成绿色，并不断闪烁，提示使用者使用反查功能查看管线位置。

如需取消其中的某一段，只需单击选中这些闪烁的线段即可。若需要额外添加匹配的线段，则单击没有闪烁的管线，然后弹出对话框，提示是否进行修改，如需修改，单击“是”按钮即可，如图 3-54 所示。

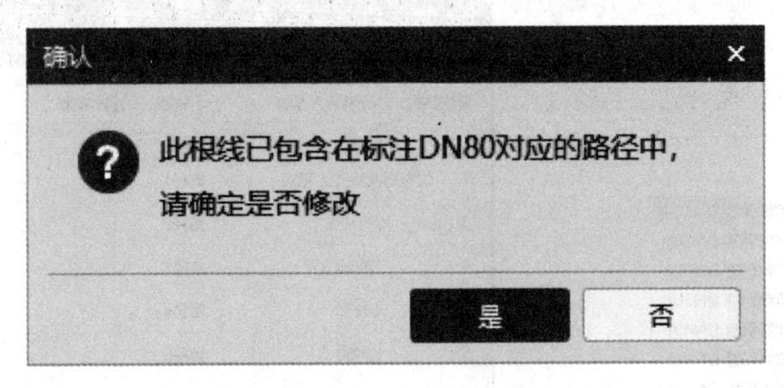

图 3-54　弹出的“确认”对话框

图 3-51 中，第一行“没有对应标注的”经反查，没有管线闪烁，说明没有对应的管线。单击“确认”按钮，软件进行管线图元识别，完成识别。

3.8.3　按喷头个数识别

单击“消防水”功能包中的“按喷头个数识别”按钮，如图 3-55 所示。

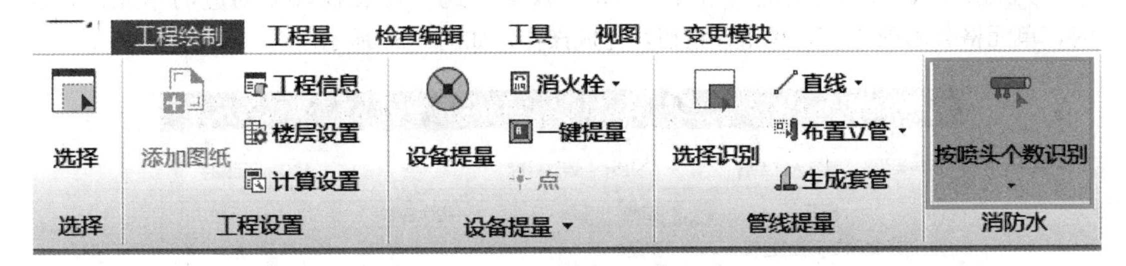

图 3-55　“按喷头个数识别”按钮

根据状态栏文字提示，“左键点选水流指示器（信号阀）及喷淋管线”，左键单击水流指示器及管线，弹出“构件编辑窗口”对话框，如图 3-56 所示。

左键单击“本行指定立管构件”右侧“…”按钮，弹出“选择要识别成的构件”对话框，同时左侧构建列表栏新建喷淋灭火系统管道构件，如图 3-57 所示。

选择“GD-1 DN25”的管道，单击“确认”按钮，则短立管选择完成，如图 3-58 所示。

左键单击图 3-58 左下角的“添加”按钮，弹出“选择要识别成的构件”对话框，如图 3-57 所示。左键单击第一个管道构件，然后按住鼠标左键不放，往下拖动鼠标，直到最后一个构件为止松开鼠标左键，则所有的管道构件被选中，如图 3-59 所示。

左键单击“确认”按钮，弹出“构件编辑窗口”对话框，如图 3-60 所示。

单击“确定”按钮，弹出识别完毕提示框，如图 3-61 所示。

检查绘图区域，发现并没有生成管道图元。检查 CAD 管线多处存在断开情况，下面对 CAD 管线进行“拉伸”和“合并”操作。

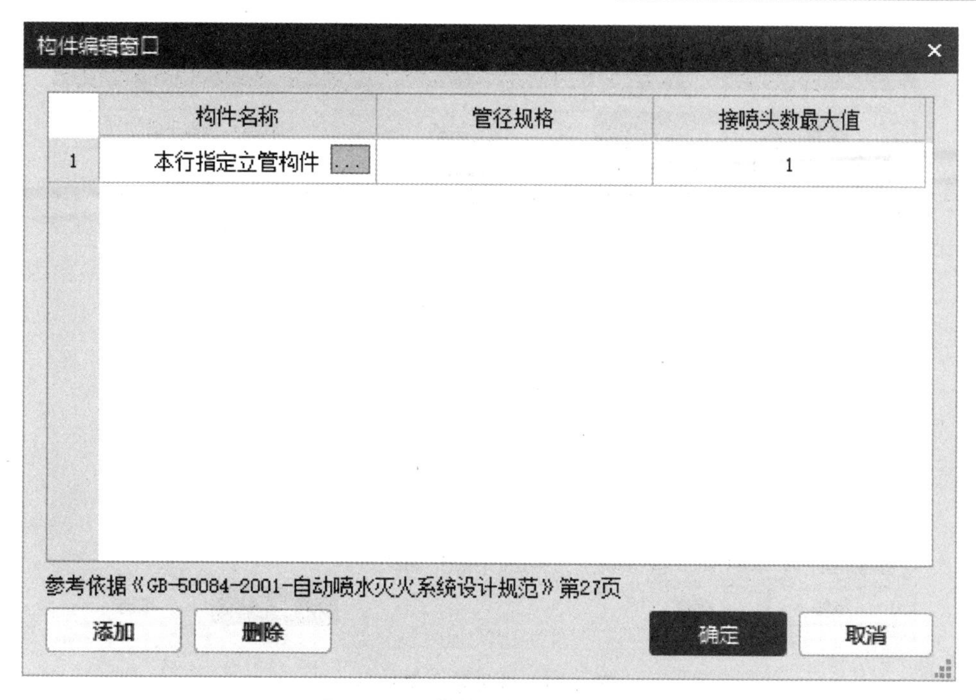

图 3-56　“构件编辑窗口”对话框

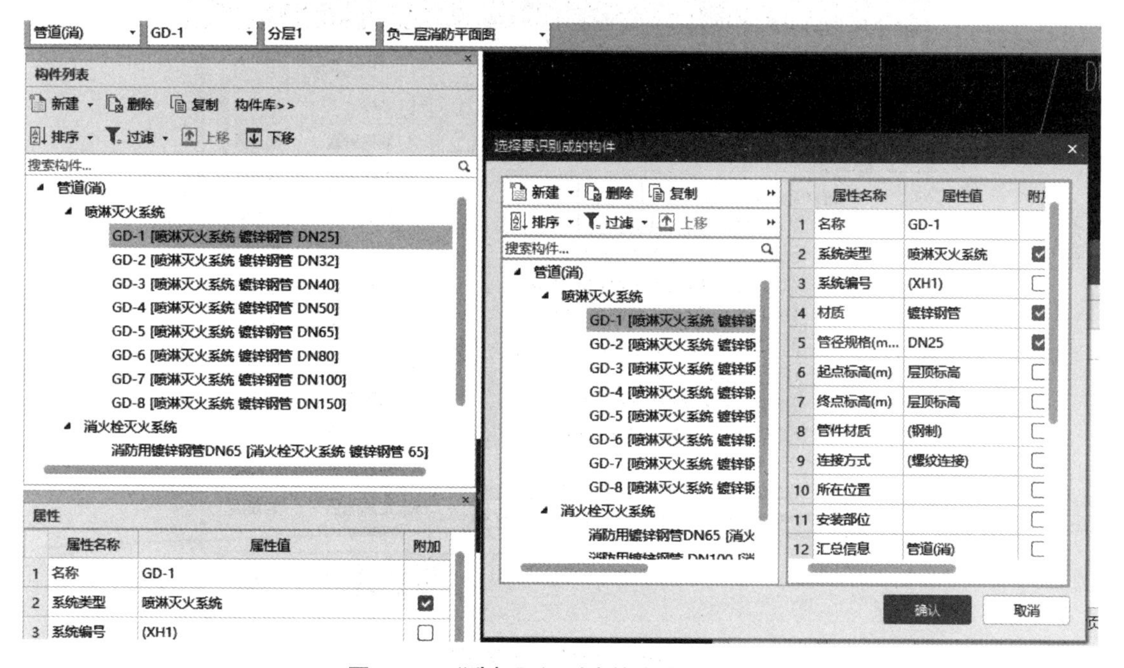

图 3-57　“选择要识别成的构件”对话框

单击绘图区域上方的“常用 CAD 工具”右侧的“▾”按钮，展开 CAD 工具，如图 3-62 所示。

左键单击“C 拉伸”按钮，按照状态栏文字提示，“按鼠标左键拉框选择需要移动的端点”，找到断开的 CAD 管线位置，左键拉框选择端点，如图 3-63 所示。

构件编辑窗口

	构件名称	管径规格	接喷头数最大值
1	(立管)GD-1	DN25	1

参考依据《GB-50084-2001-自动喷水灭火系统设计规范》第27页

添加 删除 确定 取消

图 3-58 选择短立管构件

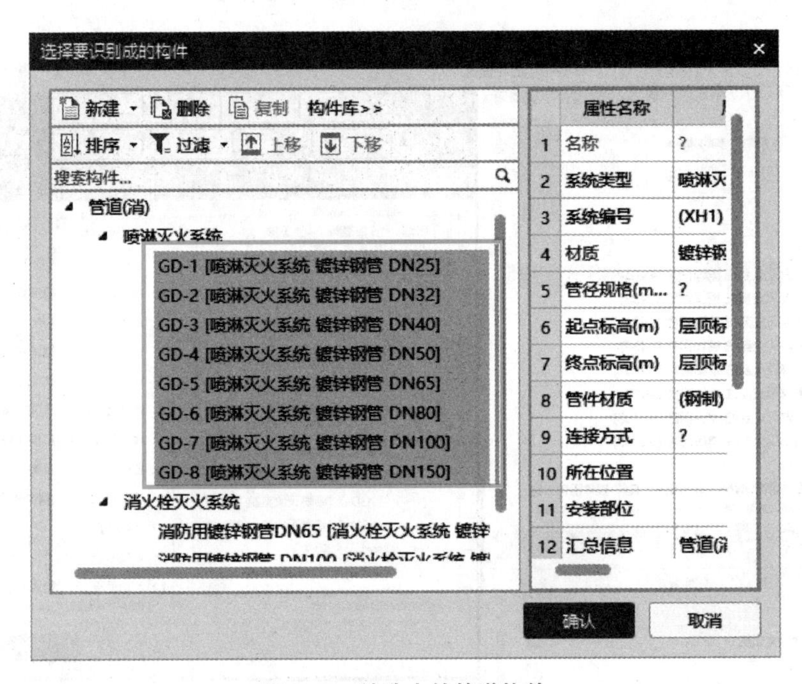

图 3-59 被选中的管道构件

按照状态栏文字提示，左键单击白色框框内管线端点，此管线处于被拉伸状态，再根据状态栏文字提示，左键单击右侧管线端点，断开的两根管线连接在一起了，如图 3-64 所示。

此时，单击“常用 CAD 工具”功能包中的“合并”按钮，根据状态栏文字提示，左

构件编辑窗口

	构件名称	管径规格	接喷头数最大值
1	(立管)GD-1	DN25	1
2	GD-1	DN25	1
3	GD-2	DN32	3
4	GD-3	DN40	4
5	GD-4	DN50	8
6	GD-5	DN65	12
7	GD-6	DN80	32
8	GD-7	DN100	64
9	GD-8	DN150	>64

参考依据《GB-50084-2001-自动喷水灭火系统设计规范》第27页

添加　删除　确定　取消

图 3-60　添加管道构件后的对话框

图 3-61　识别完毕提示框

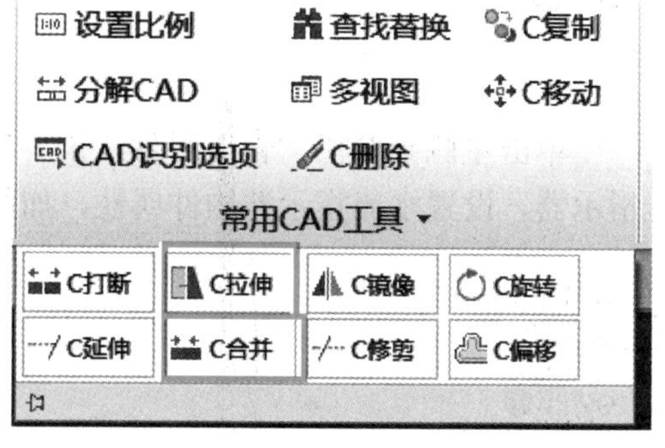

图 3-62　展开 CAD 常用工具包

DN100

ZP

图 3-63　左键拉框选择端点

DN100

ZP

图 3-64　指定拉伸的目标点

键拉框选择之前连接在一起的 CAD 管线，单击右键确认，弹出“合并成功”提示框，如图 3-65 所示。

按照同样的操作方法，对其他断开的管线进行“拉伸”和“合并”处理。

再使用“按喷头个数识别”的方法对管线进行识别操作，则软件会自动生成对应的管线图元，如图 3-66、图 3-67 所示。

图 3-65　“合并成功”提示框

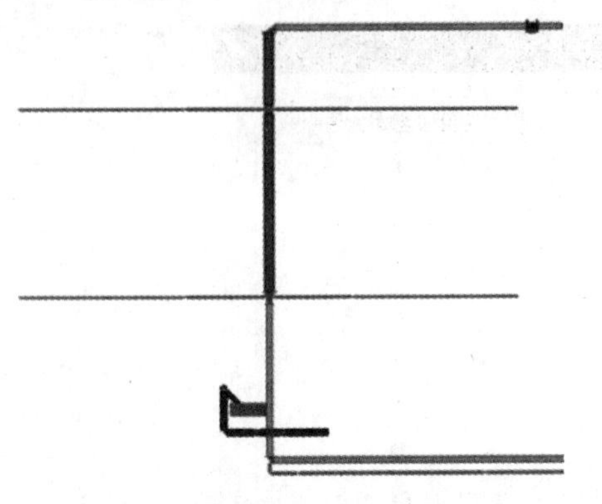

图 3-66　管线图元识别完成效果图

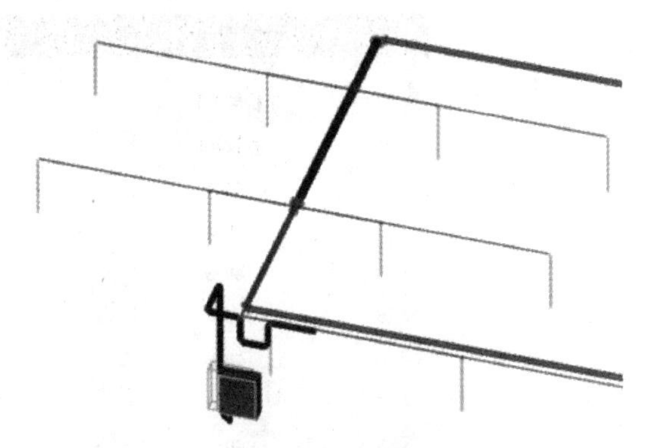

图 3-67　管线图元识别完成三维图

检查绘图区域 CAD 管线，如还有未识别的管线，可以采用“直线”或“选择识别”的方法进行管线补充识别。

3.9 管道附件的识别

单击左侧导航栏“管道附件（消）”，新建管道附件，根据图纸要求，需要识别水流指示器，设置水流指示器构件属性，如图 3-68 所示。

套管绘制、
漏量检查、
汇总计算、
报表反查

构件列表

新建 · 删除 复制 构件库>>

排序 · 过滤 · 上移 下移

搜索构件...

◢ 管道附件(消)

水流指示器 [水流指示器 DN100]

属性

	属性名称	属性值	附加
1	名称	水流指示器	
2	类型	水流指示器	☑
3	规格型号	DN100	☑
4	连接方式	丝扣连接	☐
5	所在位置		☐
6	安装部位		☐
7	系统类型	喷淋灭火系统	☐
8	汇总信息	管道附件(消)	☐
9	是否计量	是	☐
10	乘以标准间...	是	☐
11	倍数	1	
12	备注		☐
13	⊞ 显示样式		

系统图例

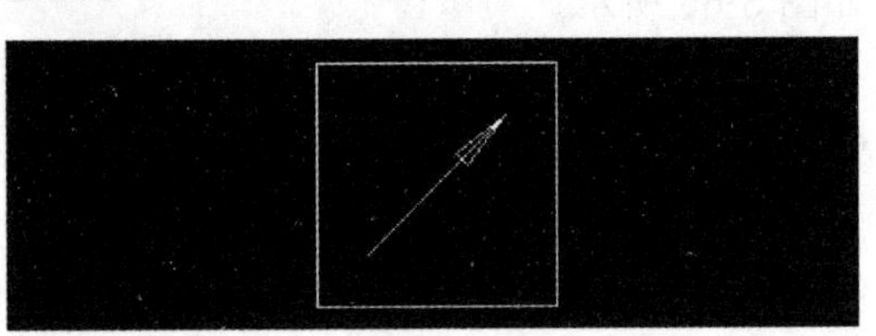

图 3-68　水流指示器构件新建

用“设备提量”的方法识别水流指示器，识别完成如图 3-69 所示。

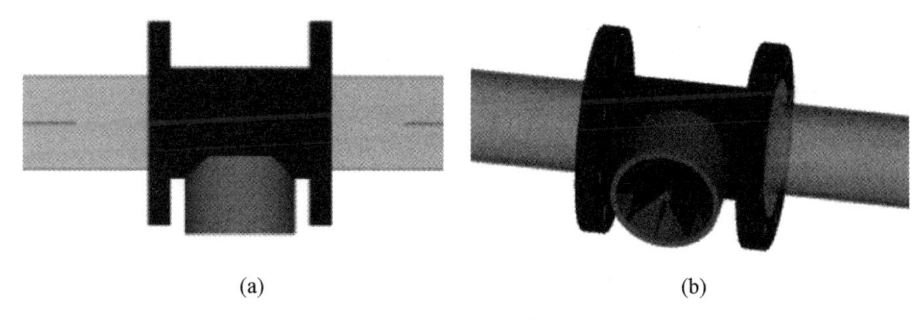

(a)　　(b)

图 3-69　水流指示器效果图

（a）平面图；（b）三维图

教学单元4 Chapter 04

电气工程的软件算量

知识目标

• 了解电气工程的新建操作；熟悉灯具、开关、插座的识别方法；掌握用一键提量和材料表的方法识别照明器具。

• 了解配电箱的识别方法；掌握桥架识别及桥架配线的绘制方法。

• 了解回路识别的方法；掌握正确运用设置起点和选择起点的方法；熟悉防雷接地工程的识别方法。

能力目标

• 能够根据图纸熟练进行楼层和比例设置，并合理分割定位图纸。

• 准确设置灯具、开关、插座、配电箱的属性值，准确绘制水平及垂直桥架。

• 能够根据系统图识别不同的电气回路，并检查回路的准确性。

素质目标

• 培养学生要有爱岗敬业精神、有正确的职业道德素养。

• 培养学生做工程要有精益求精、一丝不苟的工作态度。

• 培养学生要有理论联系实践、实践联系生活的工作作风，考虑问题要周到全面，学习知识要扎实深刻。

4.1 电气工程算量前的操作流程

与管道工程相同，电气工程算量前也需要进行“新建工程”“工程设置”“导入图纸”“校准比例尺”“分割定位图纸”的操作。

4.1.1 新建工程

打开完成“新建工程”操作，并分别选择“计算规则”“清单库”“定额库”，再在“工程类型”的下拉列表框中选择“电气”，最后在“工程名称”文本框中输入“电气工程”。最终“新建工程”对话框完成效果如图 4-1 所示。

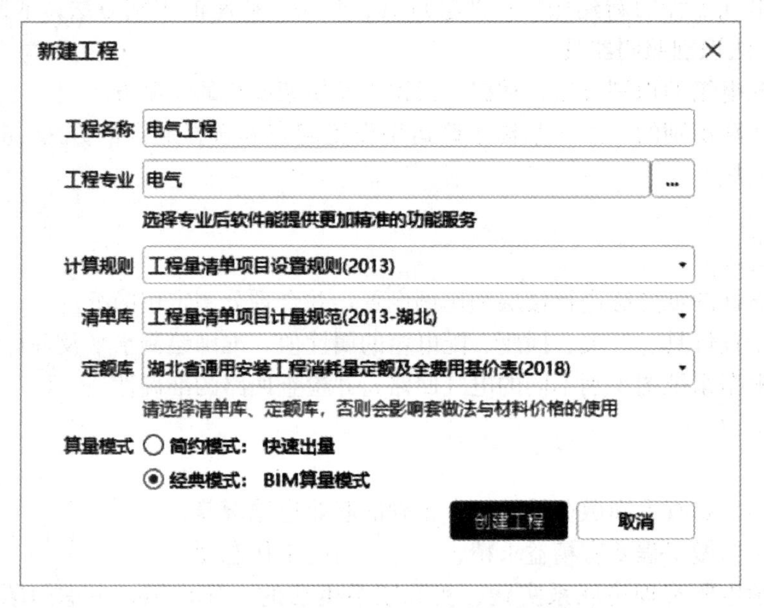

图 4-1　电气工程“新建工程”对话框

确认信息无误后，即可单击“创建工程”按钮，完成“新建工程”操作，进入“工程设置”界面。

4.1.2 工程设置

1. 工程信息设置

单击“工程信息”按钮，弹出“工程信息”对话框，如图 4-2 所示。

其中，“工程名称”“计算规则”“清单库”“定额库”的信息应与图 4-1 对应的信息一致，“项目代号”“结构类型”等可以通过直接输入名称或在提供的下拉列表框选项中进行选择来完成信息的添加，但这些额外的信息添加与否对结果并无影响。

工程信息

	属性名称	属性值
1	⊟ 工程信息	
2	工程名称	电气工程
3	计算规则	工程量清单项目设置规则(2013)
4	清单库	工程量清单项目计量规范(2013-湖北)
5	定额库	湖北省通用安装工程消耗量定额及全费用基价表(2018)
6	项目代号	
7	工程类别	住宅
8	结构类型	框架结构
9	建筑特征	矩形
10	地下层数(层)	
11	地上层数(层)	
12	檐高(m)	35
13	建筑面积(m2)	
14	⊟ 编制信息	
15	建设单位	
16	设计单位	
17	施工单位	
18	编制单位	
19	编制日期	2022-03-06
20	编制人	
21	编制人证号	
22	审核人	
23	审核人证号	

图 4-2　“工程信息”对话框

2. 楼层设置

本实例工程参照给排水楼层设置方法进行电气工程楼层设置，各楼层设置完毕后如图 4-3 所示。

楼层设置

⊞ 添加　删除　　插入楼层　删除楼层　上移　下移

电气工程

首层	编码	楼层名称	层高(m)	底标高(m)	相同层数	板厚(mm)	建筑面积(m2)
☐	5	屋面层	3.8	15.2	1	120	
☐	4	第4层	3.8	11.4	1	120	
☐	3	第3层	3.8	7.6	1	120	
☐	2	第2层	3.8	3.8	1	120	
☑	1	首层	3.8	0	1	120	
☐	-1	第-1层	4	-4	1	120	
☐	0	基础层	3	-7	1	500	

1.如果标记为首层，则标记层为首层，相邻楼层的编码自动变化，基础层的编码不变；
2.基础层和标准层不能设置为首层；设置首层标志后，楼层编码自动变化。编码为正数的为地上层，编码为负数的为地下层，基础层编码为0，不可改变。

图 4-3　“楼层设置”对话框

3. 计算设置

针对本实例图纸的工程情况，不需要对计算设置进行设置和修改。读者可以单击这个按钮，在弹出的“计算设置”对话框中了解它们对应的内容，如图 4-4 所示。

4.1.3　导入图纸及其他操作

本实例工程参照给排水中的方法将地下一层至第四层的平面图进行导入图纸及其他操作。定位点同样可以选择轴线①和轴线Ⓑ的交点，各楼层配置好各自分割定位完毕的图纸如图 4-5 所示。

计算设置

电气

恢复当前项默认设置 | 恢复所有项默认设置 | 导入规则 | 导出规则

计算设置	单位	设置值
⊟ 电缆		
⊟ 电缆敷设弛度、波形弯度、交叉的预留长度	%	2.5
计算基数选择		电缆长度
电缆进入建筑物的预留长度	mm	2000
电力电缆终端头的预留长度	mm	1500
电缆进控制、保护屏及模拟盘等预留长度	mm	高+宽
高压开关柜及低压配电盘、箱的预留长度	mm	2000
电缆至电动机的预留长度	mm	500
电缆至厂用变压器的预留长度	mm	3000
⊟ 导线		
配线进出各种开关箱、屏、柜、板预留长度	mm	高+宽
管内穿线与软硬母线连接的预留长度	mm	1500
⊟ 硬母线配置安装预留长度		
带形、槽形母线终端	mm	300
带形母线与设备连接	mm	500
多片重型母线与设备连接	mm	1000
槽形母线与设备连接	mm	500
⊟ 管道支架		
支架个数计算方式	个	四舍五入
⊟ 电线保护管生成接线盒规则		
当管长度超过设置米数，且无弯曲时，增加一个接线盒	m	30
当管长度超过设置米数，且有1个弯曲，增加一个接线盒	m	20
当管长度超过设置米数，且有2个弯曲，增加一个接线盒	m	15

图 4-4 “计算设置”对话框

图纸管理

添加 定位 手动分割 复制 删除 楼层编号

搜索图纸...

	图纸名称	比例	楼层	分层
1	⊟ 电气图纸.dwg			
2	⊟ 模型	1:1	首层	分层1
3	地下一层动力照明接地平面图	1:1	第-1层	分层1
4	首层照明平面图	1:1	首层	分层1
5	二层照明平面图	1:1	第2层	分层1
6	三层照明平面图	1:1	第3层	分层1
7	四层照明平面图	1:1	第4层	分层1
8	机房层动力照明平面图	1:1	屋面层	分层1
9	首层插座平面图	1:1	首层	分层2
10	二层插座平面图	1:1	第2层	分层2
11	三层插座平面图	1:1	第3层	分层2
12	四层插座平面图	1:1	第4层	分层2
13	屋顶防雷平面图	1:1	屋面层	分层2
14	基础接地平面图	1:1	基础层	分层2

图 4-5 分割定位并配置完毕的“图纸管理”对话框

4.2 一键提量识别

单击“设备提量”功能包中的“一键提量”按钮，弹出“构件属性定义”对话框，如图 4-6 所示。

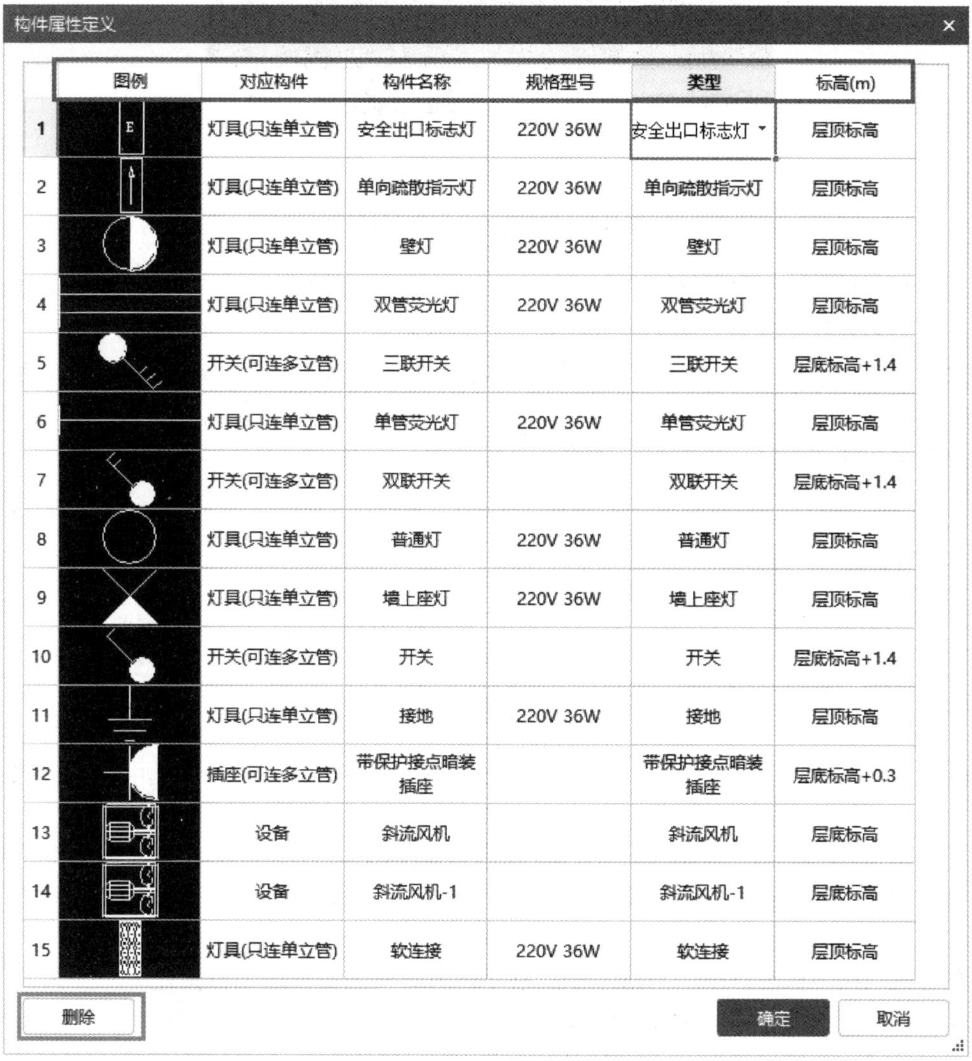

构件属性定义

	图例	对应构件	构件名称	规格型号	类型	标高(m)
1	E	灯具(只连单立管)	安全出口标志灯	220V 36W	安全出口标志灯	层顶标高
2		灯具(只连单立管)	单向疏散指示灯	220V 36W	单向疏散指示灯	层顶标高
3		灯具(只连单立管)	壁灯	220V 36W	壁灯	层顶标高
4		灯具(只连单立管)	双管荧光灯	220V 36W	双管荧光灯	层顶标高
5		开关(可连多立管)	三联开关		三联开关	层底标高+1.4
6		灯具(只连单立管)	单管荧光灯	220V 36W	单管荧光灯	层顶标高
7		开关(可连多立管)	双联开关		双联开关	层底标高+1.4
8		灯具(只连单立管)	普通灯	220V 36W	普通灯	层顶标高
9		灯具(只连单立管)	墙上座灯	220V 36W	墙上座灯	层顶标高
10		开关(可连多立管)	开关		开关	层底标高+1.4
11		灯具(只连单立管)	接地	220V 36W	接地	层顶标高
12		插座(可连多立管)	带保护接点暗装插座		带保护接点暗装插座	层底标高+0.3
13		设备	斜流风机		斜流风机	层底标高
14		设备	斜流风机-1		斜流风机-1	层底标高
15		灯具(只连单立管)	软连接	220V 36W	软连接	层顶标高

删除　确定　取消

图 4-6 “构件属性定义”对话框

以安全出口指示灯为例，双击图例符号，在图例符号右侧出现“…”按钮，单击该按钮，弹出“设置连接点”对话框，如图 4-7 所示。

按照设置连接点的方法进行灯具连接点设置，设置完毕单击“确定”按钮即可。双击

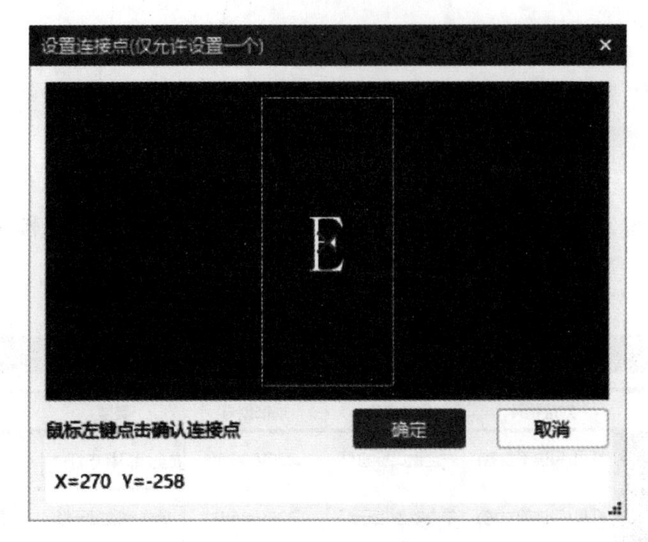

图 4-7 “设置连接点”对话框

第二列“对应构件”列，在该单元格内的右侧会出现下拉按钮“▾”，单击该按钮，就会弹出下拉列表，只需选择其中需要的选项，就能达到修改的目的，如图 4-8 所示。

双击第三列“构件名称”列，构件名称被选中，可以进行手动编辑构件名称，如图 4-9 所示。

双击第四列“规格型号”列，规格型号被选中，可以进行手动编辑构件规格型号，如图 4-10 所示。

图 4-8 “对应构件”下拉列表框　　图 4-9 选中的构件名称　　图 4-10 选中的“规格型号”

双击第五列“类型”列，在该单元格内的右侧会出现下拉按钮“▾”，单击该按钮，就会弹出下拉列表，只需选择其中需要的选项，就能达到修改的目的，如图 4-11 所示。

双击第六列“标高（m）”列，在该单元格内的右侧会出现下拉按钮“▾”，单击该按钮，就会弹出下拉列表，如图 4-12 所示。

可以选择“层底标高”或者“层顶标高”，也可以手动输入对应的标高，完成标高设置。按照同样的操作方法，完成其他构件对应的属性设置，设置完毕，单击“确定”按钮，软件进行自动识别操作，之后弹出识别完毕提示框，如图 4-13 所示。

单击“确定”按钮，观察绘图区域，自动识别出了构件图元，左侧“构件列表”栏新建了构件，如图 4-14 所示。

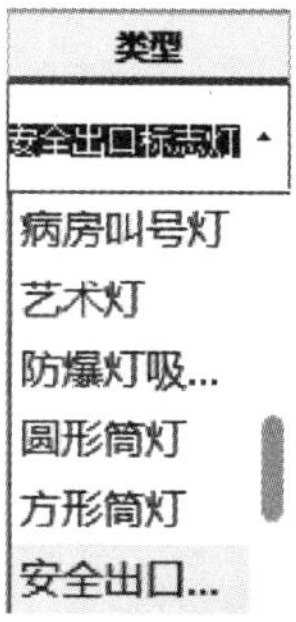

类型
安全出口标志灯
病房叫号灯
艺术灯
防爆灯吸...
圆形筒灯
方形筒灯
安全出口...

图 4-11　“类型”下拉列表框

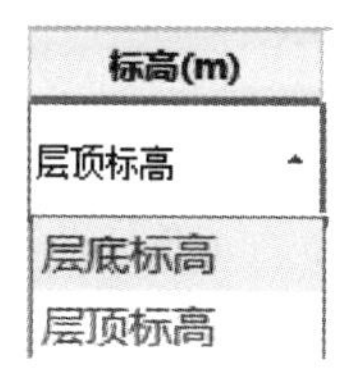

图 4-12　“标高（m）”下拉列表框

图 4-13　识别完毕提示框

图 4-14　新建构件列表

4.3 灯具、开关和插座的识别

按照左侧导航栏构件列表顺序，先识别照明灯具，再识别开关插座。

4.3.1 识别灯具

新建工程、识别照明灯具、开关、插座

单击构件类型切换栏中的“照明灯具（电）”，切换操作功能包。单击“设备提量”功能包中的“设备提量”按钮，左键选择灯具图例符号，右键确认，弹出“选择要识别成的构件”对话框，按照图纸要求新建灯具并设置好属性，如图4-15所示。

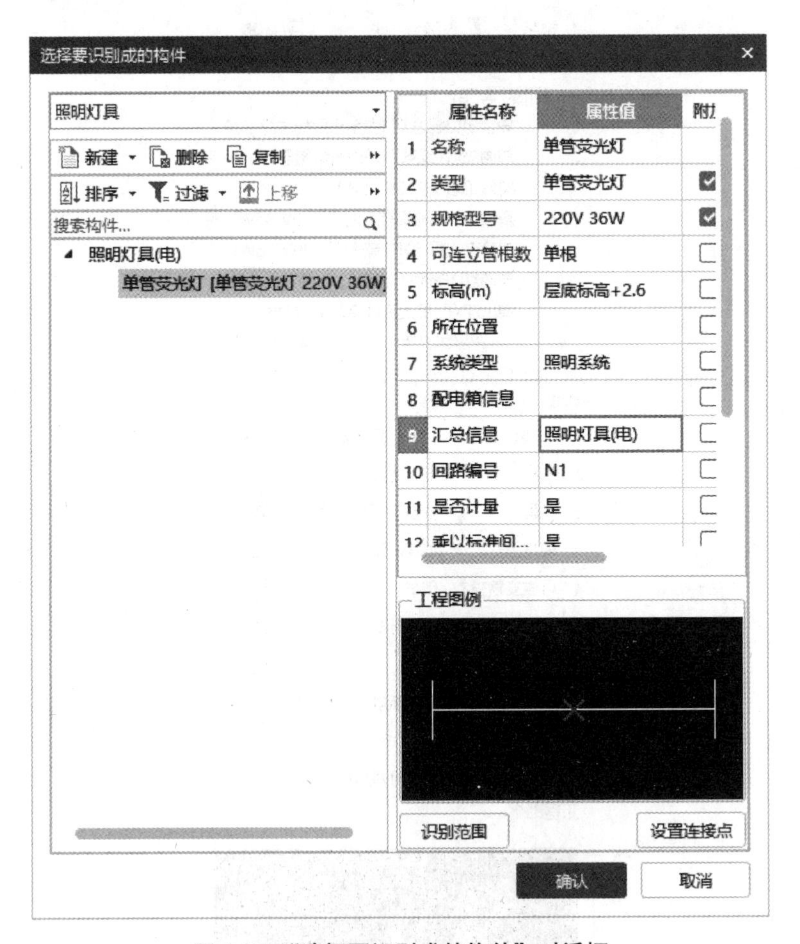

图4-15 “选择要识别成的构件”对话框

设置完毕，单击“确认”按钮，软件进行灯具识别，之后弹出“提示”对话框，如图4-16所示。

图 4-16　灯具识别完毕“提示”对话框

单击“确定”按钮，观察绘图区域，该灯具被识别完成，如图 4-17 所示。

图 4-17　灯具识别完毕效果图

（a）平面图；（b）三维图

按照同样的操作方法，对其他照明灯具进行识别。

4.3.2　识别开关

单击构件类型切换栏中的“开关插座（电）”，切换操作功能包。单击“设备提量”功能包中的“设备提量”按钮，左键选择灯具图例符号，右键确认，弹出“选择要识别成的构件”对话框，按照图纸要求新建灯具并设置好属性，如图 4-18 所示。

设置完毕，单击“确认”按钮，软件进行灯具识别，之后弹出“提示”对话框，如图 4-19 所示。

单击“确定”按钮，观察绘图区域，该开关被识别完成，如图 4-20 所示。

按照同样的操作方法，对其他开关进行识别。

4.3.3　识别插座

单击构件类型切换栏中的“开关插座（电）”，切换操作功能包。单击“设备提量”功能包中的“设备提量”按钮，左键选择灯具图例符号，右键确认，弹出“选择要识别成的构件”对话框，按照图纸要求新建灯具并设置好属性，如图 4-21 所示。

设置完毕，单击“确认”按钮，软件进行灯具识别，之后弹出“提示”对话框，如图 4-22 所示。

单击“确定”按钮，观察绘图区域，该插座被识别完成，如图 4-23 所示。

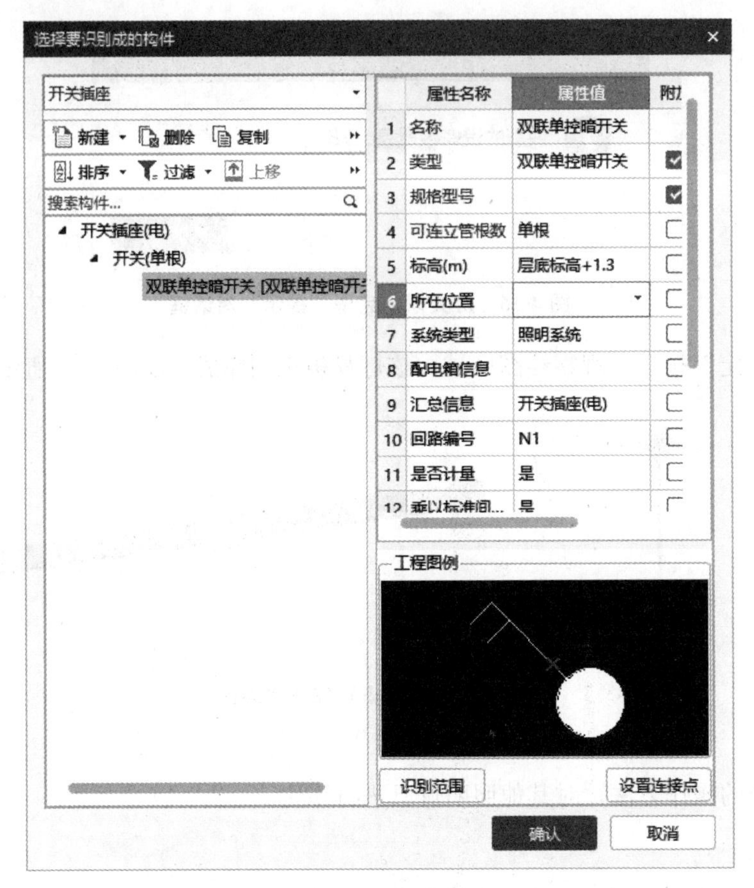

图 4-18 “选择要识别成的构件”对话框

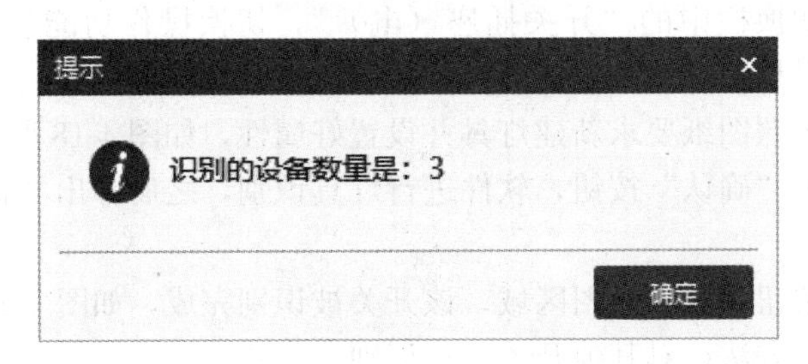

图 4-19 开关识别完毕“提示”对话框

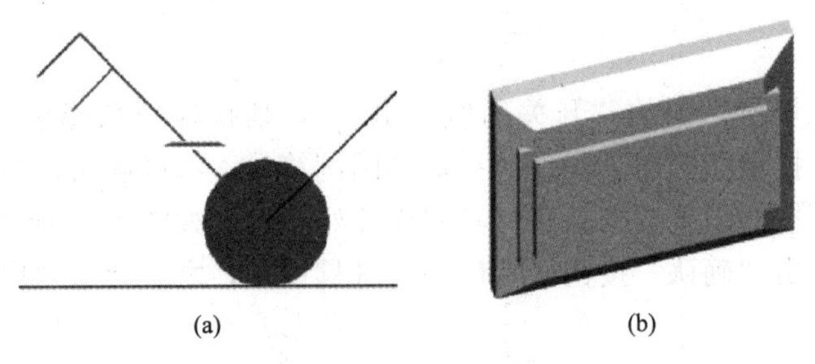

(a) (b)

图 4-20 开关识别完毕效果图

（a）平面图；（b）三维图

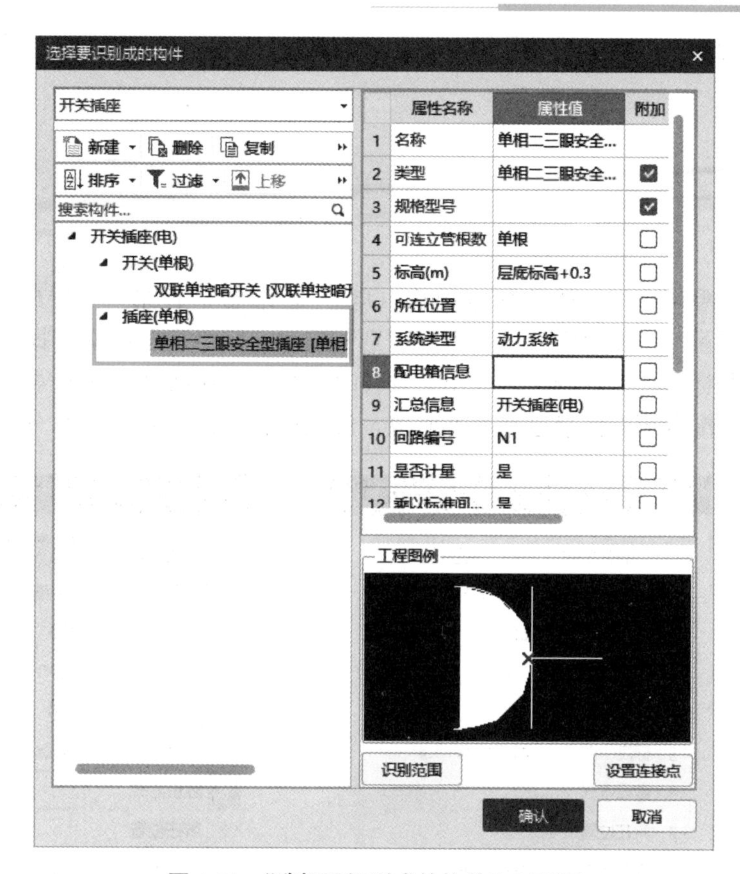

图 4-21　“选择要识别成的构件”对话框

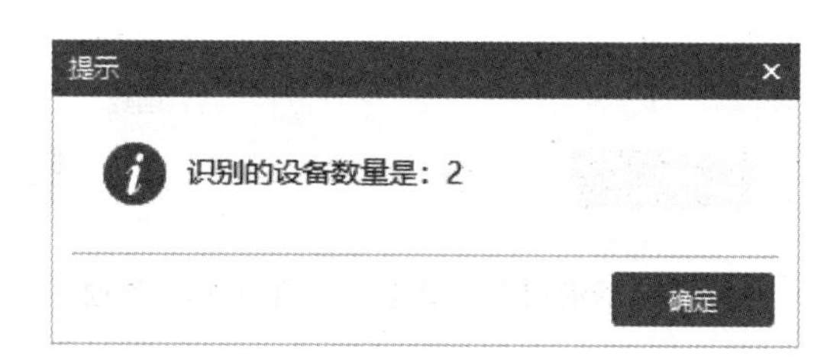

图 4-22　插座识别完毕“提示”对话框

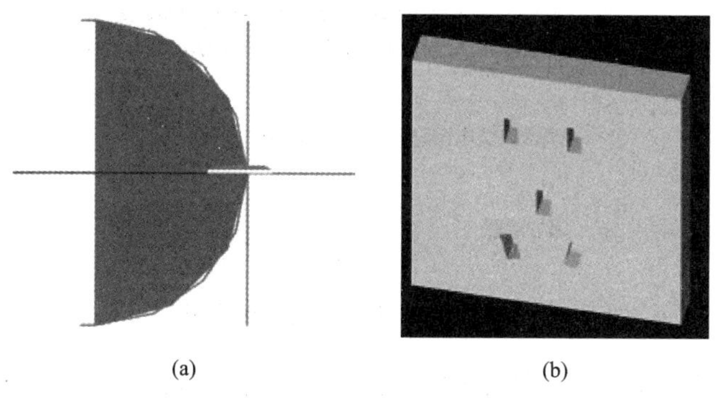

(a)　　　　(b)

图 4-23　插座识别完毕效果图

（a）平面图；（b）三维图

按照同样的操作方法，对其他插座进行识别。

4.4 配电箱柜的识别

单击构件类型切换栏中的“配电箱柜（电）”，准备进行第−1层配电箱柜的识别。再单击“设备提量”功能包中的“配电箱识别”按钮，按照状态栏文字提示，左键选择要识别的配电箱和标识，右键确认，弹出“构件编辑窗口”对话框，如图4-24所示。

按照图纸中配电箱的信息进行属性修改，修改后属性窗口如图4-25所示。

构件编辑窗口

	属性名称	属性值
1	类型	照明配电箱
2	宽度(mm)	600
3	高度(mm)	500
4	厚度(mm)	300
5	标高(m)	层底标高+1.4
6	敷设方式	
7	所在位置	
8	系统类型	照明系统
9	汇总信息	配电箱柜(电)
10	回路编号	N1
11	倍数	1

确认 取消

图4-24 “构件编辑窗口”对话框

构件编辑窗口

	属性名称	属性值
1	类型	照明配电箱
2	宽度(mm)	800
3	高度(mm)	2200
4	厚度(mm)	800
5	标高(m)	层底标高
6	敷设方式	
7	所在位置	
8	系统类型	照明系统
9	汇总信息	配电箱柜(电)
10	回路编号	N1
11	倍数	1

确认 取消

图4-25 修改后的“构件编辑窗口”对话框

单击“确认”按钮，弹出“提示”对话框，如图4-26所示。

图4-26 识别完成提示对话框

检查无误，单击“确定”，完成配电箱识别，在左侧构件列表栏出现新建配电箱信息，如图4-27所示。

识别完成后的配电箱效果图如图 4-28 所示，按照同样的操作方法，完成其他配电箱的识别。

图 4-27　配电箱识别完成信息

图 4-28　识别完成的配电箱效果图

4.5 桥架的识别

单击构件类型切换栏中的“桥架（电）”，准备进行第－1 层桥架的识别。单击右侧

“构件列表”中的“新建”，通过单击“ ▾ ”按钮下拉选择桥架，如图 4-29 所示。

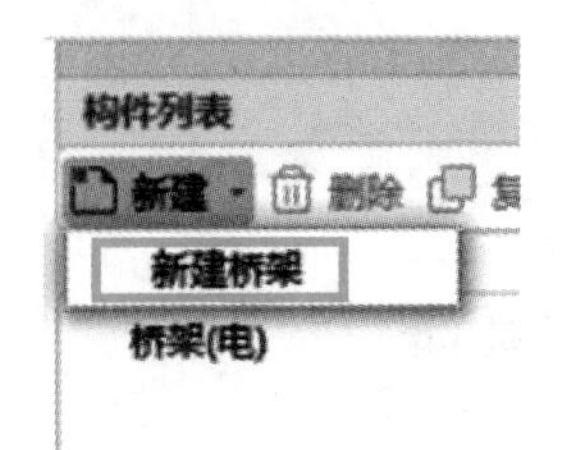

图 4-29 “新建桥架”按钮

单击“新建桥架”按钮，弹出名称为“QJ-1”的桥架构件，根据图纸中桥架信息，修改桥架属性值，修改完成桥架属性如图 4-30 所示。

◢ 电缆导管(电)
◢ 桥架
SR300*100 [钢制桥架 300 100]

属性

	属性名称	属性值	附加
1	名称	SR300*100	
2	系统类型	照明系统	☐
3	桥架材质	钢制桥架	☑
4	宽度(mm)	300	☑
5	高度(mm)	100	☑
6	所在位置		☐
7	敷设方式		☐
8	起点标高(m)	层顶标高-0.7	☐
9	终点标高(m)	层顶标高-0.7	☐
10	支架间距(m...	0	☐
11	汇总信息	电缆导管(电)	☐
12	备注		☐
13	⊞ 计算		
19	⊞ 配电设置		
21	⊞ 显示样式		
24	分组属性	桥架	

图 4-30 修改后的桥架属性信息

单击“绘图”功能包中的“直线”按钮，如图 4-31 所示。

按照状态栏文字提示，指定第一点，左键单击桥架管线的某一起始点，然后拖动鼠标移动至配电箱位置，在 AA1 配电箱中心点位置单击鼠标左键，然后继续拖动鼠标，在

图 4-31　“直线”按钮

AA2 配电箱中心点位置单击鼠标左键，右键确定，则与配电箱相连接的一段桥架绘制完成，如图 4-32 所示。

首层灯具识别、桥架绘制

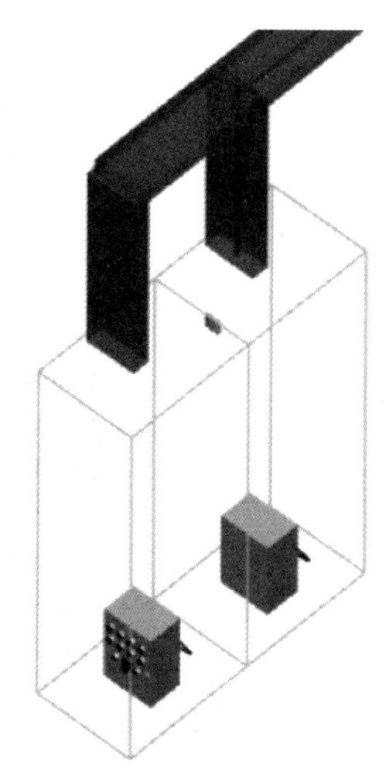

图 4-32　与配电箱相连接的桥架

也可以通过“识别桥架”的方法，完成其他桥架的绘制。

4.6 桥架配线

单击构件类型切换栏中的“电缆导管（电）”，准备进行第一1 层桥架的配线操作。单击右侧“构件列表”中的“新建”，通过单击“▾”按钮下拉选择桥架，如图 4-33 所示。

单击“新建电缆”按钮，弹出名称为“DL-1”的电缆构件，根据图纸中桥架配线的信息，修改电缆属性值，修改完成电缆属性如图 4-34 所示。

单击“管线提量”功能包中的“桥架配线”按钮，如图 4-35 所示。

按照状态栏文字提示，按鼠标左键选择桥架，通过“动态观察”按钮，切换至三维状态，如图 4-36 所示。

图 4-33 “新建电缆”按钮

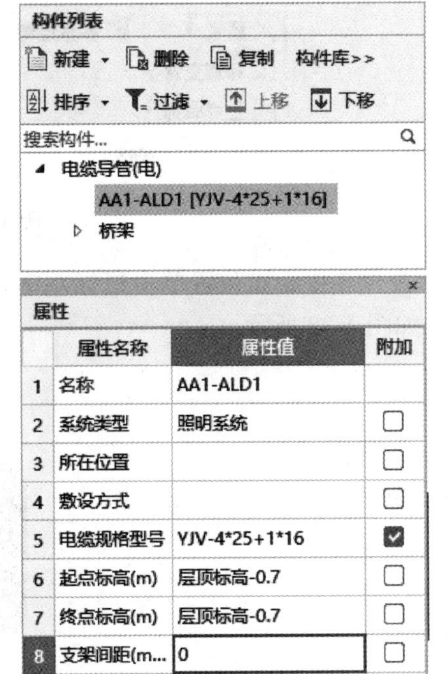

图 4-34 修改后的桥架配线

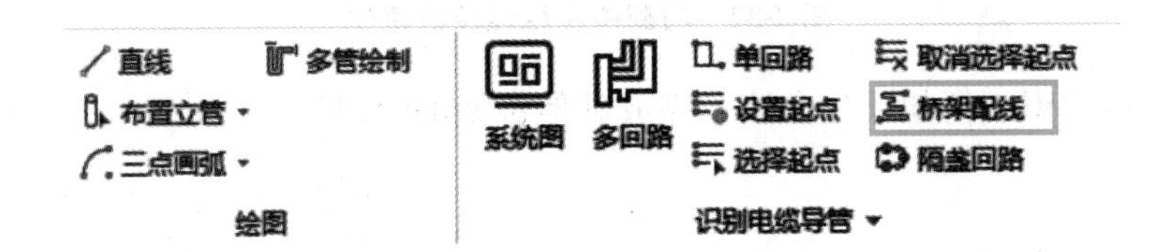

图 4-35 “桥架配线”按钮

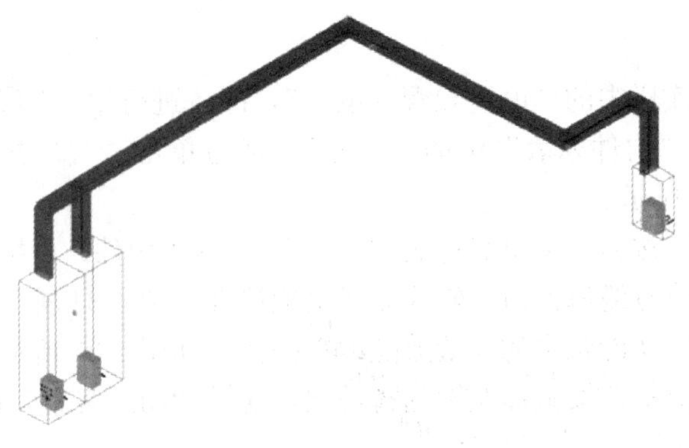

图 4-36 动态观察下三维图

左键单击和总配电箱 AA1 相连接的桥架，然后再单击和分配电箱 ALD1 相连接的桥架，观察图纸发现，起点桥架至终点桥架中间段的桥架也被选中了，此时，单击鼠标右键，弹出“选择构件”对话框，如图 4-37 所示。选中前面新建的桥架配线，如图 4-38 所示。

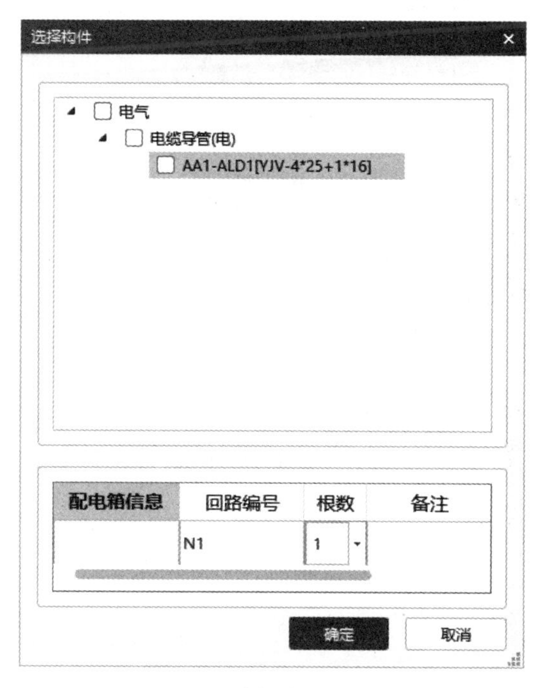

图 4-37　“选择构件”对话框

图 4-38　选中桥架配线

检查无误，单击“确定”按钮，完成桥架配线的绘制，观察发现桥架中心线位置生成了一根紫色电缆，表明桥架配线完成。

4.7 垂直桥架的布置

在构件列表中选择需要布置的桥架类型，再单击“绘图”功能包中的“布置立管”按钮，如图 4-39 所示。

如果布置的立管方向需要旋转，可以单击“布置立管”右侧“▾”按钮，在下拉列表中选择“旋转布置立管”按钮，如图 4-40 所示。

跨层立管绘制

图 4-39　“布置立管”按钮

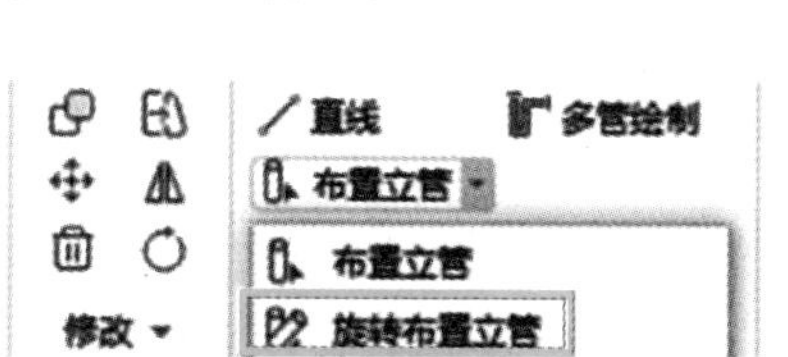

图 4-40　“旋转布置立管”按钮

按照状态栏的文字提示，单击选中插入点后，弹出对话框，提示进行立管标高的设置，如图 4-41 所示。完成标高的修改设置，单击“确定”按钮，完成操作，如图 4-42 所示。

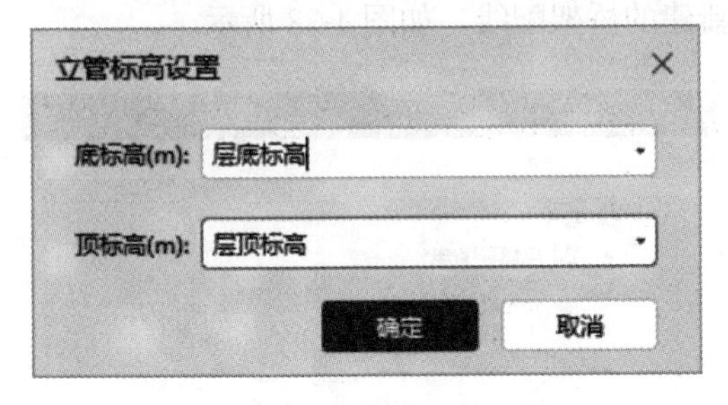

图 4-41 “立管标高设置”对话框

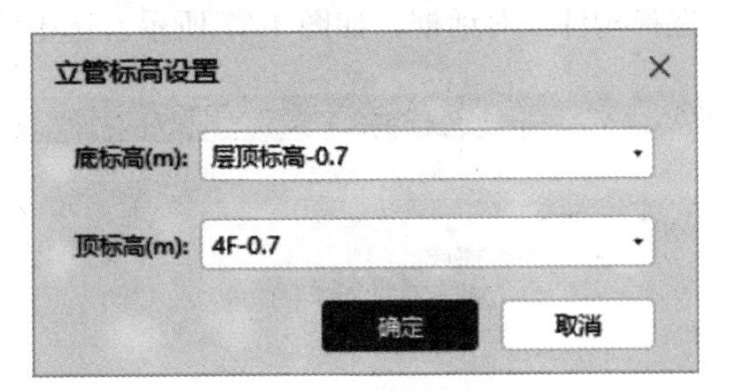

图 4-42 修改后的对话框

这样，垂直桥架就被设置好了，且配电点位于垂直桥架构件的内部，如图 4-43 所示。

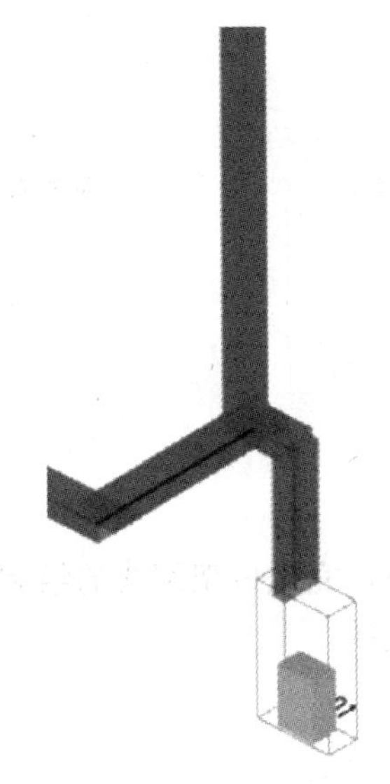

图 4-43 垂直桥架效果图

4.8 设置起点和选择起点

4.8.1 设置起点

单击软件界面上方“识别电缆导管”功能包中的“设置起点”按钮，如图 4-44 所示，按照状态栏的文字提示，需选择桥架或者线槽的端点，即桥架连接 AA1 和 AA2 总配电箱的立管。

选中（单击）该连接立管，弹出对话框，提示设置起点位置，如图 4-45 所示。

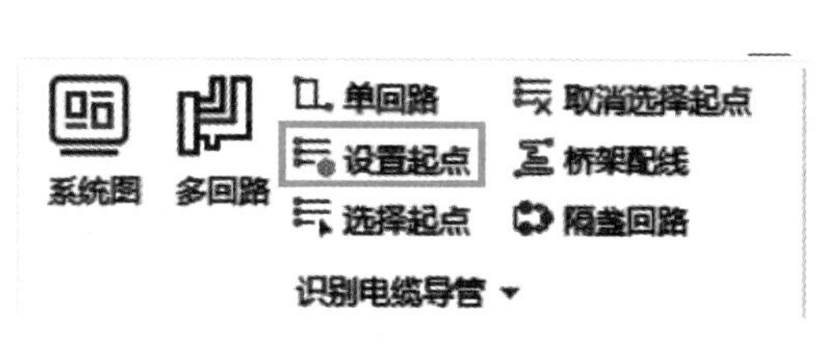

图 4-44　“设置起点”按钮

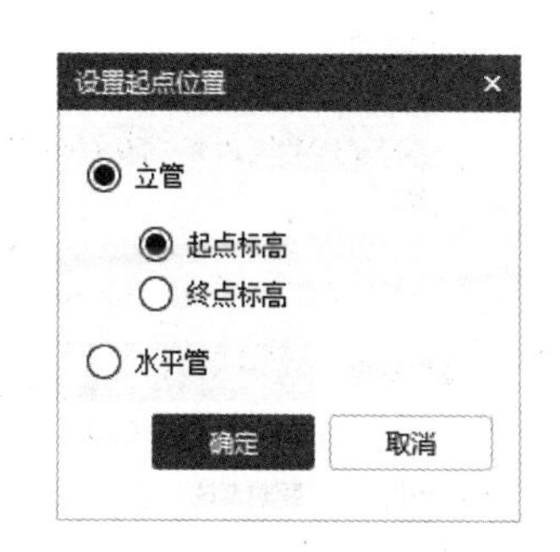

图 4-45　“设置起点位置”对话框

单击“确定”按钮，完成操作。软件将在设置好的起点位置上标出一个黄色的“×”，表明该位置为已设置好的起点，如图 4-46 所示。

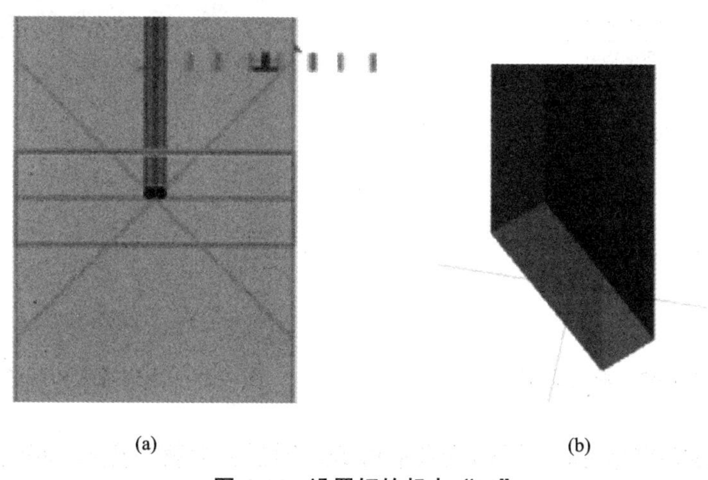

(a)　　(b)

图 4-46　设置好的起点“×”

(a) 平面图；(b) 三维图

4. 8. 2　选择起点

首先新建配管并修改配管信息，如图 4-47 所示。

单击“直线”按钮，指定第一点在桥架上，指定下一点在配电箱上，如图 4-48 所示。

单击软件界面上方的“管线提量”功能包中的“设置起点”旁的功能展开按钮“ - ”，在展开的功能按钮中，单击“选择起点”按钮，左键拉框选中连接桥架和配电箱的短立管，选中后的立管颜色变为蓝色，再单击右键，弹出“选择起点”对话框，如图 4-49 所示。

左键单击代表 AA1 配电箱的圆圈，此时，从 AA1 到分配电箱 ALD1 的连接管线变为绿色，表明起点被选中。单击“确定”按钮，“选择起点”对话框会被关闭，而刚被选中的连接桥架和配电箱的短立管由蓝色变为了黄色，表明该构件进行了“选择起点”的设置。

◢ 电缆导管(电)
AA1-ALD1 [YJV-4*25+1*16]
AA1-ALD1 SC50 [SC 50 YJV-4*25+1*16]
▷ 桥架

属性

	属性名称	属性值	附加
1	名称	AA1-ALD1 SC50	
2	系统类型	照明系统	☐
3	导管材质	SC	☑
4	管径(mm)	50	☑
5	所在位置		☐
6	敷设方式		☐
7	电缆规格型号	YJV-4*25+1*16	☑
8	起点标高(m)	层顶标高-0.7	☐
9	终点标高(m)	层顶标高-0.7	☐
10	支架间距(m...	0	☐
11	汇总信息	电缆导管(电)	☐
12	备注		☐
13	⊞ 计算		
19	⊞ 配电设置		
23	⊞ 显示样式		
26	分组属性		

图 4-47　新建短配管

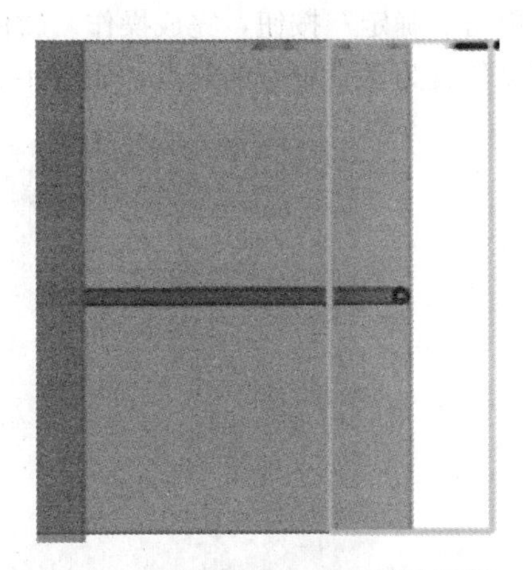

图 4-48　连接桥架和配电箱的短管

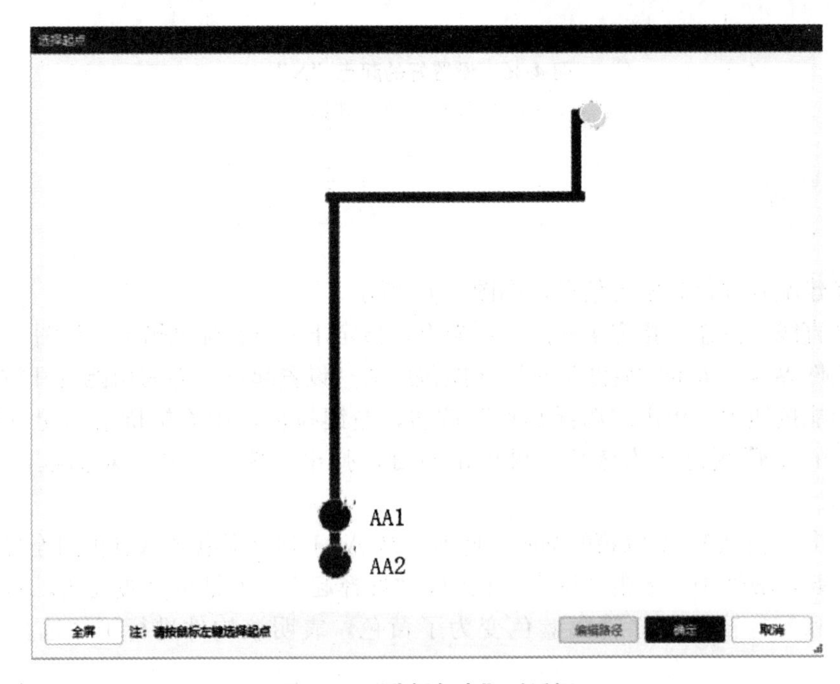

图 4-49　“选择起点”对话框

4.8.3　检查回路

设置起点和选择起点完毕后，要检查回路是否设置正确。在“动态观察”的状态下，单击软件界面上方“检查/显示”功能包中的“检查回路”按钮，如图 4-50 所示。

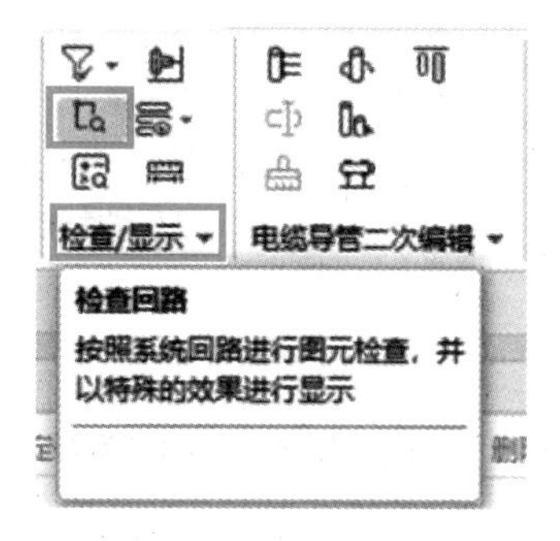

图 4-50　“检查回路”按钮

左键单击前面设置好选择起点的管线构件，这时，桥架会用绿色进行显示，而刚才那根管线会以红黄双色显示并不停闪烁，如图 4-51 所示。

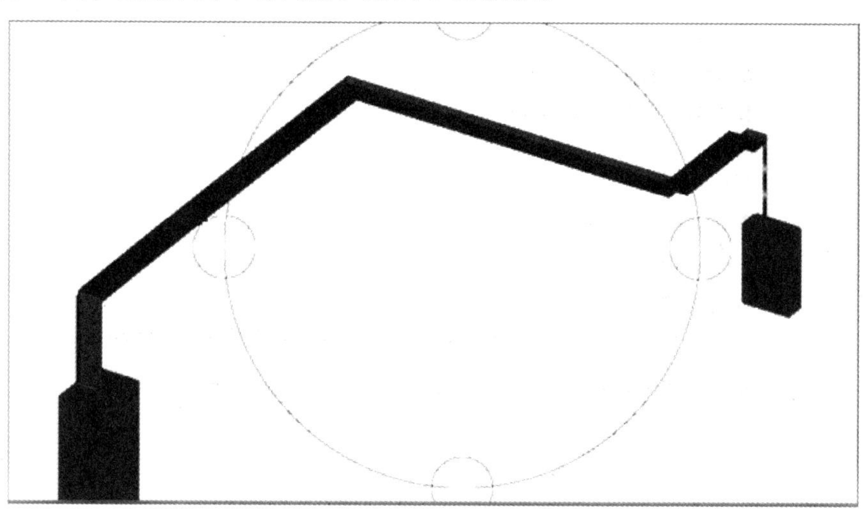

图 4-51　回路路径显示

按“Esc”键退出“检查回路”界面。此外，在绘图区域下方还会出现对应的线缆工程量显示栏，提示该路径中线缆的工程量，如图 4-52 所示。

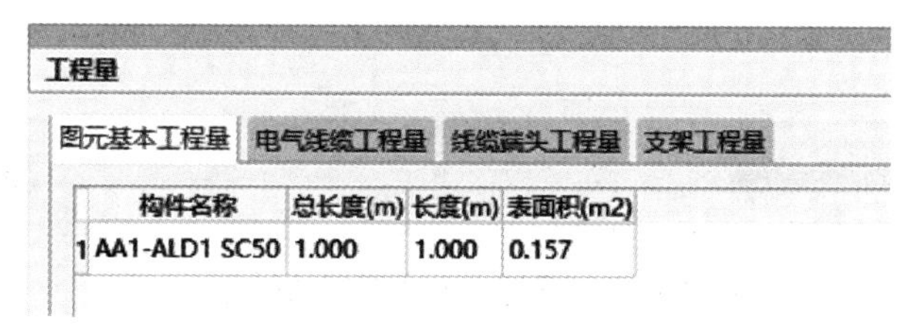

	构件名称	总长度(m)	长度(m)	表面积(m2)
1	AA1-ALD1 SC50	1.000	1.000	0.157

图 4-52　线缆工程量显示栏

4.8.4 显示跨层图元

单击软件界面上方的“工具”选项卡，切换功能包。再单击“选项”功能包中的“选项”按钮，如图 4-53 所示。

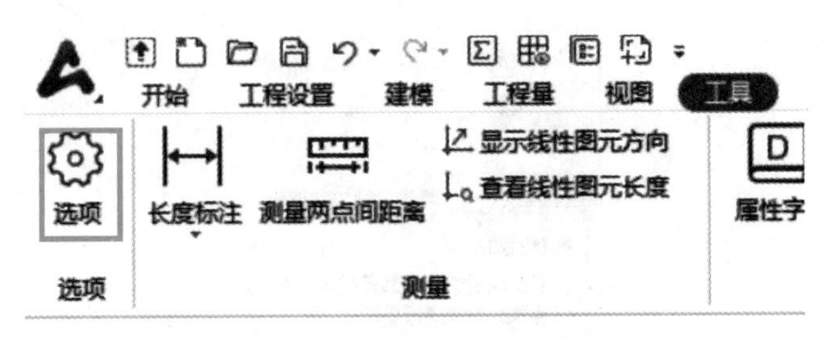

图 4-53 “工具”选项卡下的“选项”按钮

这时，会弹出一个“选项”对话框。单击“其他”选项卡（图 4-54），对话框内容发生切换。勾选“显示跨层图元”复选框，激活该功能，如图 4-55 所示。

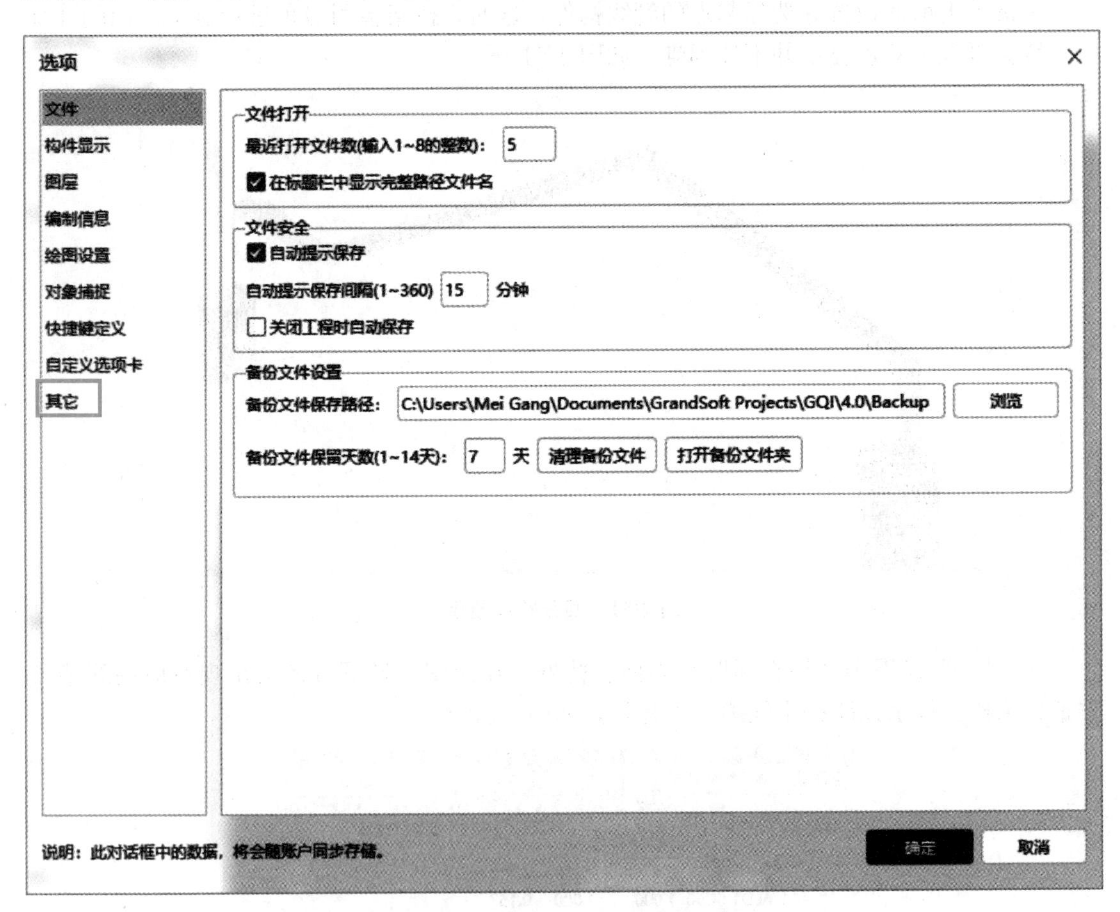

图 4-54 对话框中 9 个不同的标签卡

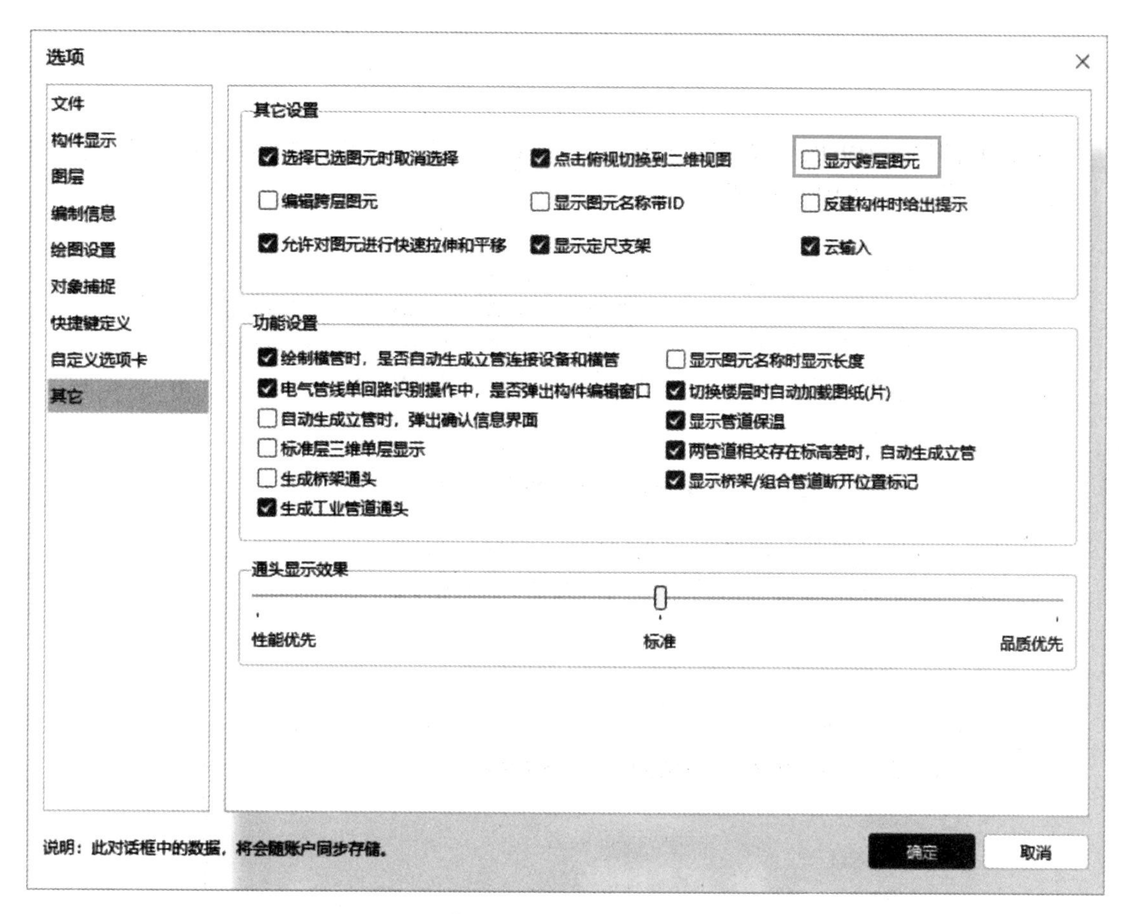

图 4-55　显示跨层图元

再单击“确定”按钮，“选项”对话框消失，这时，在第一1 层设置的垂直桥架就会被显示出来，如图 4-56 所示。

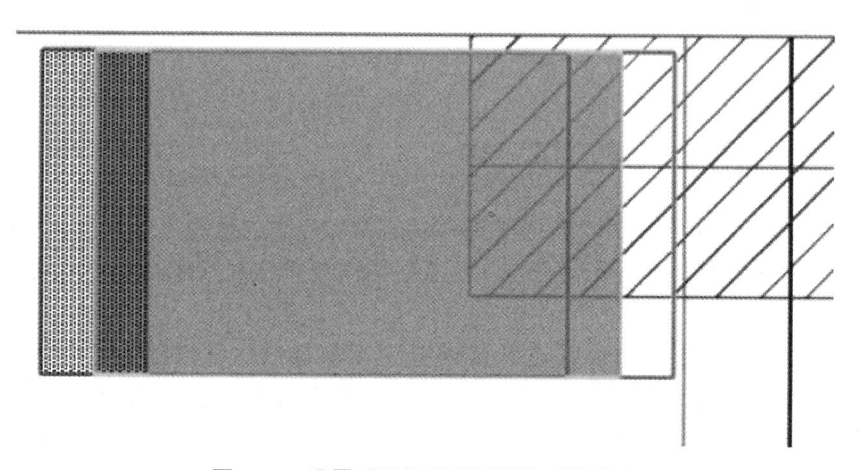

图 4-56　设置“显示跨层图元”后的效果

按照桥架绘制的方法，在垂直桥架与首层配电箱之间绘制桥架进行连接。

4.8.5 选择楼层及图元显示

单击软件界面上方的“视图”选项卡，切换操作功能包，再单击“用户界面”功能包中的“显示设置”，如图 4-57 所示。

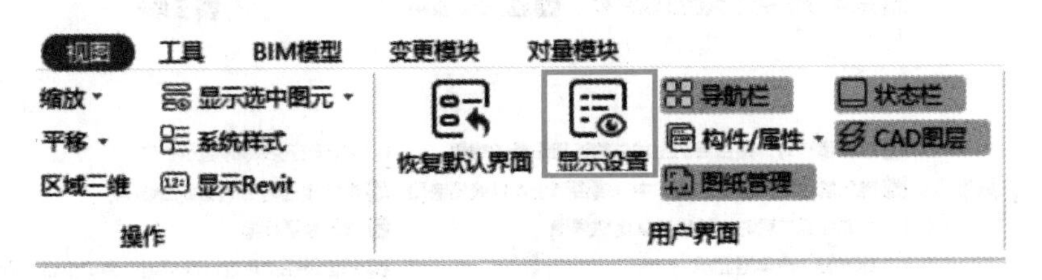

图 4-57 “显示设置”按钮

此时，在绘图区域的右侧弹出“显示设置”窗口，如图 4-58 所示。

也可以单击绘图区域右上角的工具包，如图 4-59 所示。

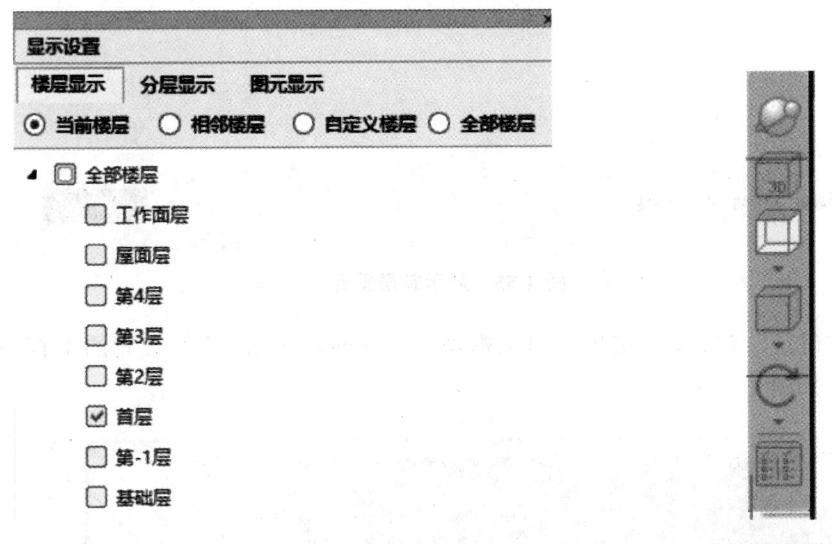

图 4-58 “显示设置”窗口　　图 4-59 选择楼层及图元显示工具包

该工具包从上至下对应的功能依次为“动态观察”“二维和三维切换”“观察视角选择”“旋转”“选择楼层显示和隐藏”，可以根据需要单击对应的功能按钮或者下拉功能按钮。

在图 4-58 对话框中，楼层状态默认设置为当前楼层，可以单击“相邻楼层”前的“○”，使“○”中间出现圆点，这样，在下部的楼层显示中，就会出现第－1 层、第 2 层处于被选中的状态，如图 4-60 所示。

也可以单击“自定义楼层”前的“○”，使“○”中间出现圆点，这样，在下部的楼层显示中，可以根据需要进行楼层的显示选择，选择显示第－1 层和首层的楼层，如图 4-61 所示。

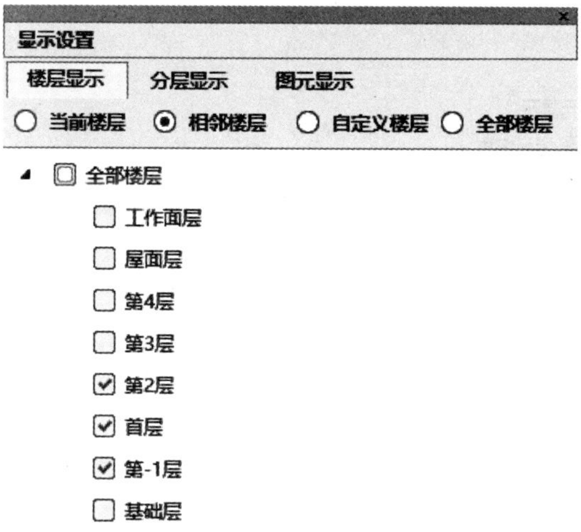

图 4-60　“相邻楼层显示设置”对话框

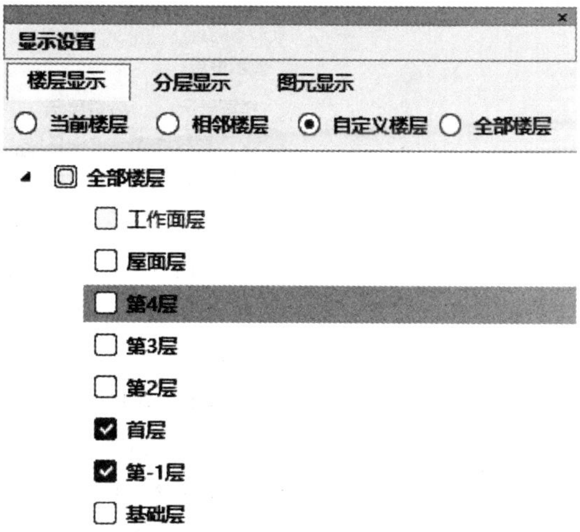

图 4-61　“自定义楼层显示设置”对话框

也可以单击“全部楼层”前的“○”，使“○”中间出现圆点，这样，在下部的楼层显示中，就会出现全部楼层被选中的状态，如图 4-62 所示。

在图 4-58“显示设置”对话框中，单击“楼层显示”按钮右侧的“分层显示”按钮，切换至分层显示窗口，可以按照楼层设置的方法对分层显示进行设置，如图 4-63 所示。

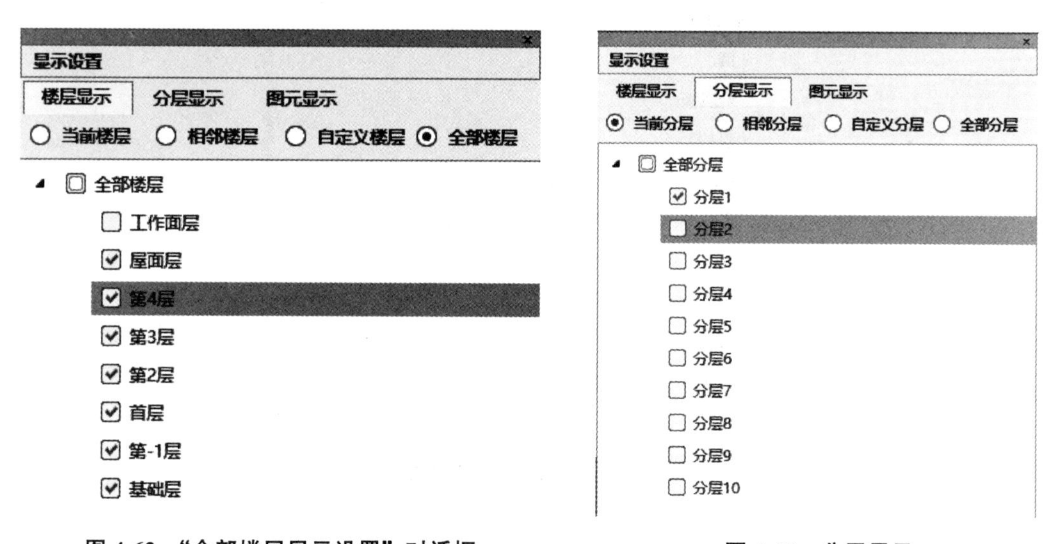

图 4-62　“全部楼层显示设置”对话框

图 4-63　分层显示

在图 4-58“显示设置”对话框中，单击“分层显示”按钮右侧的“图元显示”按钮，切换至图元显示窗口，可以通过勾选与取消勾选的设置，来显示或隐藏图元，如图 4-64 所示。

显示设置

楼层显示　分层显示　图元显示

图层构件	显示图元	显示名称
⊟ 所有构件	◙	☐
⊟ 轴线	☑	☐
轴网	☑	☐
辅助轴线	☑	☐
⊟ 电气	☑	☐
照明灯具(电)	☑	☐
开关插座(电)	☑	☐
配电箱柜(电)	☑	☐
电气设备(电)	☑	☐
电线导管(电)	☑	☐
电缆导管(电)	☑	☐
综合管线(电)	☑	☐
母线(电)	☑	☐
防雷接地(电)	☑	☐
桥架通头(电)	☑	☐
零星构件(电)	☑	☐
⊟ 建筑结构	◙	☐
墙	☐	☐
现浇板	☐	☐
竖井	☑	☐
标准间	☑	☐
框柱	☐	☐
梁	☐	☐
门	☐	☐
圈梁	☐	☐
⊟ 自定义	☐	☐

恢复默认设置

图 4-64　图元显示设置

4.8.6　跨楼层选择起点

切换楼层为首层，按照选择起点的方法，首先在桥架与配电箱 AL1 之间绘制一段配管。再单击“选择起点”按钮，左键拉框选中连接桥架和配电箱的短管，选中后的立管颜色变为蓝色，单击右键，弹出“选择起点”对话框，如图 4-65 所示。

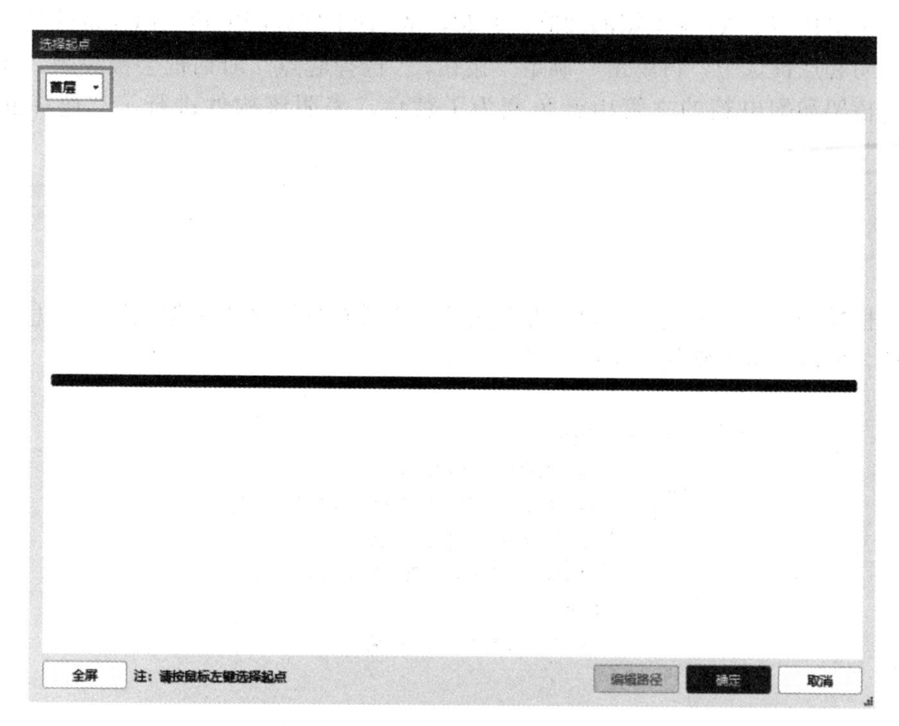

图 4-65　“选择起点”对话框

单击“选择起点”对话框左上方的楼层下拉列表框（图 4-65），切换至“第－1 层”，如图 4-66 所示。

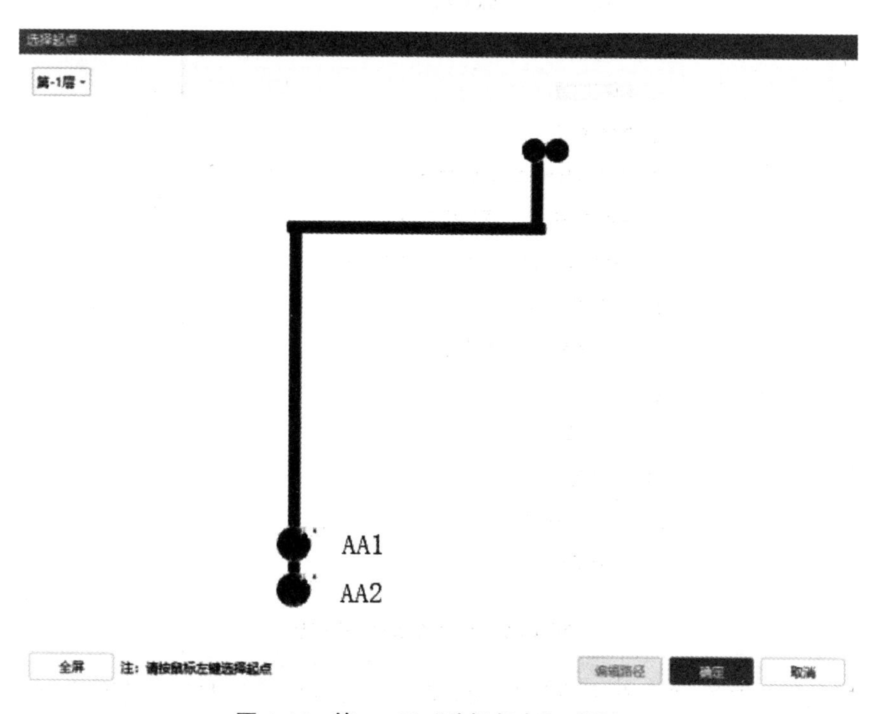

图 4-66　第－1 层“选择起点”对话框

左键单击代表 AA1 配电箱的圆圈，此时，从 AA1 到分配电箱 ALD1 的连接管线变为绿色，表明起点被选中，再单击“确定”按钮，“选择起点”对话框会被关闭，而刚被选中的连接桥架和配电箱的立管由蓝色变为了黄色，表明该构件进行了“选择起点”的设置。

4.8.7 跨楼层桥架配线

切换楼层为首层，通过“新建电缆”按钮，以及根据图纸中桥架配线的信息，修改电缆属性值，修改完成电缆属性如图 4-67 所示。

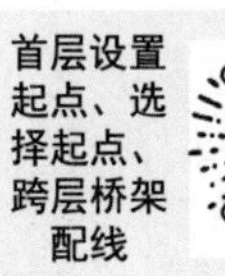

- 电缆导管(电)
  - AA1-ALD1 [YJV-4*25+1*16]
  - AA1-ALD1 SC50 [SC 50 YJV-4*25+1*16]
  - AA1-AL1 [YJV-4*35+1*16]
  - AA1-AL1 SC70 [SC 70 YJV-4*35+1*16]
  - 桥架
    - SR300*100 [钢制桥架 300 100]

属性

	属性名称	属性值	附加
1	名称	AA1-AL1	
2	系统类型	照明系统	☐
3	所在位置		☐
4	敷设方式		☐
5	电缆规格型号	YJV-4*35+1*16	☑
6	起点标高(m)	层顶标高-0.7	☐
7	终点标高(m)	层顶标高-0.7	☐
8	支架间距(m...	0	☐
9	汇总信息	电缆导管(电)	☐
10	备注		☐
11	⊞ 计算		
17	⊞ 配电设置		
21	⊞ 显示样式		
24	分组属性		

图 4-67　修改后的桥架配线

通过“楼层选择”“动态观察”按钮，将－1 层和 1 层切换至三维状态，如图 4-68 所示。

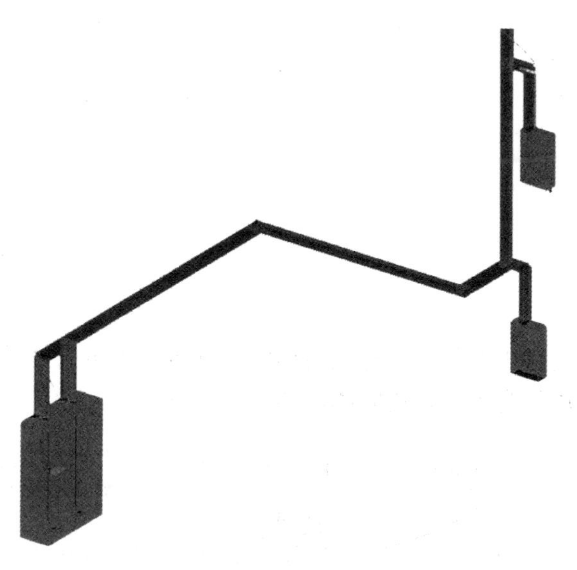

图 4-68　动态观察下三维图

单击“桥架配线”按钮，左键单击总配电箱 AA1 至首层配电箱 AL1 的桥架部分，单击右键弹出“选择构件”对话框，如图 4-69 所示。选择对应的电缆构件，单击“确定”按钮，完成操作。

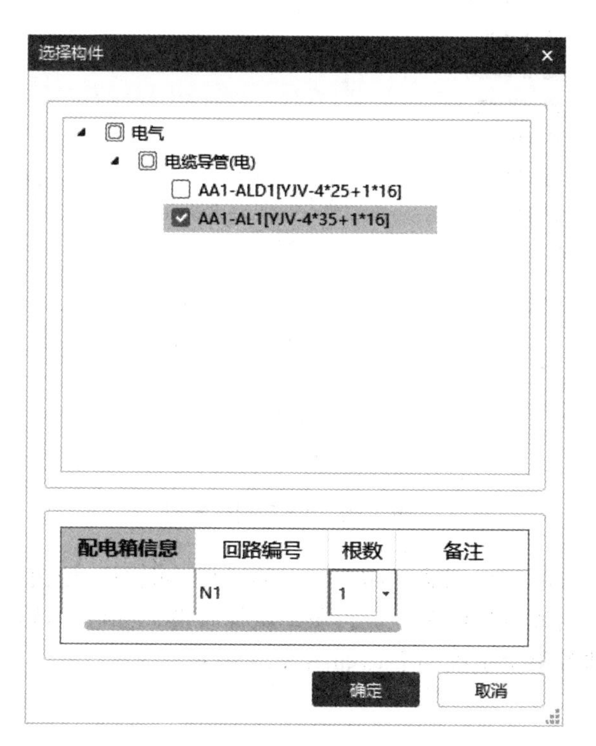

图 4-69　“选择构件”对话框

观察发现桥架中心线位置生成了一根紫色电缆，表明桥架配线完成，检查桥架配线是否连接正确，可以进行修改。

4.9 回路的识别

4.9.1 墙体的识别

在“构件类型切换栏”中单击“建筑结构”类型包，再单击“墙”构件类型，切换功能包。单击右侧“新建”按钮，新建墙体，如图 4-70 所示。

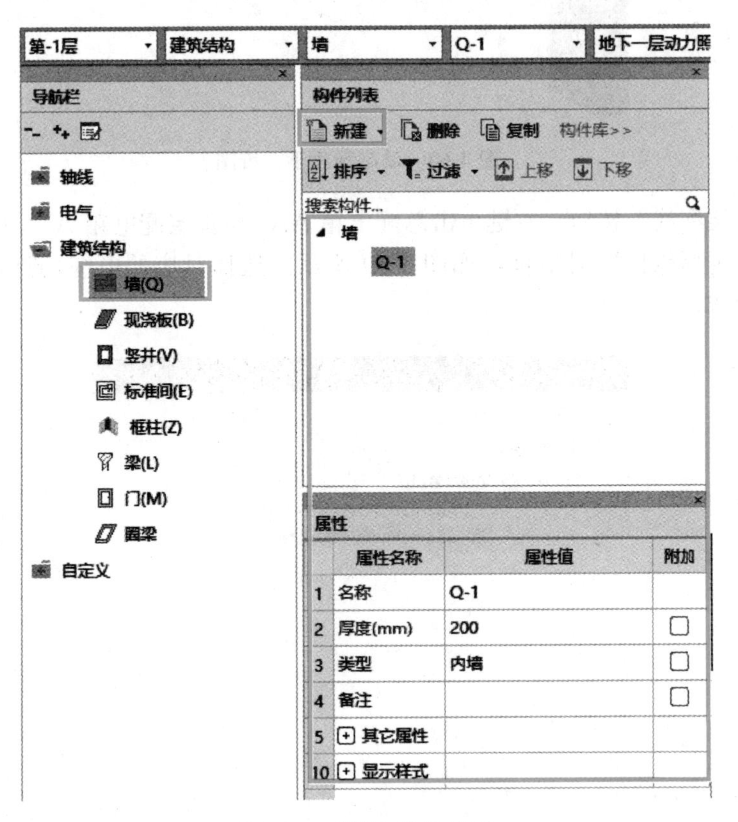

图 4-70 “墙”构件类型

单击软件界面上方的“识别墙”功能包中的“自动识别”按钮，根据状态栏提示，选择墙两侧边线，选中后该线呈深蓝色，再单击鼠标右键，进行确认，完成操作。利用“动态观察”得到的墙体效果会更加明显，如图 4-71 所示。

4.9.2 多回路识别

以 ALD1 中的回路 WLZ1 为例，首先按照系统图要求新建对应的配管，如图 4-72 所示。

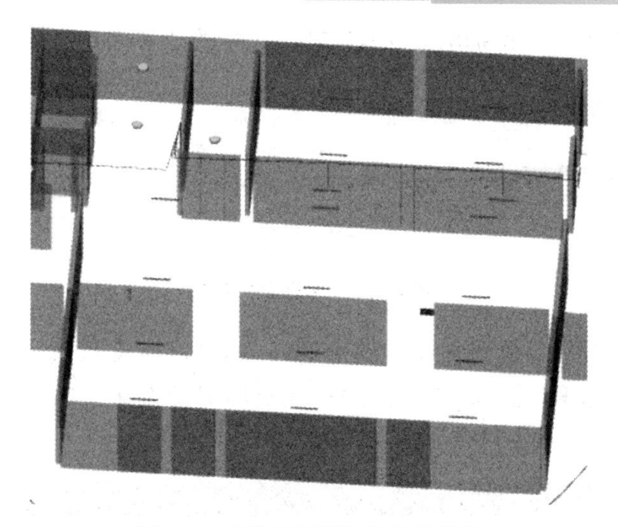

图 4-71　“动态观察”的墙体效果

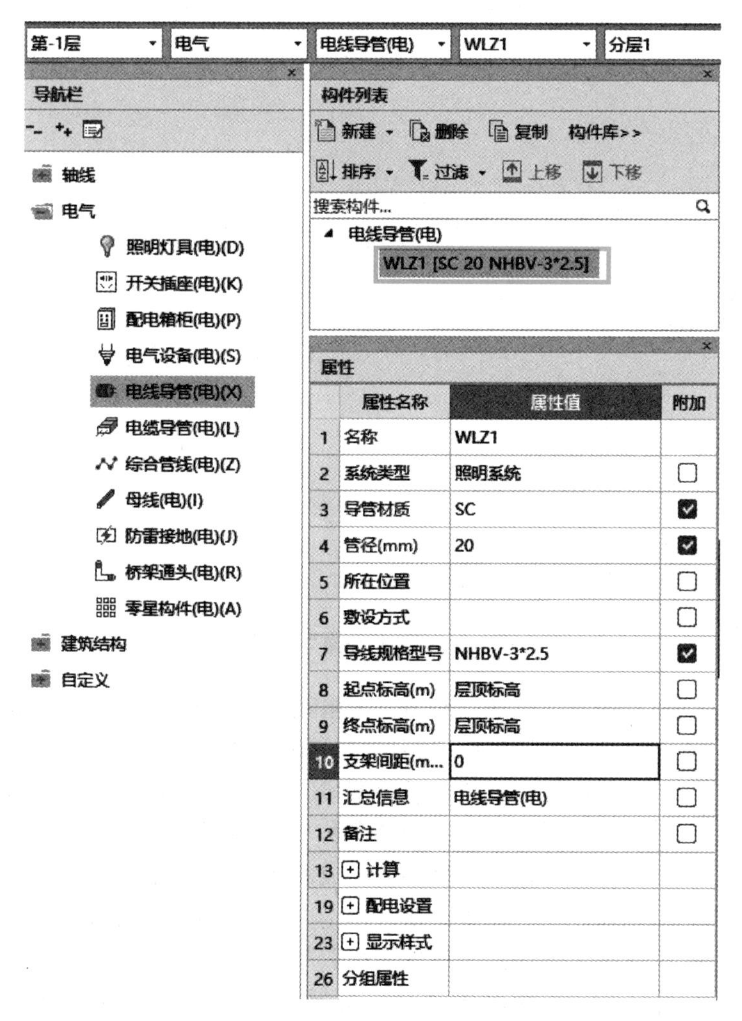

图 4-72　新建 WLZ1 回路

单击软件界面上方的“识别电线导管”功能包中的“多回路”按钮，如图 4-73 所示。

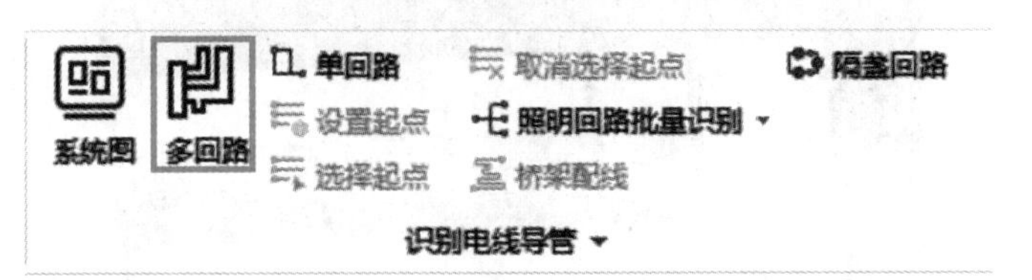

图 4-73 “多回路”按钮

根据状态栏文字提示，左键单击回路中的一条 CAD 线及标识，左键单击代表 WLZ1 的 CAD 线和 WLZ1 标识，被选中后的 CAD 线及标识变为深蓝色，单击右键确认，弹出“回路信息”对话框，如图 4-74 所示。

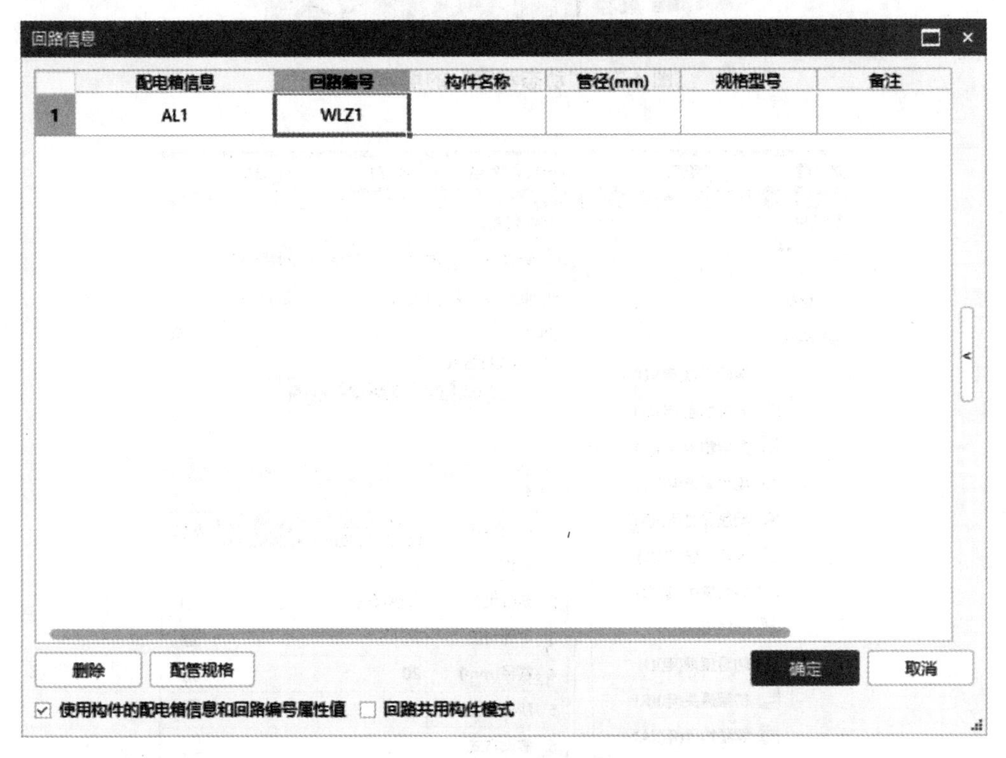

图 4-74 “回路信息”对话框

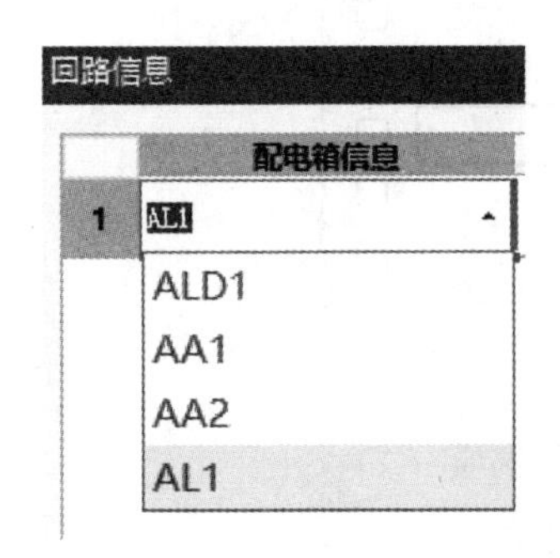

图 4-75 “配电箱信息”选择

通过双击“配电箱信息”单元格，在下拉列表框中选择对应的配电箱信息，如图 4-75 所示。

双击“回路编号”单元格，手动输入回路名称即可。

双击“构件名称”，右侧弹出“…”按钮。单击该按钮，弹出“选择要识别成的构件”对话框，如图 4-76 所示。

检查无误，单击“确认”按钮，此时，“回路信息”对话框中的“构件名称”“管径”和“规格型号”列自动生成匹配对应的属性值。完成“回路信息”对话框设置如图 4-77 所示。

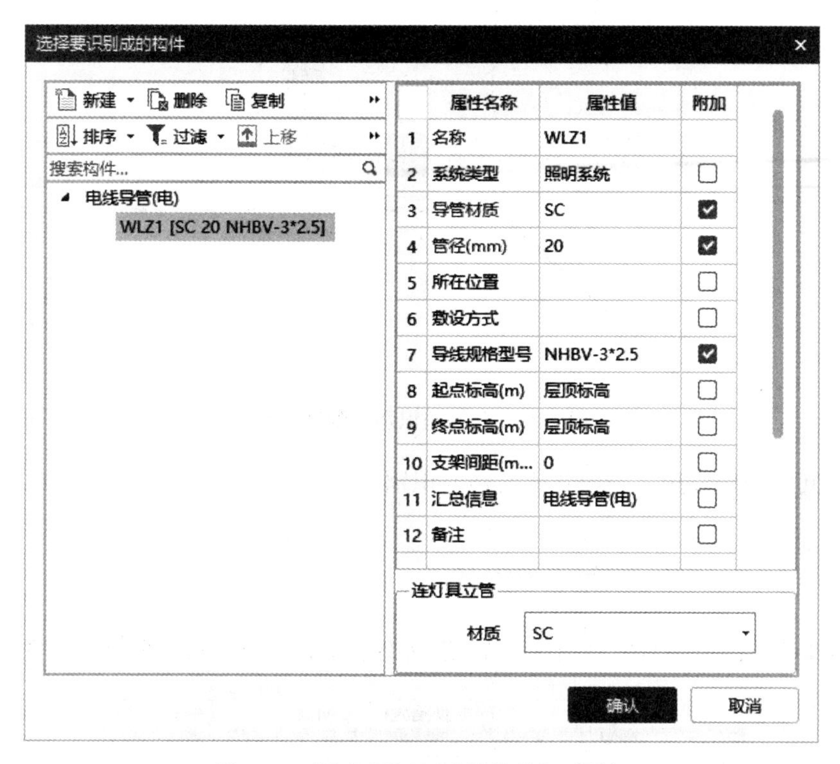

图 4-76　“选择要识别成的构件”对话框

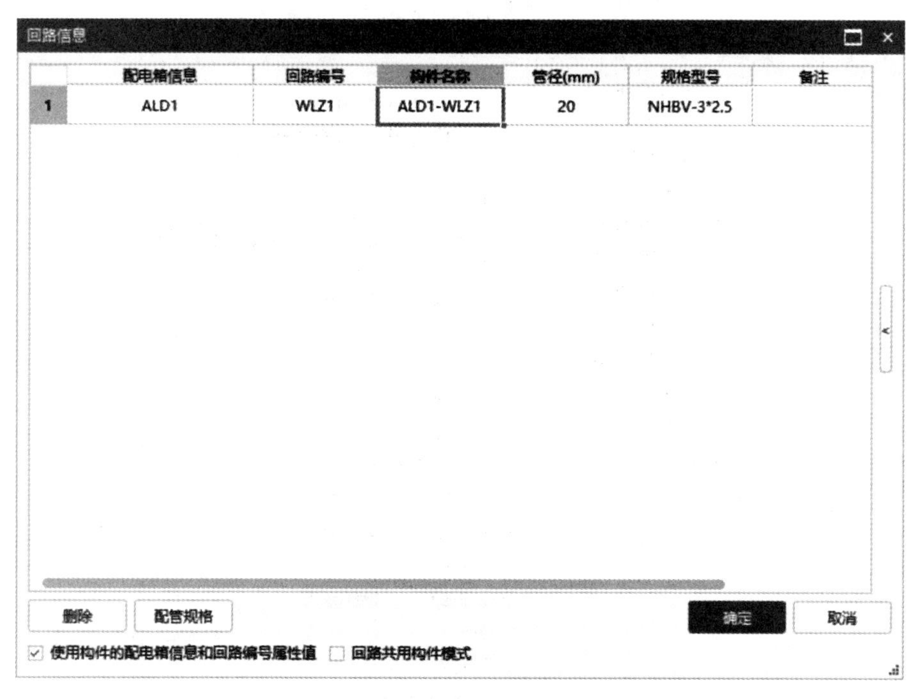

图 4-77　设置完毕的“回路信息”对话框

单击“确定”按钮，“回路信息”对话框消失，同时在绘图区域生成配管，如图 4-78 所示。

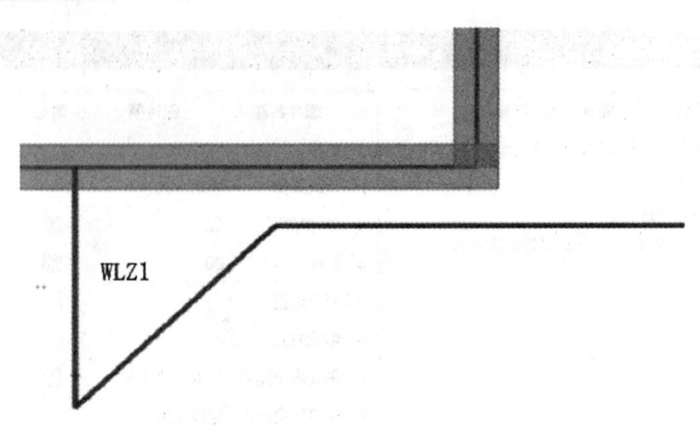

图 4-78　多回路识别配管效果图

按照相同的操作方法，完成其他回路的识别。

4.9.3　单回路识别

以 ALD1 中的回路 WLZ2 为例，首先按照系统图要求新建对应的配管，如图 4-79 所示。

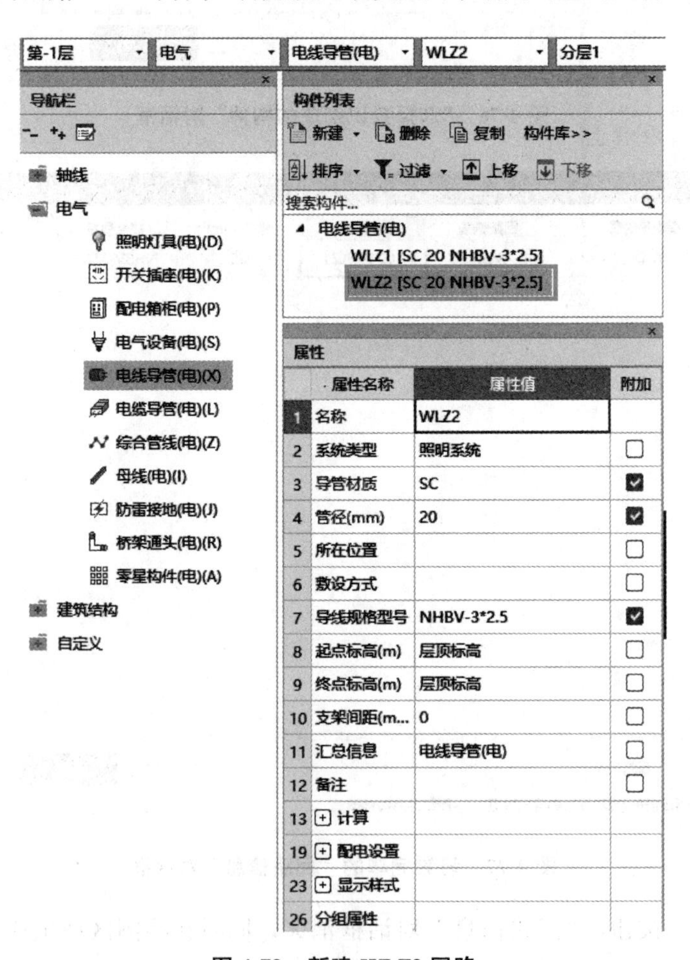

图 4-79　新建 WLZ2 回路

单击软件界面上方的“识别电线导管”功能包中的“单回路”按钮，如图 4-80 所示。

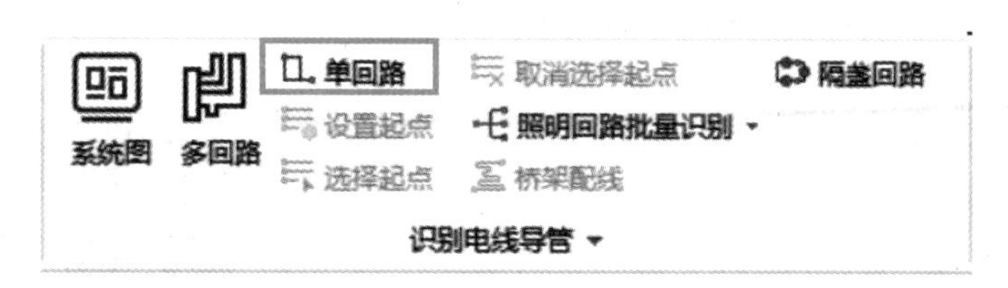

图 4-80　“单回路”按钮

根据状态栏文字提示，左键单击回路中的一条 CAD 线，左键单击代表 WLZ2 的 CAD 线，被选中后的 CAD 线及标识变为深蓝色，再单击右键确认，弹出“选择要识别成的构件”对话框，如图 4-81 所示。

选择对应的 WLZ2 管线，单击“确认”按钮，“选择要识别成的构件”对话框消失，同时在绘图区域生成配管，如图 4-82 所示。

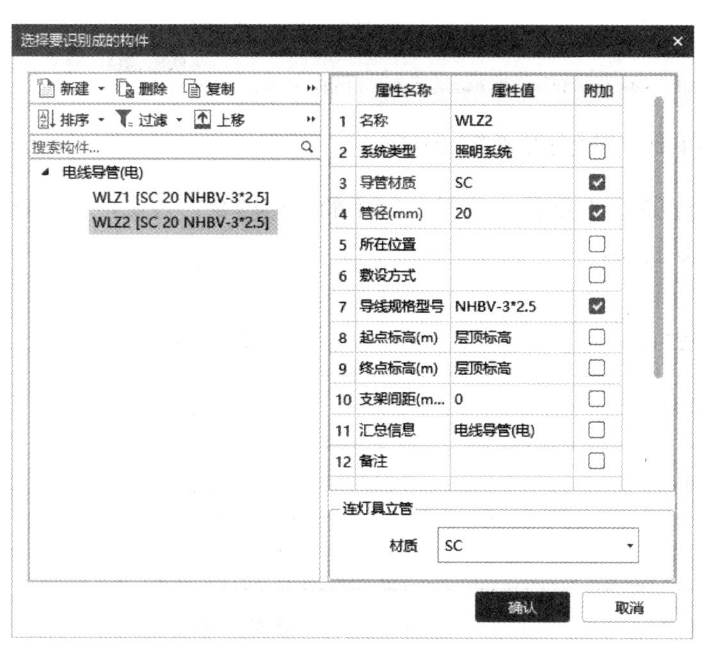

图 4-81　“选择要识别成的构件”对话框

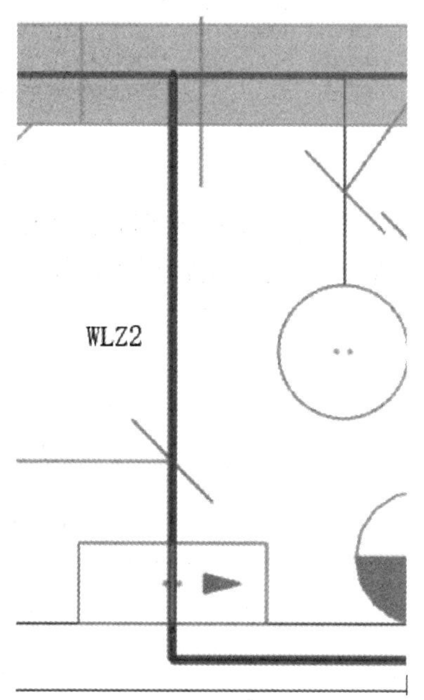

图 4-82　单回路识别配管效果图

按照相同的操作方法，完成其他回路的识别。

4.9.4　系统图识别

切换楼层至工作面层状态，找到 ALD1 的系统图位置，此时单击软件界面上方的“管线提量”功能包中的“系统图”按钮，弹出“配电系统设置”对话框，如图 4-83 所示。

首先在左侧选择对应的配电箱柜名称（图 4-83①），然后单击右侧“读配电箱”选项

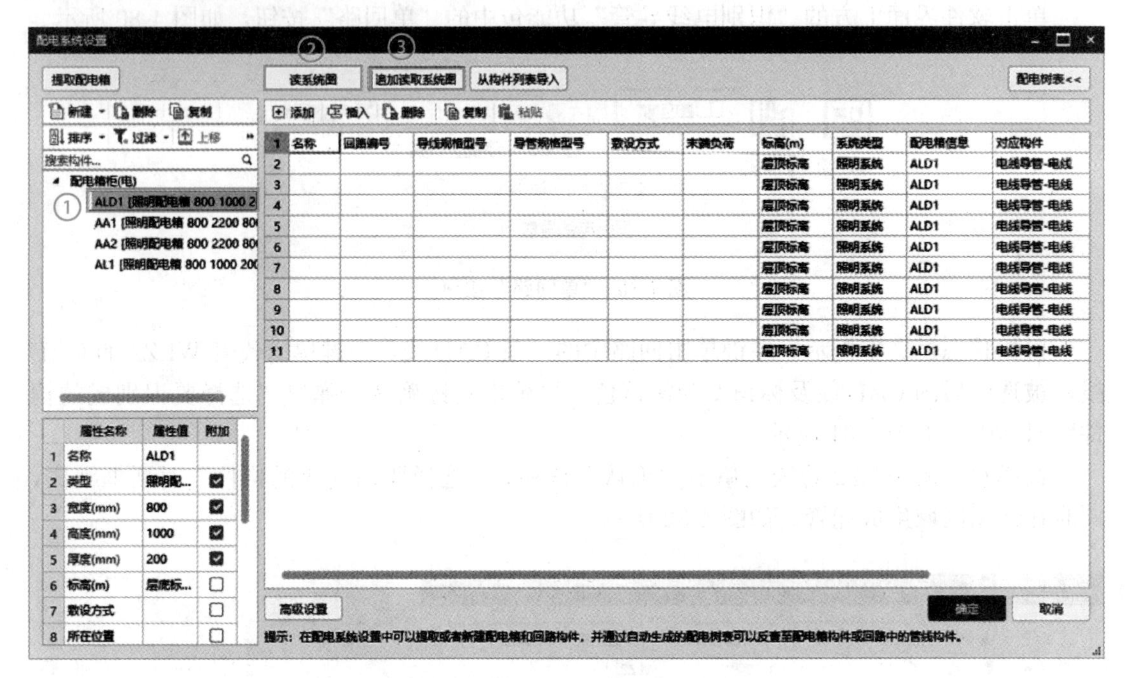

图 4-83 “配电系统设置”对话框

卡（图 4-83②）。此时，进入绘图界面，左键拉框选择 ALD1 的回路信息，被选中的回路 CAD 线颜色变为深蓝色，如图 4-84 所示。

WLZ1	NHBV-3X2.5-SC20-CC	应急照明 1.0KW
WLZ2	NHBV-3X2.5-SC20-CC	疏散指示 1.0KW
WLZ3	BV-3X2.5-PC20-CC	照 明 1.0KW
WLZ4	BV-3X2.5-PC20-CC	照 明 1.0KW
WLZ5	BV-3X2.5-PC20-CC	照 明 1.0KW
WLZ6	BV-3X2.5-PC20-CC	照 明 1.0KW
WLZ7	BV-3X2.5-PC20-CC	照 明 1.0KW

图 4-84 读取系统图

单击右键，弹出读取回路信息的“配电箱系统设置”对话框，如图 4-85 所示。

在图 4-85 中，“名称”和“回路编号”两列是空着的，进行手动输入名称和编号，如图 4-86 所示。

鼠标左键单击“WLZ1”单元格，将鼠标移动至该单元格右下角位置，当出现可拖动的十字光标时，按住左键不放，往下拖动至最后一个回路，软件自动对回路进行编号并形

图 4-85　读取系统图的“配电系统设置”对话框

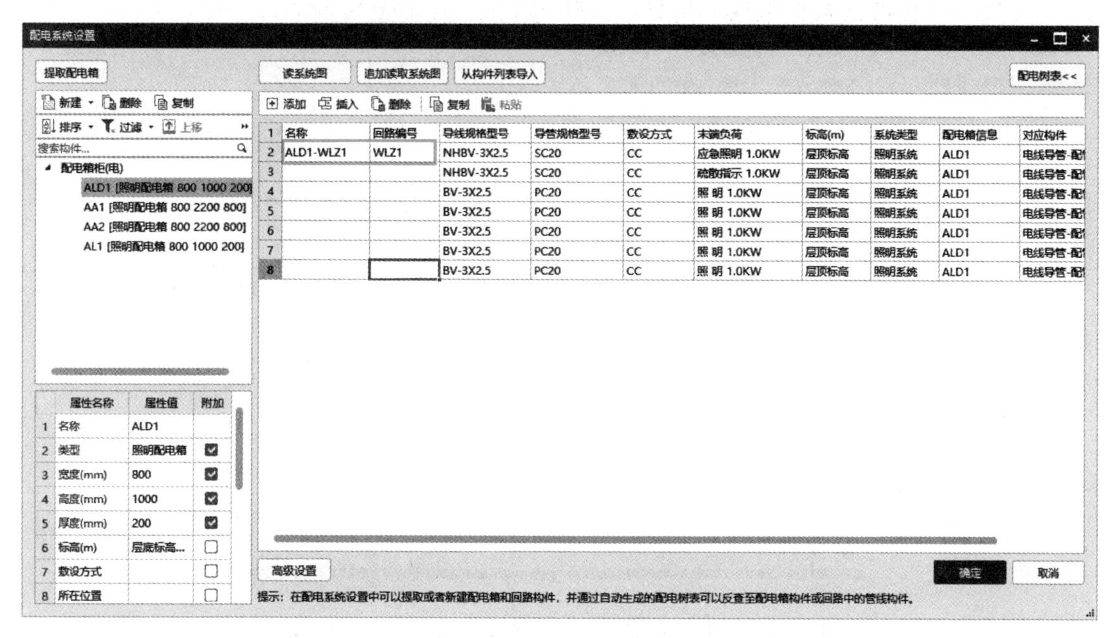

图 4-86　手动输入名称和回路编号

成构件名称，如图 4-87 所示。

如果系统图没有完全读取，可单击右侧“追加读取系统图”选项卡进去绘图界面，左键拉框选择未读取的 ALD1 的回路信息，单击右键，弹出追加读取回路信息的“配电箱系统设置”对话框，在之前读取的回路下方新出现了追加的回路信息，如图 4-88 所示。

图 4-87　软件自动进行回路编号并新建构件名称

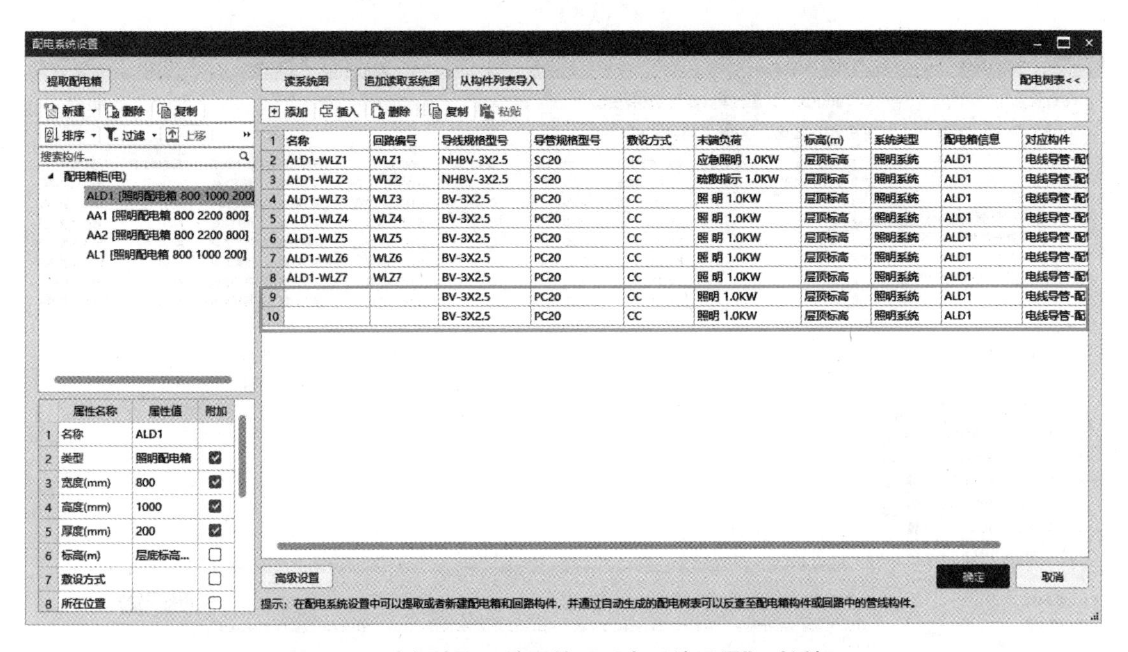

图 4-88　追加读取系统图的“配电系统设置”对话框

后面按照读取系统图相同的操作方法，进行“回路编号”和“名称”的设置，如图 4-89 所示。

检查无误，单击“确定”按钮，在左侧“构件列表”下方出现新建的图元回路信息，如图 4-90 所示。

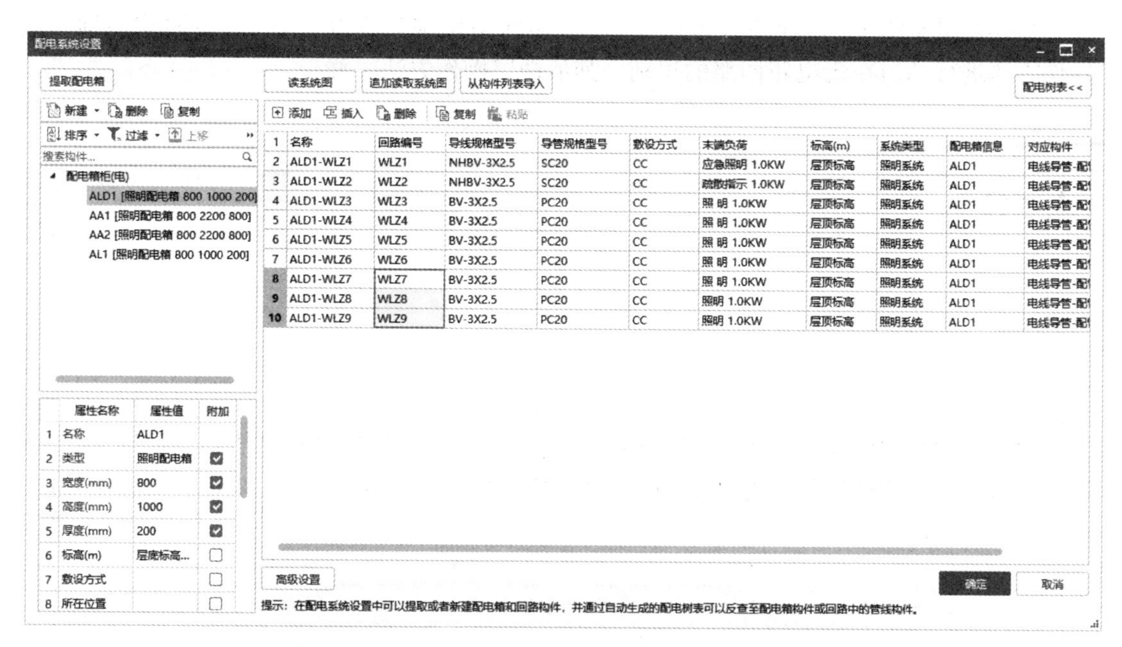

图 4-89　读取系统图完毕的“配电系统设置”对话框

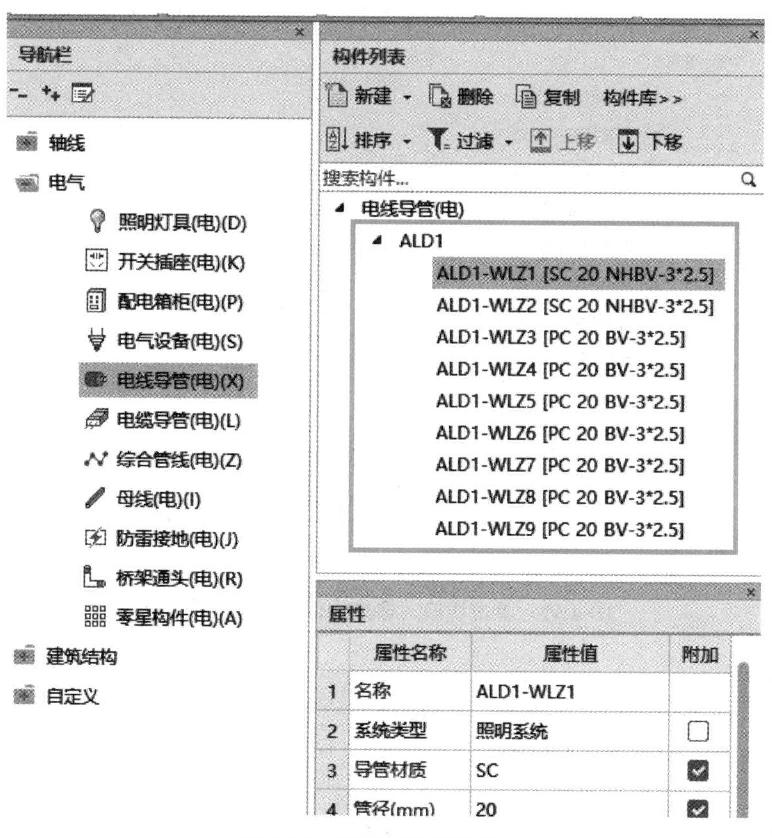

图 4-90　新建图元回路信息

首层读系统图、直接读取系统图、一键识别

切换楼层至第-1层状态，再用“4.9.2 多回路识别”或者“4.9.3 单回路识别”的操作方法进行ALD1配电箱回路的识别，其他楼层操作方法一样。

4.10 电气工程的零星工作量

4.10.1 生成接线盒

单击构件类型切换栏中的“零星构件（电）”，进行操作功能包切换，如图4-91所示。接着，单击软件界面上方“识别零星构件”中的“生成接线盒”按钮，激活该功能，如图4-92所示。

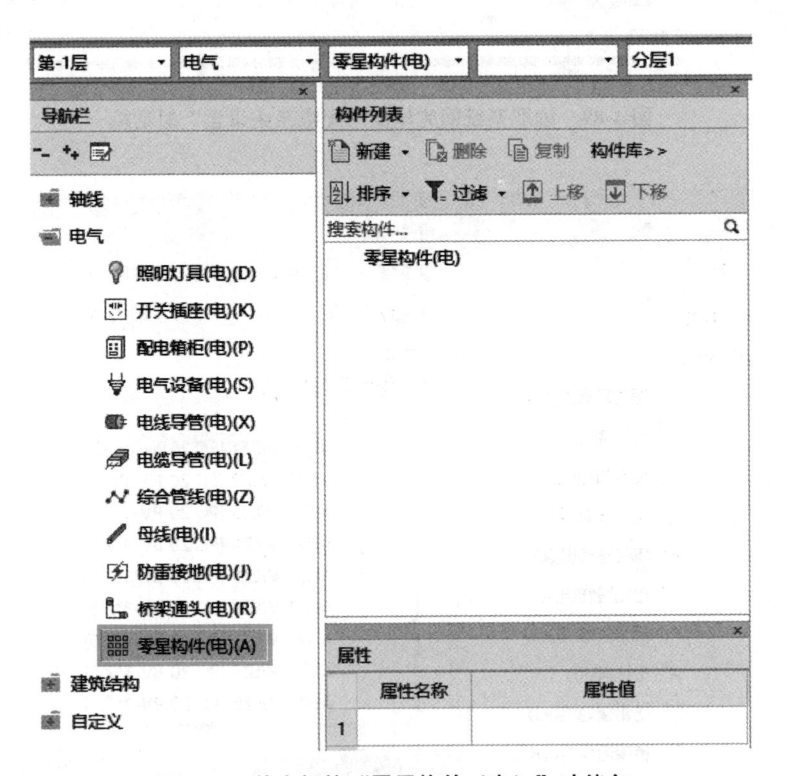

图4-91　单击切换“零星构件（电）”功能包

图4-92　“生成接线盒”按钮

这时，弹出“选择要识别成的构件”对话框，并自动生成一个名称为“JXH-1”的构件，如图 4-93 所示。将名称修改为“接线盒”，再单击“确认”按钮，完成构件的关联工作，如图 4-94 所示。

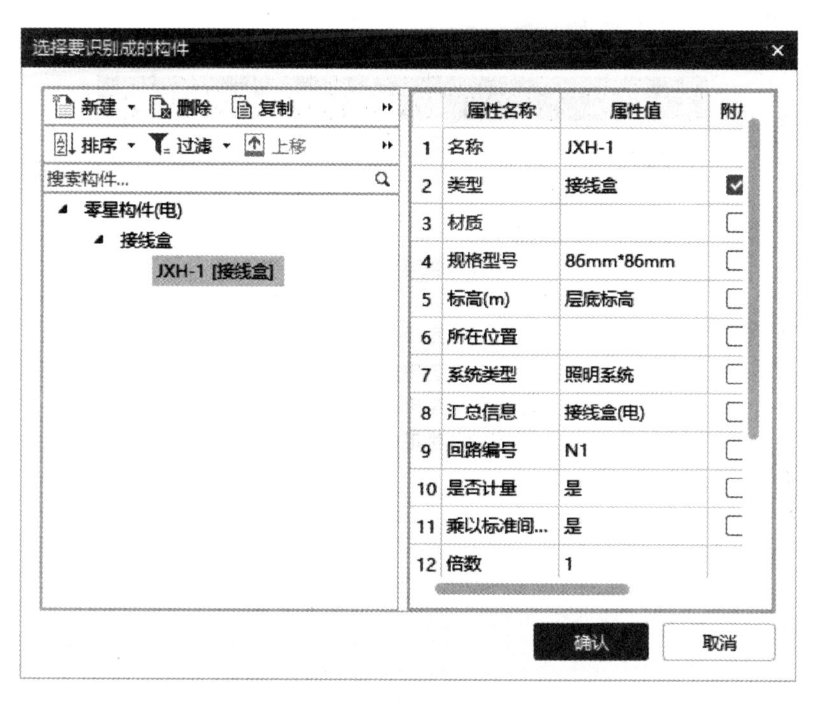

图 4-93　对话框及生成的构件

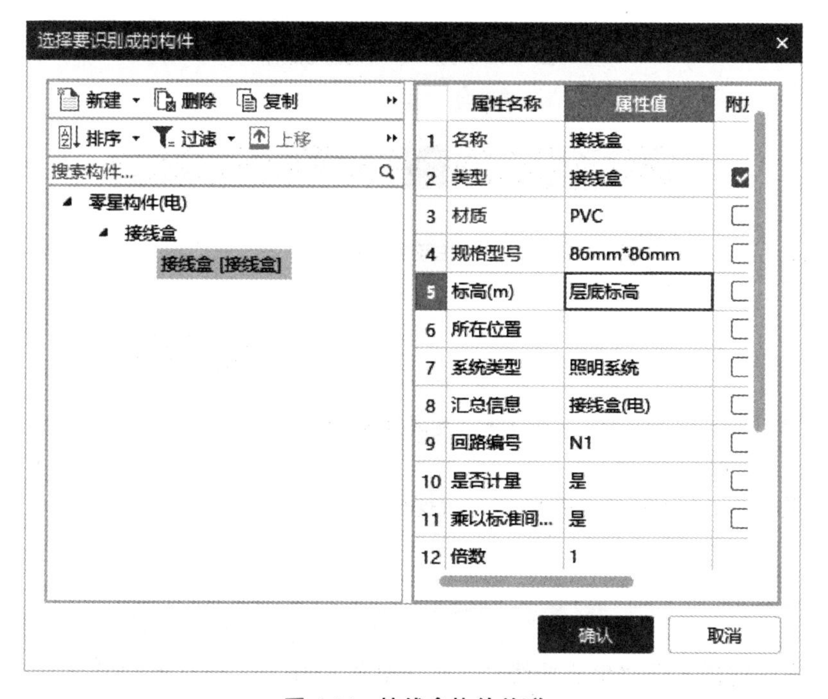

图 4-94　接线盒构件关联

之后，软件弹出“生成接线盒”对话框，勾选“照明灯具”与“电线导管”复选框，再单击“确认”按钮，完成操作，如图 4-95 所示。软件会弹出“操作完成”提示框，提示生成的数量，如图 4-96 所示。这样，就完成了电线配管和照明灯具的接线盒的安设操作。

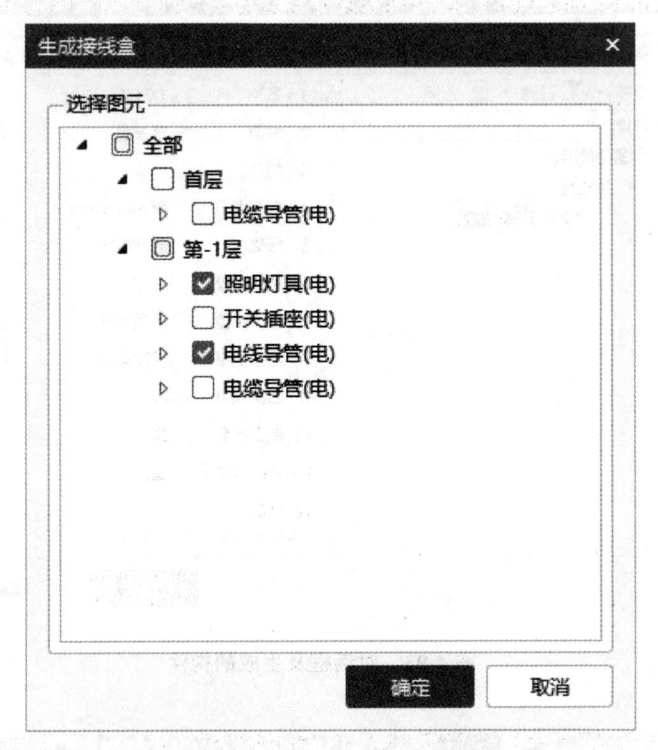

图 4-95　打“√”，完成操作

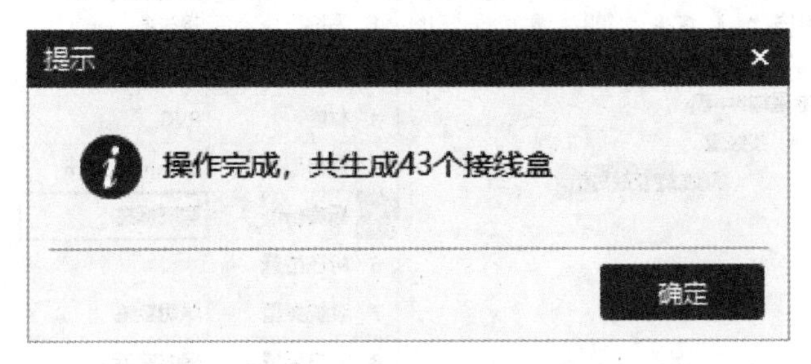

图 4-96　生成接线盒提示框

单击“确定”，完成接线盒的自动生成操作。

4.10.2　生成开关（插座）盒

开关插座盒同样采用“生成接线盒”的方式进行操作，稍有不同的是，需要通过新建构件或复制构件的方法，另行创建一个构件，并修改对应的属性，如图 4-97 所示。

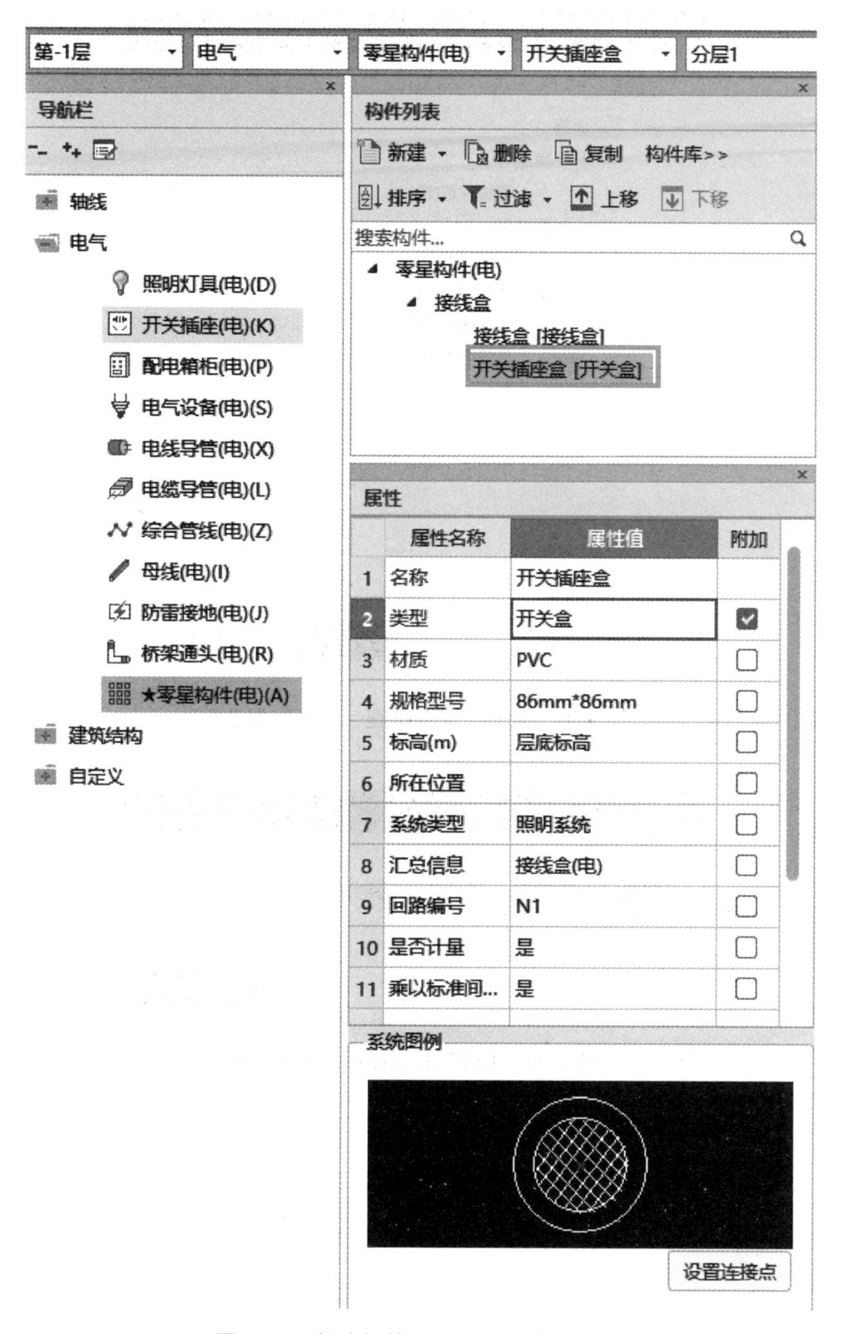

图 4-97　创建好的“开关插座盒”构件

另外，在生成接线盒对话框中，勾选“开关插座（电）”复选框（图 4-98），再单击“确认”按钮，完成操作即可。软件会弹出“操作完成”提示框，提示生成的数量，如图 4-99 所示。这样，本实例工程除宿舍房间内的配线配管及接线盒外，都已被识别完毕了。

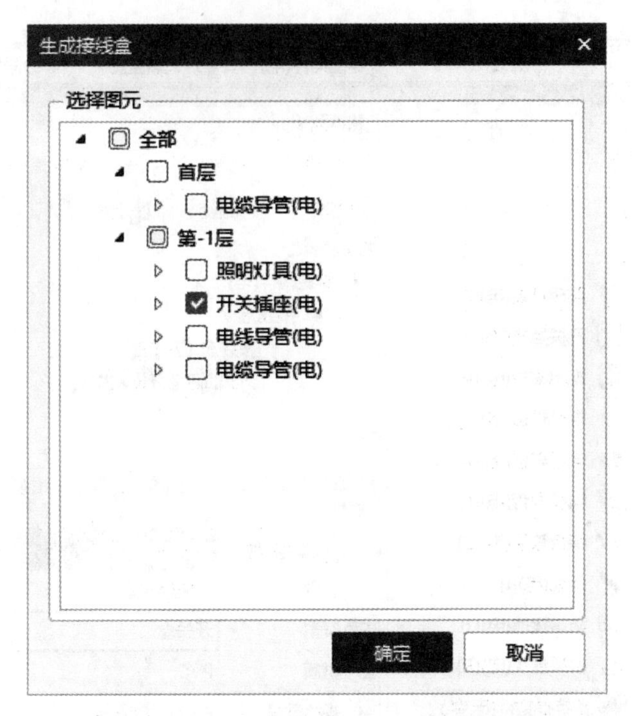

图 4-98　勾选“开关插座（电）”复选框

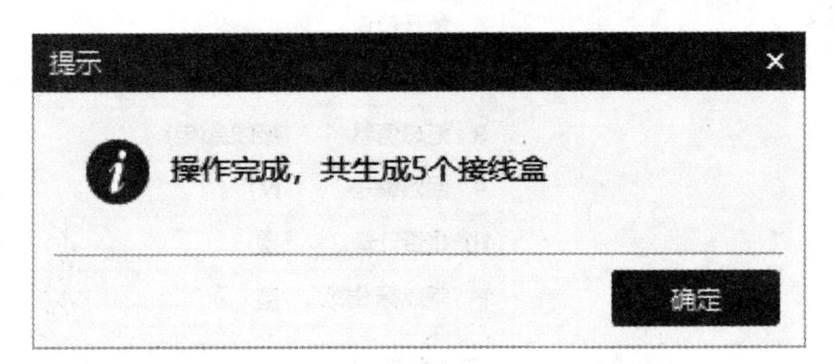

图 4-99　生成开关插座接线盒提示框

4.11 防雷接地工程

4.11.1　识别防雷接地

1. 避雷网的布置和识别

单击“防雷接地（电）”，切换操作功能包，如图 4-100 所示。注意，这个时候，在右侧“构件新建及编辑栏”中，无法进行新建操作，“新建”图标始终处于灰色的显示状态。

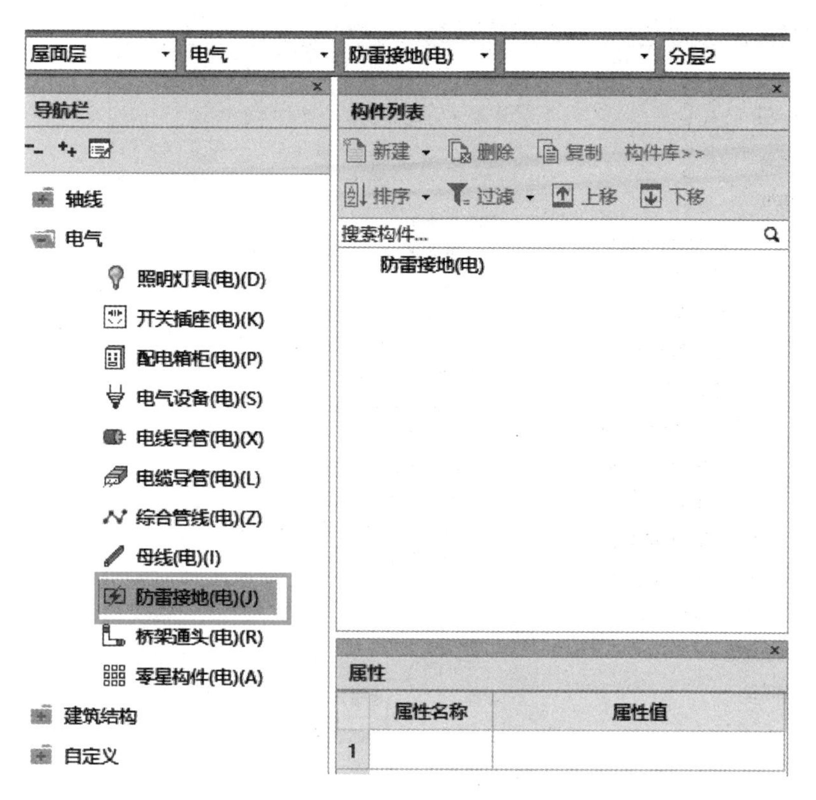

图 4-100　“防雷接地（电）”构件类型

单击软件界面上方“防雷接地”功能包中的“防雷接地”按钮，激活该功能，如图 4-101 所示。软件会在“构件新建及编辑”中自动创建若干个新的构件（图 4-102），并弹出“识别防雷接地”对话框，如图 4-103 所示。

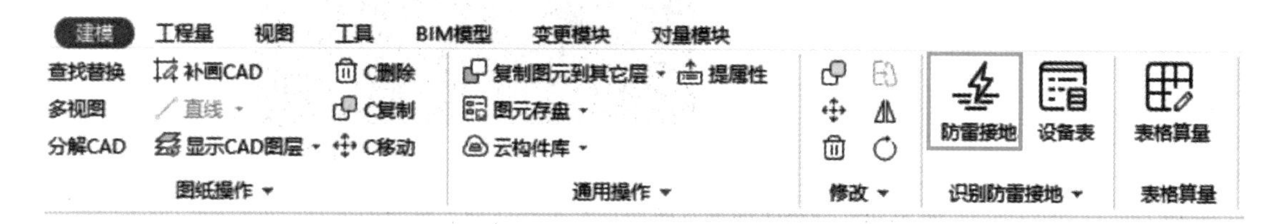

图 4-101　“防雷接地”按钮

由于防雷接地工程构件的形式较为单一，因此，软件提供了统一的内容模板，方便使用者进行新建。操作时，只需要根据工程的特点，进行修改即可。先将避雷网的对应内容进行修改，单击图 4-104 框内的一处位置。接着，单击对话框上方的“直线绘制”按钮或“回路识别”按钮进行下一步操作，如图 4-105 所示。

结合“直线绘制”和“回路识别”的操作方法，对照图纸的信息，注意构件的标高，不难把防雷网构件布置在平面图中，如图 4-106 所示。

2. 避雷带连接线的识别和布置

单击软件界面上方的“防雷接地”功能包中的“防雷接地”按钮，打开“识别防雷接

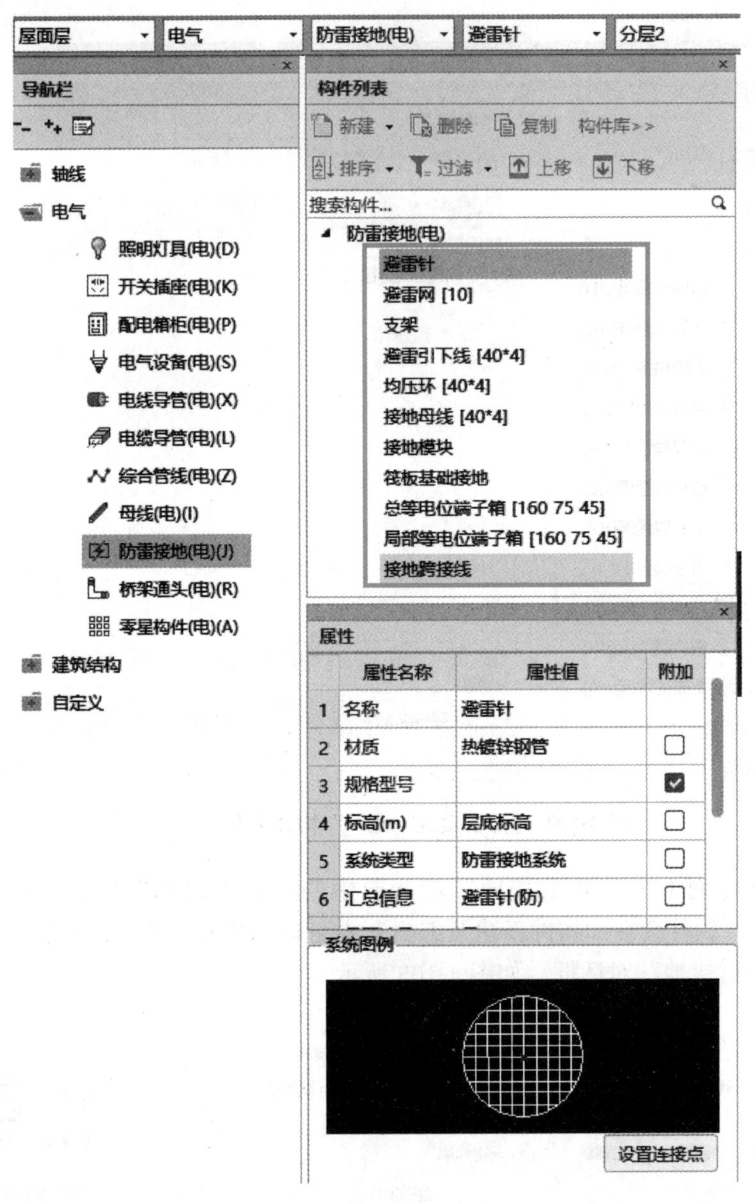

图 4-102 “构件新建及编辑栏”中被自动创建的构件

地”对话框，将接地母线对应的内容进行修改，完成设置，如图 4-107 所示。

最后，单击软件界面上方的“直线绘制”“回路识别”以及“布置立管”按钮，对照图纸的信息，把防雷连接线构件布置在绘图区域中，如图 4-108 所示。

3. 防雷引下线布置

单击软件界面上方“防雷接地”功能包中的“防雷接地”按钮，打开“识别防雷接地”对话框，再单击“避雷引下线”这一行任意一个位置，将对话框上方的图标功能进行切换，然后，再单击“识别引下线”按钮，激活该功能，如图 4-109 所示。

按照状态栏文字提示，在绘图区域的原始 CAD 图线中，选中引下线图例符号。被选中后，该图例符号呈深蓝色（图 4-110），再单击鼠标右键进行确认即可。

识别防雷接地

复制构件　删除构件　点绘　图例识别

	构件类型	构件名称	材质	规格型号	起点标高(m)	终点标高(m)
1	避雷针	避雷针	热镀锌钢管		层底标高	
2	避雷网	避雷网	圆钢	10	层底标高	层底标高
3	避雷网支架	支架	圆钢			
4	避雷引下线	避雷引下线	扁钢	40*4	层底标高	层底标高
5	均压环	均压环	扁钢	40*4	层底标高	层底标高
6	接地母线	接地母线	扁钢	40*4	层底标高	层底标高
7	接地极	接地模块	镀锌角钢		层底标高	
8	筏基接地	筏板基础接地	圆钢		层底标高	
9	等电位端子箱	总等电位端子箱	铜排	160*75*45	层底标高+0.3	
10	等电位端子箱	局部等电位端子箱	铜排	160*75*45	层底标高+0.3	
11	辅助设施	接地跨接线	圆钢		层底标高	

图 4-103　“识别防雷接地”对话框

识别防雷接地

复制构件　删除构件　直线绘制　回路识别　布置立管

	构件类型	构件名称	材质	规格型号	起点标高(m)	终点标高(m)
1	避雷针	避雷针	热镀锌钢管		层底标高	
2	避雷网	避雷网	圆钢	10	层底标高	层底标高
3	避雷网支架	支架	圆钢			
4	避雷引下线	避雷引下线	扁钢	40*4	层底标高	层底标高
5	均压环	均压环	扁钢	40*4	层底标高	层底标高
6	接地母线	接地母线	扁钢	40*4	层底标高	层底标高
7	接地极	接地模块	镀锌角钢		层底标高	
8	筏基接地	筏板基础接地	圆钢		层底标高	
9	等电位端子箱	总等电位端子箱	铜排	160*75*45	层底标高+0.3	
10	等电位端子箱	局部等电位端子箱	铜排	160*75*45	层底标高+0.3	
11	辅助设施	接地跨接线	圆钢		层底标高	

图 4-104　修改完毕的“识别防雷接地”对话框

图 4-105　“直线绘制”和“回路识别”按钮

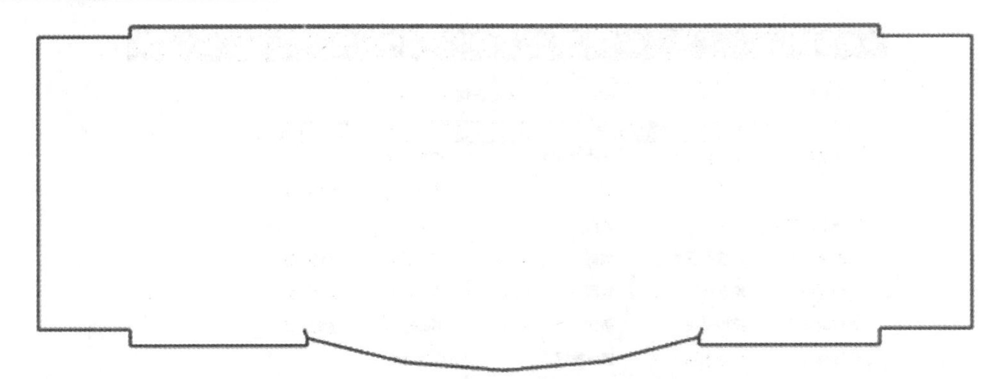

图 4-106　布置好的防雷网三维效果图

识别防雷接地

复制构件　删除构件　直线绘制　回路识别　布置立管

	构件类型	构件名称	材质	规格型号	起点标高(m)	终点标高(m)
1	避雷针	避雷针	热镀锌钢管		层底标高	
2	避雷网	避雷网	圆钢	10	层底标高	层底标高
3	避雷网支架	支架	圆钢			
4	避雷引下线	避雷引下线	扁钢	40*4	层底标高	层底标高
5	均压环	均压环	扁钢	40*4	层底标高	层底标高
6	接地母线	防雷连接线	圆钢	10	层底标高	层底标高
7	接地极	接地模块	镀锌角钢		层底标高	
8	筏基接地	筏板基础接地	圆钢		层底标高	
9	等电位端子箱	总等电位端子箱	铜排	160*75*45	层底标高+0.3	
10	等电位端子箱	局部等电位端子箱	铜排	160*75*45	层底标高+0.3	
11	辅助设施	接地跨接线	圆钢		层底标高	

图 4-107　修改好的防雷连接线的属性信息

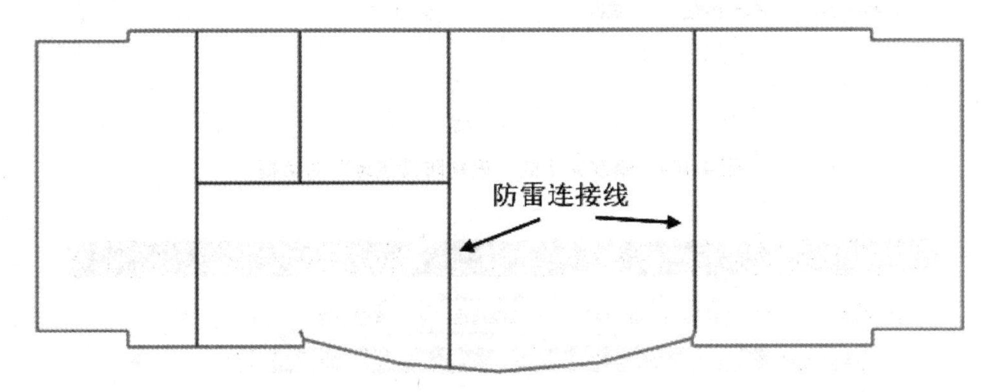

图 4-108　布置好的防雷连接线三维效果

识别防雷接地

复制构件 删除构件 布置立管 识别引下线

	构件类型	构件名称	材质	规格型号	起点标高(m)	终点标高(m)
1	避雷针	避雷针	热镀锌钢管		层底标高	
2	避雷网	避雷网	圆钢	10	层底标高	层底标高
3	避雷网支架	支架	圆钢			
4	避雷引下线	避雷引下线	扁钢	40*4	层底标高	层底标高
5	均压环	均压环	扁钢	40*4	层底标高	层底标高
6	接地母线	接地母线	圆钢	10	层底标高	层底标高
7	接地极	接地模块	镀锌角钢		层底标高	
8	筏基接地	筏板基础接地	圆钢		层底标高	
9	等电位端子箱	总等电位端子箱	铜排	160*75*45	层底标高+0.3	
10	等电位端子箱	局部等电位端子箱	铜排	160*75*45	层底标高+0.3	
11	辅助设施	接地跨接线	圆钢		层底标高	

图 4-109 “识别引下线”按钮

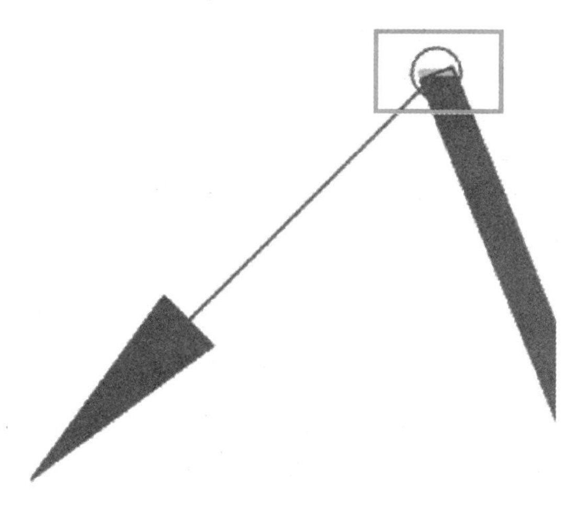

图 4-110 单击选中“识别引下线”

这时，将弹出对话框，提示进行起点和终点标高的修改，将起点标高修改为“−1”，再将终点标高修改为“15.2”（图 4-111），单击“确定”按钮，完成操作。此时，软件会弹出识别成功提示框，提示识别的数量，单击“确定”按钮，防雷引下线构件就被识别出来了，如图 4-112 所示。

4. 避雷针的设置

单击软件界面上方“防雷接地”功能包中的“防雷接地”按钮，打开“识别防雷接地”对话框。再单击第一行“避雷针”，切换该对话框上方按钮，接着，单击“点绘”按钮，激活该功能，如图 4-113 所示。

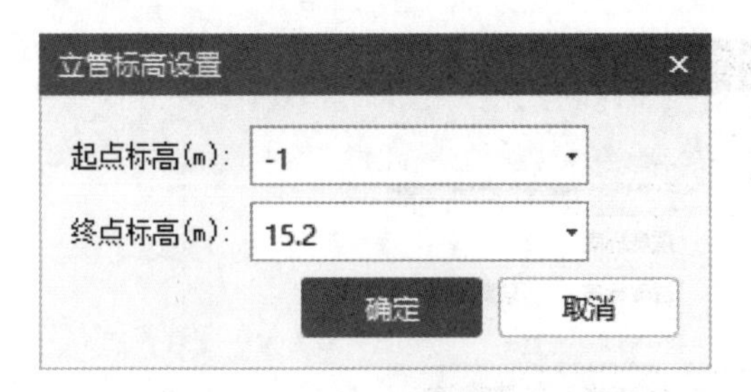

图 4-111 “立管标高设置”对话框

图 4-112 识别成功提示框

识别防雷接地

复制构件 删除构件 点绘 图例识别

	构件类型	构件名称	材质	规格型号	起点标高(m)	终点标高(m)
1	避雷针	避雷针	热镀锌钢管		层底标高	
2	避雷网	避雷网	圆钢	10	层底标高	层底标高
3	避雷网支架	支架	圆钢			
4	避雷引下线	避雷引下线	扁钢	40*4	层底标高	层底标高
5	均压环	均压环	扁钢	40*4	层底标高	层底标高
6	接地母线	接地母线	圆钢	10	层底标高	层底标高
7	接地极	接地模块	镀锌角钢		层底标高	
8	筏基接地	筏板基础接地	圆钢		层底标高	
9	等电位端子箱	总等电位端子箱	铜排	160*75*45	层底标高+0.3	
10	等电位端子箱	局部等电位端子箱	铜排	160*75*45	层底标高+0.3	
11	辅助设施	接地跨接线	圆钢		层底标高	

图 4-113 “点绘”按钮

按照状态栏文字提示，单击绘图区域中任意一个点，再单击鼠标右键，回到对话框状态，结束操作。这时，关闭对话框，在刚才单击选中的那点上就会出现对应的避雷针构件，如图 4-114 所示。

接着，要按照“标准间的计算方法”进行操作。

在构件类型切换栏中，单击“建筑结构”构件包按钮，再单击“标准间”，进行新建标准间操作，如图 4-115 所示。软件将创建一个名称为“BZJ-1”的构件。在右侧的“属性编辑器”中，按照图 4-116 进行修改即可。单击软件界面上方“绘图”功能包中的“矩形”按钮，激活该功能，如图 4-117 所示。按照状态栏的文字提示，将避雷针的构件拉框选择在内即可（图 4-118）。单击鼠标右键，完成操作。

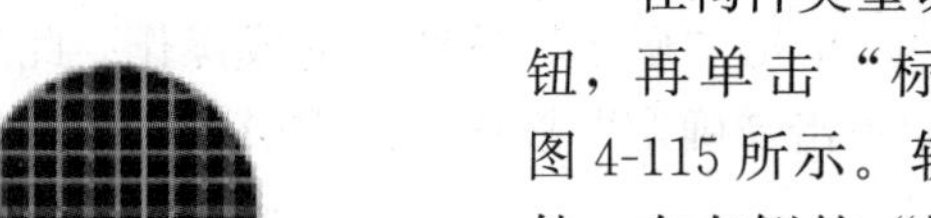

图 4-114 对应的避雷针构件

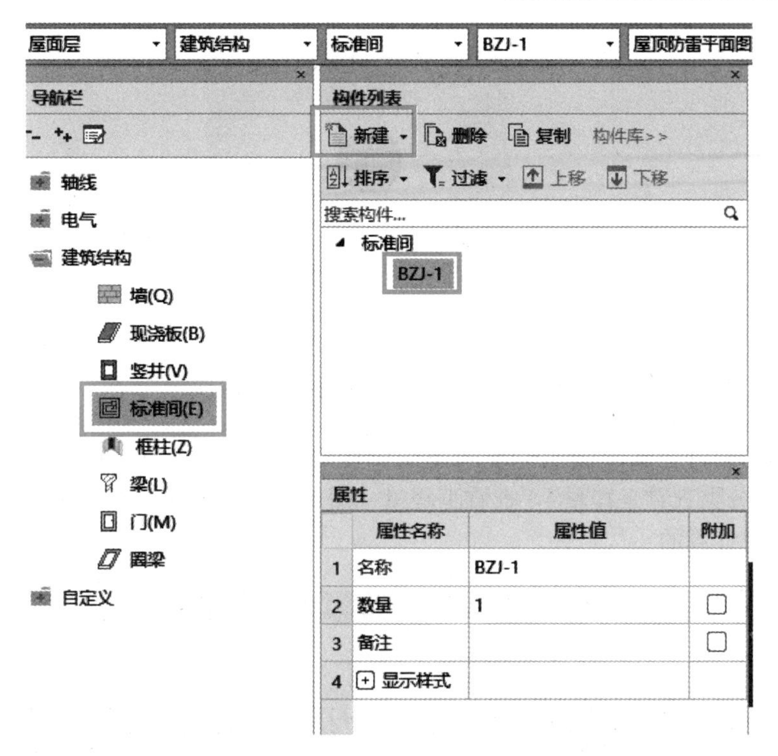

图 4-115　新建标准间

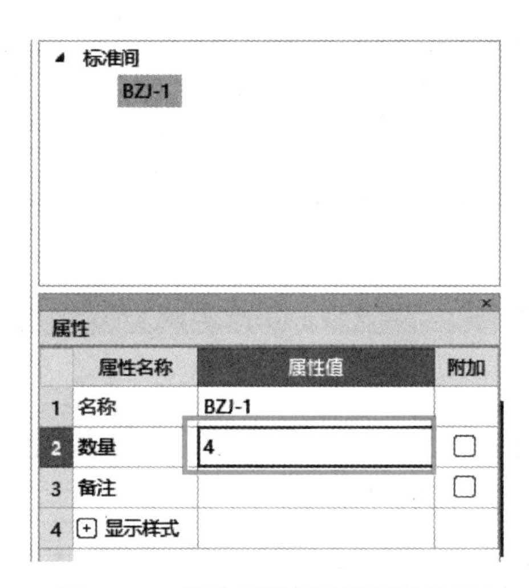

图 4-116　修改后的标准间属性信息

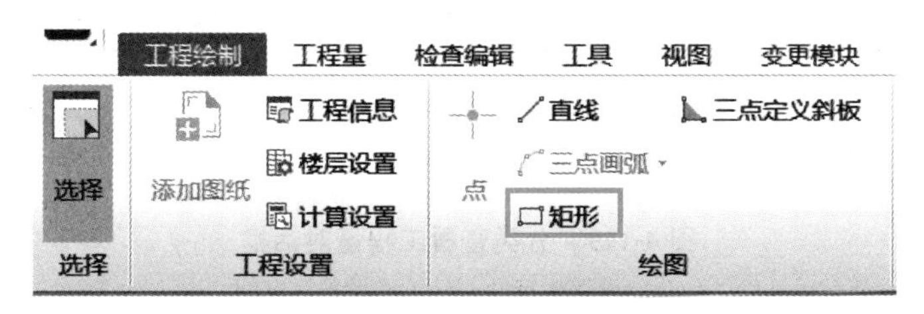

图 4-117　“矩形”按钮

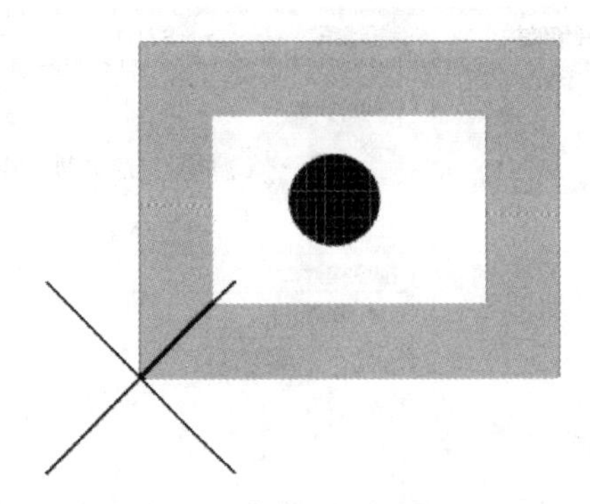

图 4-118　标准间框中避雷针构件

框选范围的构件，就会按照标准间属性设置的数量进行计算，这时，单击“汇总计算”，再单击“分类查看工程量”，查看工程量（图 4-119），发现工程量确实是按标准间成套数量进行汇总计算的。

查看分类汇总工程量

构件类型　电气　防雷接地(电)

	分类条件		工程量			
	名称	楼层	数量(个)	长度(m)	附加长度(m)	总长度(m)
1	避雷网	屋面层	0.000	138.004	5.382	143.386
2		小计	0.000	138.004	5.382	143.386
3	避雷针	屋面层	1.000	0.000	0.000	0.000
4		小计	1.000	0.000	0.000	0.000
5	接地母线	屋面层	0.000	73.601	2.870	76.471
6		小计	0.000	73.601	2.870	76.471
7	总计		1.000	211.605	8.252	219.857

设置构件范围　设置分类及工程量　导出到Excel　导出到已有Excel　显示小计　退出

(a)

查看分类汇总工程量

构件类型　电气　防雷接地(电)

	分类条件		工程量			
	名称	楼层	数量(个)	长度(m)	附加长度(m)	总长度(m)
1	避雷网	屋面层	0.000	138.004	5.382	143.386
2		小计	0.000	138.004	5.382	143.386
3	避雷针	屋面层	4.000	0.000	0.000	0.000
4		小计	4.000	0.000	0.000	0.000
5	接地母线	屋面层	0.000	73.601	2.870	76.471
6		小计	0.000	73.601	2.870	76.471
7	总计		4.000	211.605	8.252	219.857

设置构件范围　设置分类及工程量　导出到Excel　导出到已有Excel　显示小计　退出

(b)

图 4-119　分类查看工程量对话框

（a）未设置标准间；（b）已设置标准间

所有这些操作完毕后，屋顶防雷工程的识别工作就操作完毕了，接下来需要进行接地工程的识别。

4.11.2　接地工程的工程量计算

将楼层切换至“基础层”，进行接地工程的计算。

1. 总等电位端子箱的识别

单击软件界面上方“防雷接地”功能包中的“防雷接地”按钮，打开“识别防雷接地”对话框。再单击“总等电位端子箱”这一行，切换该对话框上方的按钮。接着，单击“图例识别”按钮，激活该功能，如图 4-120 所示。最后，综合避雷引下线识别的操作方法，按照状态栏的文字提示，不难把本图中唯一的一个 MEB 总等电位端子箱识别出来。

识别防雷接地

复制构件　删除构件　点绘　图例识别

	构件类型	构件名称	材质	规格型号	起点标高(m)	终点标高(m)
1	避雷针	避雷针	热镀锌钢管		层底标高	
2	避雷网	避雷网	圆钢	10	层底标高	层底标高
3	避雷网支架	支架	圆钢			
4	避雷引下线	避雷引下线	扁钢	40*4	层底标高	层底标高
5	均压环	均压环	扁钢	40*4	层底标高	层底标高
6	接地母线	接地母线	圆钢	10	层底标高	层底标高
7	接地极	接地模块	镀锌角钢		层底标高	
8	筏基接地	筏板基础接地	圆钢		层底标高	
9	等电位端子箱	总等电位端子箱	铜排	160*75*45	层底标高+0.3	
10	等电位端子箱	局部等电位端子箱	铜排	160*75*45	层底标高+0.3	
11	辅助设施	接地跨接线	圆钢		层底标高	

图 4-120　“总等电位端子箱”图例识别

识别完成，弹出提示框，如图 4-121 所示。

图 4-121　识别完成提示框

观察绘图区域识别完成的 MEB 图元，如图 4-122 所示。

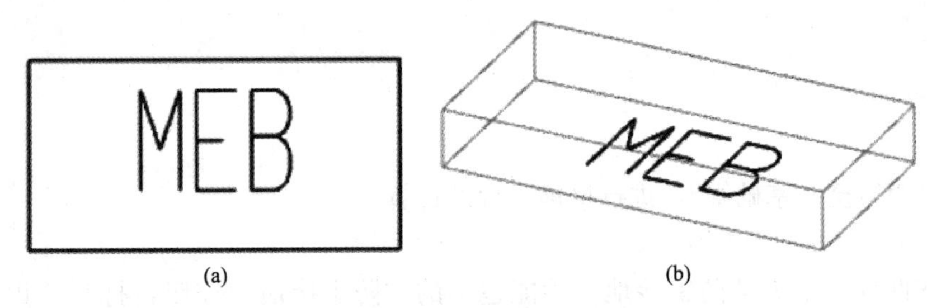

图 4-122　识别完成的 MEB 图元

(a) 平面图；(b) 三维图

2. 基础接地线的识别

单击软件界面上方“防雷接地”功能包中的“防雷接地”按钮，打开“识别防雷接地”对话框。再单击“接地母线”这一行，切换对话框上方的按钮。单击对话框上方的“复制构件”按钮进行复制操作，如图 4-123 所示。

识别防雷接地

复制构件　删除构件　直线绘制　回路识别　布置立管

	构件类型	构件名称	材质	规格型号	起点标高(m)	终点标高(m)
1	避雷针	避雷针	热镀锌钢管		层底标高	
2	避雷网	避雷网	圆钢	10	层底标高	层底标高
3	避雷网支架	支架	圆钢			
4	避雷引下线	避雷引下线	扁钢	40*4	层底标高	层底标高
5	均压环	均压环	扁钢	40*4	层底标高	层底标高
6	接地母线	接地母线	圆钢	10	层底标高	层底标高
7	接地极	接地模块	镀锌角钢		层底标高	
8	筏基接地	筏板基础接地	圆钢		层底标高	
9	等电位端子箱	总等电位端子箱	铜排	160*75*45	层底标高+0.3	
10	等电位端子箱	局部等电位端子箱	铜排	160*75*45	层底标高+0.3	
11	辅助设施	接地跨接线	圆钢		层底标高	

图 4-123　单击“复制构件”按钮

这样，在刚才那个构件内容的下方就会额外增加一行内容。为了区别已有的构件内容，构件名称以“防雷连接线-1”出现，其他信息则完全相同，如图 4-124 所示。

6	接地母线	防雷连接线	圆钢	10	层底标高	层底标高
7	接地母线	防雷连接线-1	圆钢	10	层底标高	层底标高

图 4-124　复制出的构件内容

根据图纸信息，除材质和规格型号外，都需要进行修改，如图 4-125 所示。

6	接地母线	防雷连接线	圆钢	10	层底标高	层底标高
7	接地母线	基础接地线	圆钢	10	层底标高	层底标高

图 4-125　修改完毕的构件内容

修改完毕后，利用“直线绘制”“回路识别”以及“布置立管”按钮，就可以完成基础接地线的识别工作了，如图 4-126 所示。

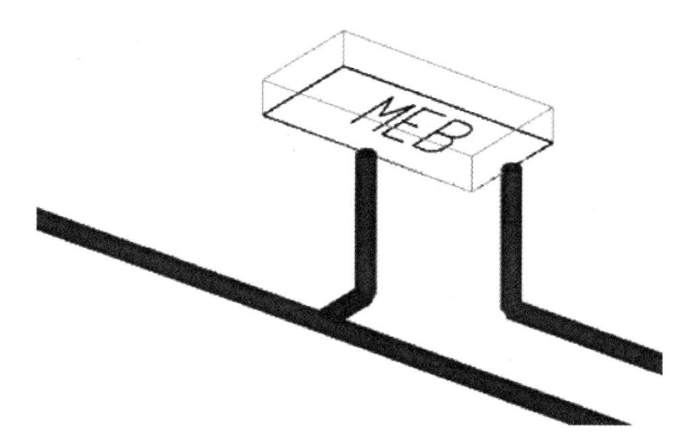

图 4-126　总等电位端子箱接地线连接三维效果图

3. 局部等电位端子箱的识别

将楼层状态，切换至“首层插座平面图”。单击软件界面上方“防雷接地”功能包中的“防雷接地”按钮，打开“识别防雷接地”对话框。再单击“局部等电位端子箱”这一行，切换对话框上方的按钮。软件默认的标高信息与图纸要求一致，无须修改，接着，单击“图例识别”按钮（图 4-127），激活该功能。

识别防雷接地

复制构件　删除构件　点绘　图例识别

	构件类型	构件名称	材质	规格型号	起点标高(m)	终点标高(m)
1	避雷针	避雷针	热镀锌钢管		层底标高	
2	避雷网	避雷网	圆钢	10	层底标高	层底标高
3	避雷网支架	支架	圆钢			
4	避雷引下线	避雷引下线	扁钢	40*4	层底标高	层底标高
5	均压环	均压环	扁钢	40*4	层底标高	层底标高
6	接地母线	防雷连接线	圆钢	10	层底标高	层底标高
7	接地母线	基础接地线	圆钢	10	层底标高	层底标高
8	接地极	接地模块	镀锌角钢		层底标高	
9	筏基接地	筏板基础接地	圆钢		层底标高	
10	等电位端子箱	总等电位端子箱	铜排	160*75*45	层底标高+0.3	
11	等电位端子箱	局部等电位端子箱	铜排	160*75*45	层底标高+0.3	
12	辅助设施	接地跨接线	圆钢		层底标高	

图 4-127　“局部等电位端子箱”图例识别

接着，只需要按照识别总等电位端子箱的方法，选中一个局部等电位端子箱图例，就可把首层的局部等电位端子箱全部识别出来了。识别完成，弹出提示框，如图 4-128 所示。

图 4-128　识别完成提示框

观察绘图区域识别完成的 LEB 图元，如图 4-129 所示。

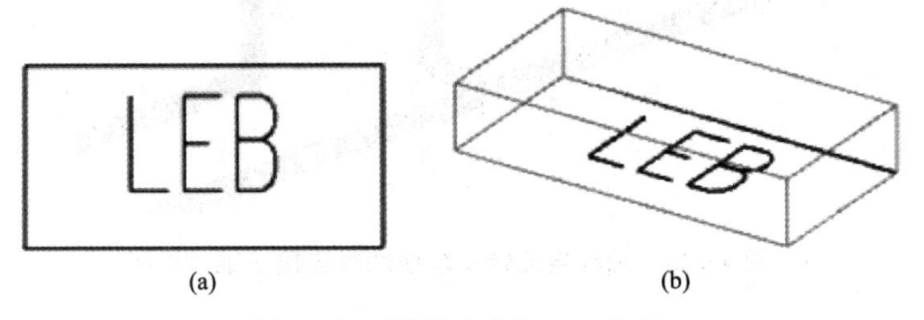

图 4-129　识别完成的 LEB 图元

(a) 平面图；(b) 三维图

教学单元5

Chapter 05

采暖工程的软件算量

知识目标

- 了解采暖工程的新建操作；熟悉采暖器具的识别方法。
- 了解采暖供回水干管、立管、支管的识别方法。
- 了解管道和采暖器具连接的方法，准确识别采暖附件。

能力目标

- 能够根据图纸熟练进行楼层和比例设置，并合理分割定位图纸。
- 准确设置采暖器具、采暖管道的属性值，按图正确绘制干管、立管和支管。
- 能够根据系统图的要求，准确将采暖器具和支管相连。

素质目标

- 培养学生要有独立思考探索、追求真理的责任感。
- 培养学生要有刻苦钻研的工匠精神，要以工程师的眼光去看待处理问题。
- 培养学生要有节能减排的意识，要有减少碳排放、避免能源浪费的觉悟。

5.1 采暖工程算量前的操作流程

与管道工程相同，采暖工程算量前也需要进行“新建工程”“工程设置”“导入图纸”“校准比例尺”“分割定位图纸”的操作。

5.1.1 新建工程

“新建工程”对话框完成效果如图 5-1 所示。

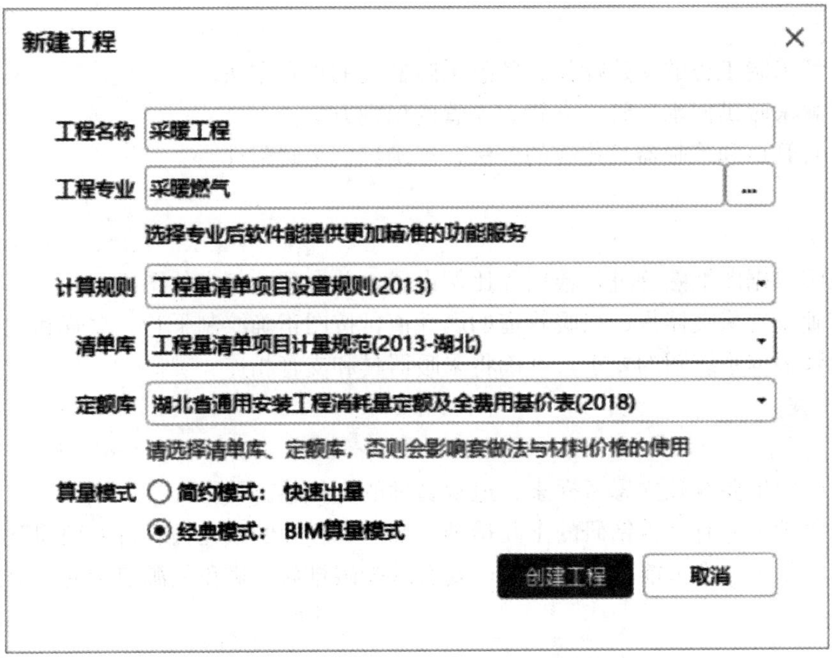

新建工程

工程名称 采暖工程

工程专业 采暖燃气

选择专业后软件能提供更加精准的功能服务

计算规则 工程量清单项目设置规则(2013)

清单库 工程量清单项目计量规范(2013-湖北)

定额库 湖北省通用安装工程消耗量定额及全费用基价表(2018)

请选择清单库、定额库，否则会影响套做法与材料价格的使用

算量模式 简约模式：快速出量

经典模式：BIM算量模式

创建工程 取消

图 5-1 采暖工程“新建工程”对话框

确认信息无误后，即可单击“创建工程”按钮，完成“新建工程”操作，进入“工程设置”界面。

5.1.2 工程设置

1. 工程信息设置

单击“工程信息”按钮，弹出“工程信息”对话框，如图 5-2 所示。

2. 楼层设置

本实例工程参照给排水楼层设置方法进行采暖工程楼层设置，各楼层设置完毕后如图 5-3 所示。

工程信息

	属性名称	属性值
1	⊟ 工程信息	
2	工程名称	采暖工程
3	计算规则	工程量清单项目设置规则(2013)
4	清单库	工程量清单项目计量规范(2013-湖北)
5	定额库	湖北省通用安装工程消耗量定额及全费用基价表(2018)
6	项目代号	
7	工程类别	住宅
8	结构类型	框架结构
9	建筑特征	矩形
10	地下层数(层)	
11	地上层数(层)	
12	檐高(m)	35
13	建筑面积(m2)	
14	⊟ 编制信息	
15	建设单位	
16	设计单位	
17	施工单位	
18	编制单位	
19	编制日期	2022-03-11
20	编制人	
21	编制人证号	
22	审核人	
23	审核人证号	

图 5-2 “工程信息”对话框

楼层设置

添加　删除　采暖工程　插入楼层　删除楼层　上移　下移

首层	编码	楼层名称	层高(m)	底标高(m)	相同层数	板厚(mm)	建筑面积(m2)
☐	5	屋面层	3.8	15.2	1	120	
☐	4	第4层	3.8	11.4	1	120	
☐	3	第3层	3.8	7.6	1	120	
☐	2	第2层	3.8	3.8	1	120	
☑	1	首层	3.8	0	1	120	
☐	-1	第-1层	4	-4	1	120	
☐	0	基础层	3	-7	1	500	

图 5-3 “楼层设置”对话框

3. 计算设置

单击“计算设置”按钮，在弹出的“计算设置”对话框中了解它们对应的内容，如图 5-4 所示。

计算设置

采暖燃气

恢复当前项默认设置　恢复所有项默认设置　导入规则　导出规则

计算设置	单位	设置值
支架个数计算方式	个	四舍五入
接头间距计算设置值	mm	6000
管道通头计算最小值设置		设置计算值
机械三通、机械四通计算规则设置	个	全不计算
符合使用机械三通/四通的管径条件	mm	设置管径值
⊟ 不规则三通、四通拆分原则(按直线干管上管口径拆分)		按大口径拆分
需拆分的通头最大口径不小于	mm	80
过路管线是否划分到所在区域		是
地上地下工程量划分设置	m	首层底标高
⊟ 超高计算方法		起始值以上部分计算超高
采暖燃气工程操作物超高起始值	mm	3600
刷油防腐绝热工程操作物超高起始值	mm	6000
⊟ 刷油保温计算方式		
管道绝热、防潮体积计算设置	m3	V=π*(D+1.033δ)*1.033δ*L
管道保护层计算设置	m2	S=π*(D+2.1δ+0.0082)*L

图 5-4 “计算设置”对话框

5.1.3 导入图纸及其他操作

定位点可以选择轴线①和轴线Ⓑ的交点，各楼层配置好各自分割定位完毕的图纸如图5-5 所示。

图纸管理

添加　定位　手动分割　复制　删除　楼层编号

搜索图纸...

	图纸名称	比例	楼层	楼层编号
1	⊟ 暖通给排水图纸.dwg			
2	⊟ 模型	1:1	首层	
3	首层采暖平面图	1:1	首层	1.1
4	二层采暖平面图	1:1	第2层	2.1
5	三层采暖平面图	1:1	第3层	3.1
6	四层采暖平面图	1:1	第4层	4.1

图 5-5 分割定位并配置完毕的“图纸管理”对话框

5.2 采暖器具的识别

切换楼层至首层状态，单击绘图界面上方的“工程绘制”选项卡，切换至“绘图输入”界面。在构件类型导航栏中，单击“供暖器具（暖）”（图 5-6），切换至“供暖器具”功能包界面。单击右侧“构件列表”中的新建按钮，新建供暖器具，按照图纸要求，对采暖器具属性进行修改，如图 5-7 所示。

图 5-6　采暖工程中各构件类型

图 5-7　新建供暖器具

根据首层平面图纸可知，散热器的片数规格有12片、13片、15片、20片。所以在图5-7的基础上，通过新建或者复制按钮，再新建其他3种不同片数的散热器，如图5-8所示。

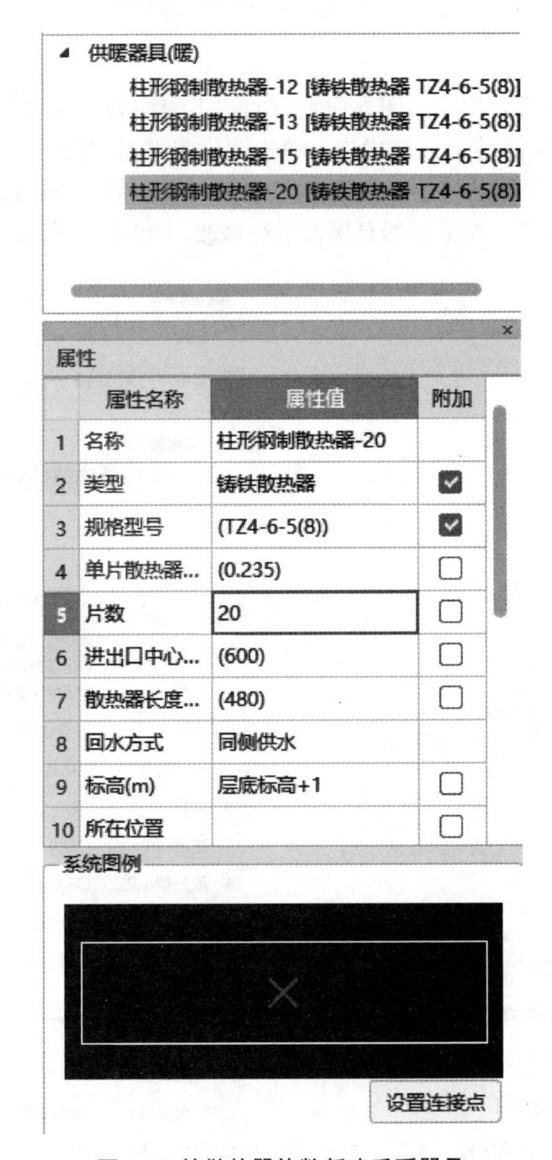

图5-8　按散热器片数新建采暖器具

单击“设备提量”，激活该按钮，按照状态栏文字提示，左键选择对应的散热器和标识，单击右键，弹出“选择要识别成的构件”对话框，如图5-9所示。

选择对应的构件名称，检查无误，单击“确认”按钮，软件进行自动识别，弹出“提示”对话框，如图5-10所示。

软件提示识别设备数量为0，表明图纸中散热器没有被识别。检查图纸发现，选中标识和要识别的图例之间的距离太远，软件没有识别到，这个时候就需要修改选中标识和要识别的图例之间的最大距离。

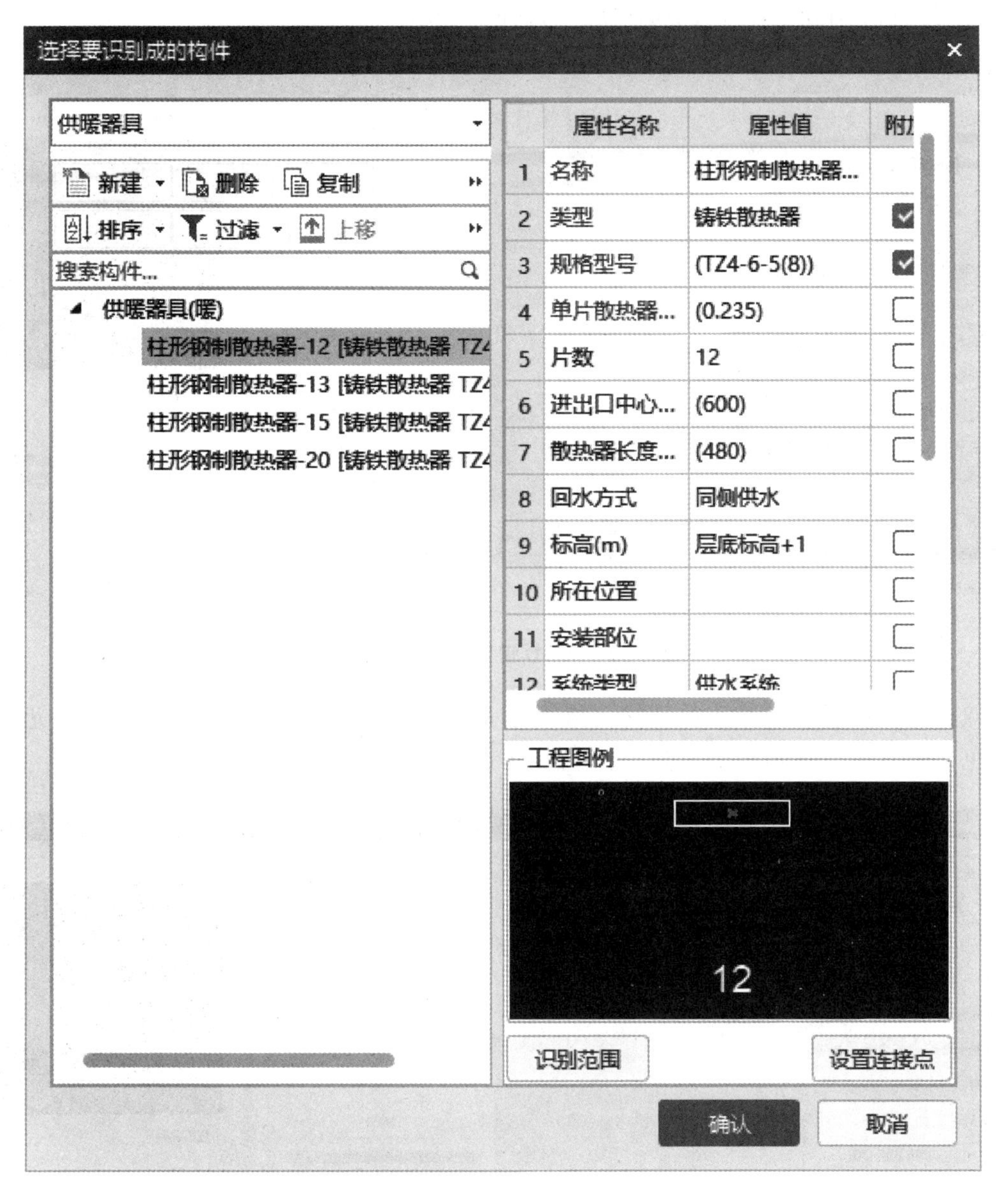

图 5-9　“选择要识别成的构件”对话框

单击“常用 CAD 工具”功能包中的“CAD 识别选项”按钮，如图 5-11 所示。

图 5-10　识别采暖器具“提示”对话框

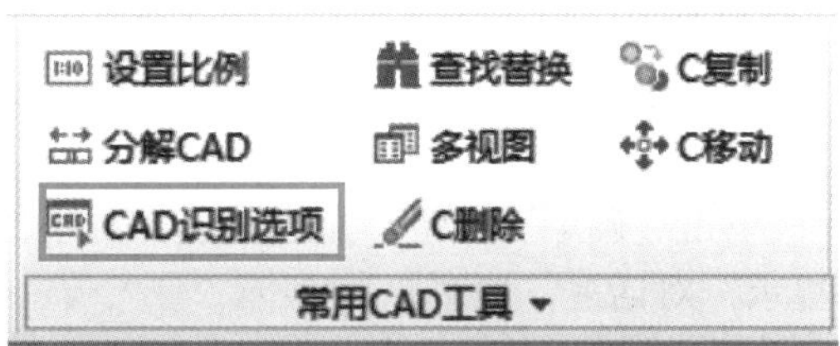

图 5-11　“CAD 识别选项”按钮

此时，软件弹出“CAD识别选项”对话框，如图5-12所示。

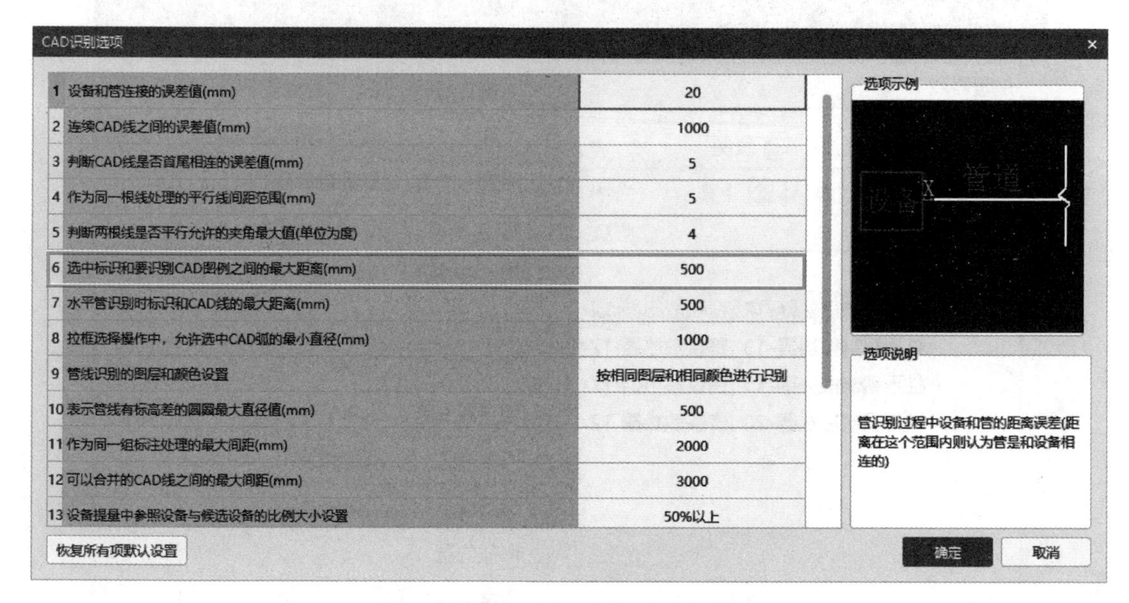

图5-12 “CAD识别选项”对话框

双击图5-12框中的数字单元格，修改最大间距“500”为“2000”，该数字单元格变为黄色，如图5-13所示。

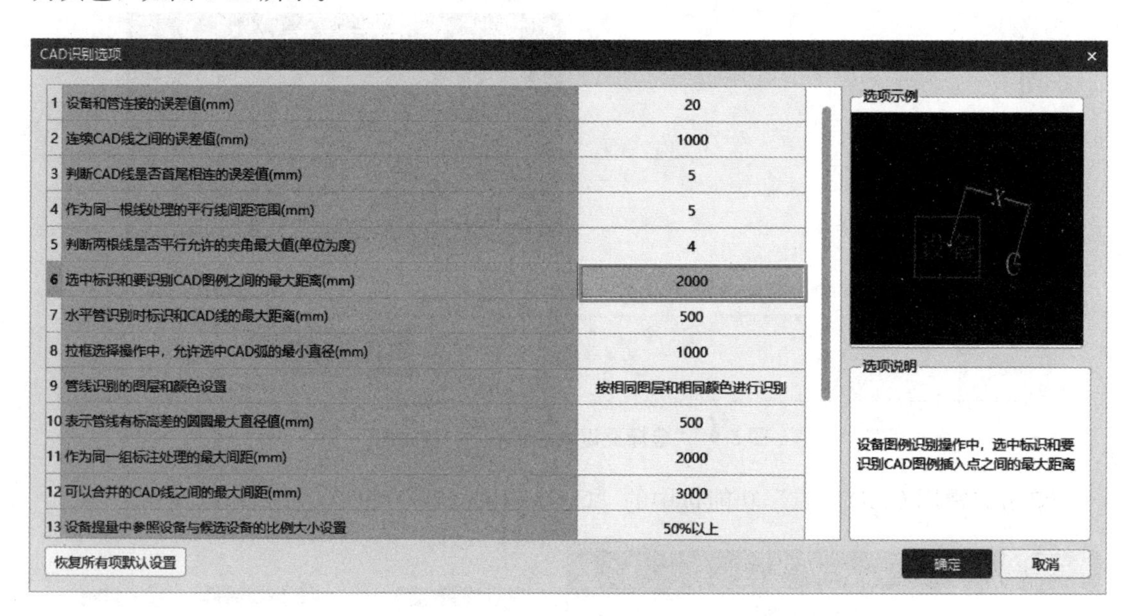

图5-13 修改后的“CAD识别选项”对话框

单击“确定”按钮，完成设置。再用“设备提量”的方法识别散热器，识别完成弹出“提示”对话框，如图5-14所示。

观察绘图区域识别完成的采暖器具，设备和标识变为黄色，如图5-15所示。

按照同样的操作方法识别其他散热器具。

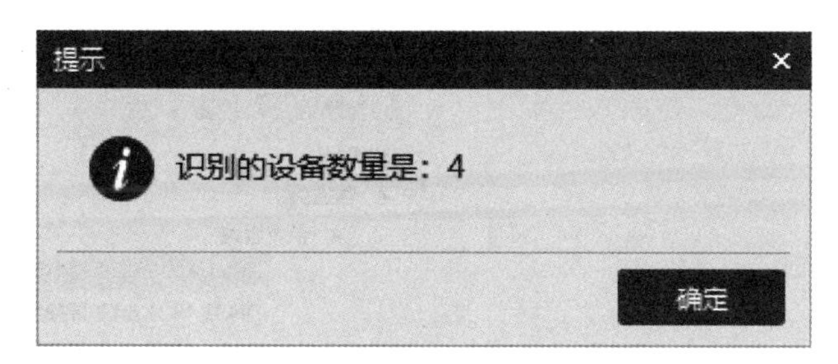

图 5-14　识别采暖器具“提示”对话框

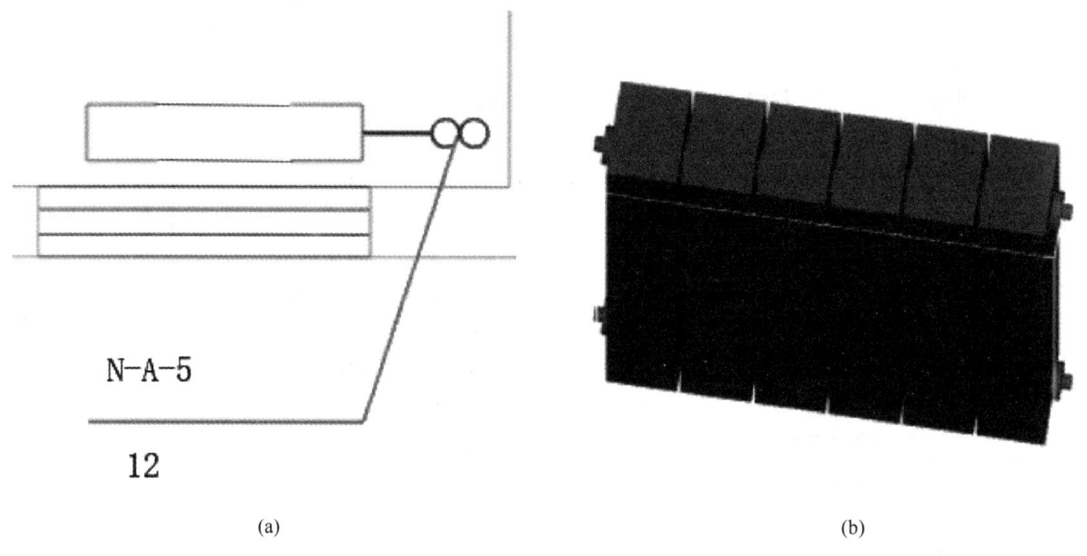

图 5-15　识别后的采暖设备

（a）平面图；（b）三维图

5.3 供回水干管的识别

切换楼层至第 4 层状态，首先按照采暖器具的识别方法，把第 4 层的散热器识别完毕。在构件类型导航栏中，单击“管道（暖）”（图 5-16），切换至“供暖器具”功能包界面。单击右侧“构件列表”中的新建按钮，新建供暖器具，按照图纸要求，对采暖器具属性进行修改，如图 5-17 所示。

按照给水管道构件识别的方法，对采暖管道进行识别，可以先按照“自动识别”的方法来识别管线。在这里就不再重复，最终完成采暖供水管道的绘制，供水管显示为紫色，如图 5-18 所示。

按照同样的方法完成回水管道的识别，回水管显示为蓝色。

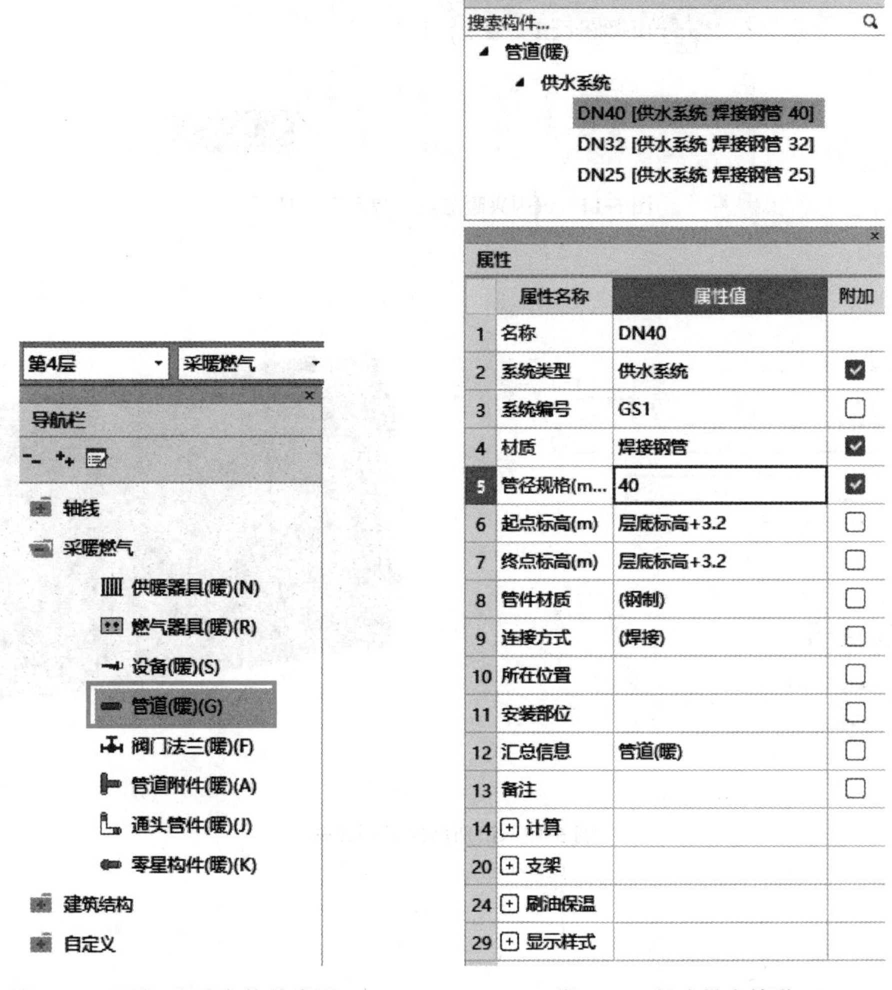

图 5-16　采暖工程中各构件类型

图 5-17　新建供水管道

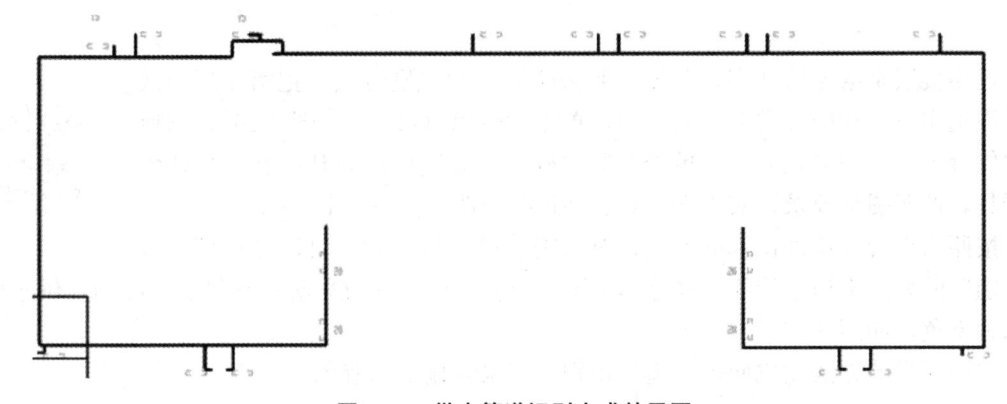

图 5-18　供水管道识别完成效果图

5.4 供回水立管的识别

通过“管道”导航栏右侧“构件列表”的“新建操作”，完成立管的新建，新建完成的立管如图 5-19 所示。

供回水分立管的绘制

单击“管线提量”功能包中的“布置立管”按钮，按照状态栏文字提示，在图纸上对应的位置布置上总立管和分立管，布置完成效果如图 5-20 所示。

图 5-19　新建立管构件列表

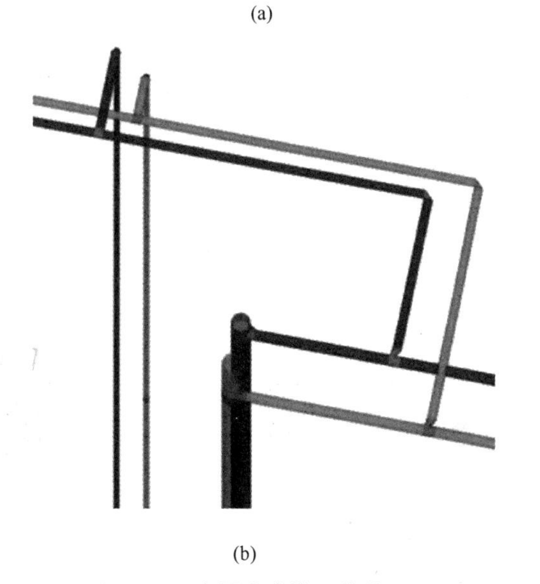

图 5-20　布置完成的立管效果图

（a）平面图；（b）三维图

5.5 供回水支管的识别

在图 5-20 中，用动态观察散热器与立管，其位置关系如图 5-21 所示。

在“动态观察”状态下，切换至“工程绘制”选项卡，单击“修改”功能包中的“散热器连管”按钮，如图 5-22 所示。

按照状态栏文字提示，左键选择需要连接的散热器，右键确定，此时散热器颜色变为蓝色，按照状态栏文字提示，左键选择需要连接的两根管子，右键确认，此时软件自动生成两根水平横支管，如图 5-23 所示。

按照同样操作方法，完成立管的绘制以及散热器连管的识别。

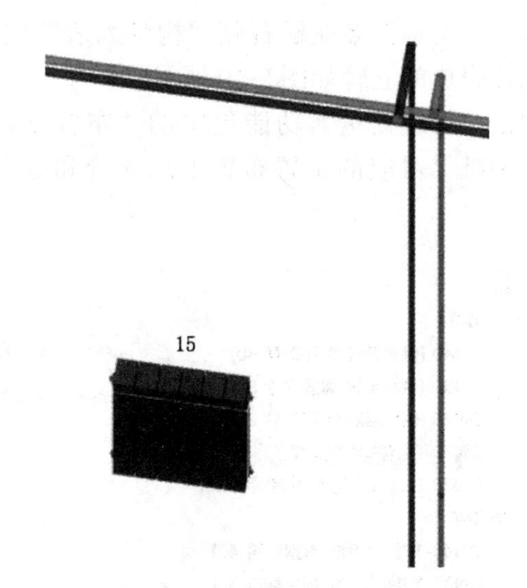

图 5-21　动态观察下散热器与立管位置关系

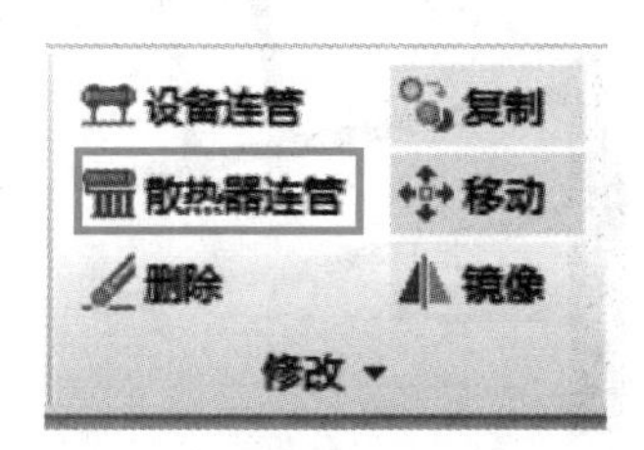

图 5-22　“散热器连管”按钮

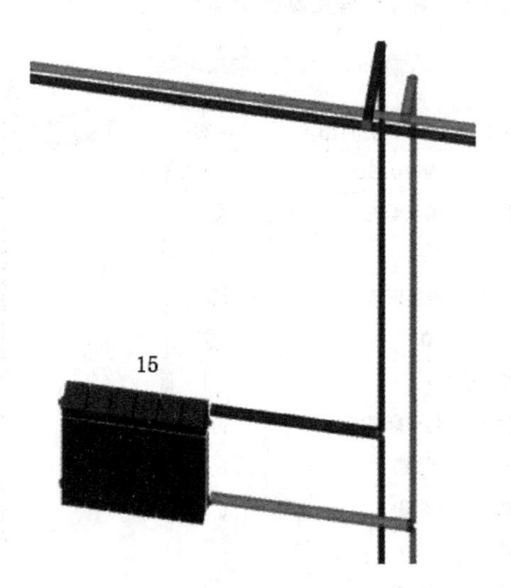

图 5-23　生成水平横支管三维效果图

教学单元 6 Chapter 06

通风空调工程的软件算量

知识目标

• 了解通风空调工程的新建操作，熟悉风机、消声器、静压箱、风机盘管等通风设备的识别方法。

• 了解通风管道的绘制方法，掌握送风口、防火阀、对开多叶调节阀等风管部件的识别方法。

• 了解风管和风口的连接方法，准确识别风管管件。

能力目标

• 能够根据图纸熟练进行楼层和比例设置，并合理分割定位图纸。
• 准确设置通风设备、风管部件、风管的属性值，了解风管的计算规则。
• 能够熟练绘制通风管道，区分风管的型号、规格。

素质目标

• 培养学生尊重知识、尊重专业规范标准的专业素养。
• 培养学生要有节能、环境保护、可持续发展的理念。
• 培养学生要养成好学、多问、多想、多总结的学习习惯，以造价师的标准来严格要求自己。

6.1 通风空调工程算量前的操作流程

6.1.1 新建工程

“新建工程”对话框完成效果如图 6-1 所示。

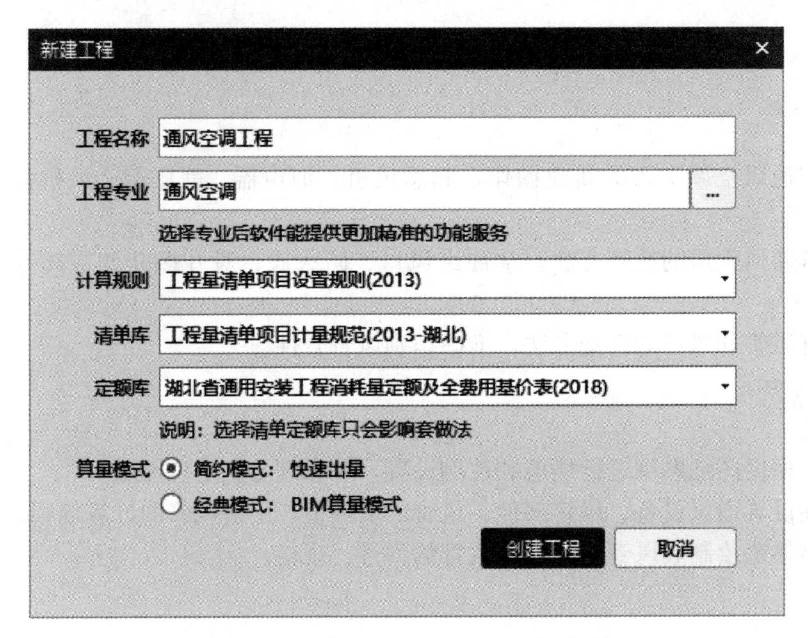

图 6-1　通风空调工程“新建工程”对话框

确认信息无误后，即可单击“创建工程”按钮，完成“新建工程”操作，进入“工程设置”界面。

6.1.2 工程设置

1. 工程信息设置

单击“工程信息”按钮，弹出“工程信息对话框”，如图 6-2 所示。

2. 楼层设置

各楼层设置完毕后如图 6-3 所示。

3. 计算设置

单击“计算设置”按钮，在弹出的“计算设置”对话框中进行属性设置，如图 6-4 所示。

工程信息

	属性名称	属性值
1	⊟ 工程信息	
2	工程名称	通风空调工程
3	计算规则	工程量清单项目设置规则(2013)
4	清单库	工程量清单项目计量规范(2013-湖北)
5	定额库	湖北省通用安装工程消耗量定额及全费用基价…
6	项目代号	
7	工程类别	住宅
8	结构类型	框架结构
9	建筑特征	矩形
10	地下层数(层)	
11	地上层数(层)	
12	檐高(m)	35
13	建筑面积(m2)	
14	⊟ 编制信息	
15	建设单位	
16	设计单位	
17	施工单位	
18	编制单位	
19	编制日期	2018-09-16
20	编制人	
21	编制人证号	
22	审核人	
23	审核人证号	

图 6-2　“工程信息”对话框

楼层设置

插入楼层　删除楼层　上移　下移

首层	编码	楼层名称	层高(m)	底标高(m)	相同层数	板厚(mm)	建筑面积(m2)	备注
☐	6	工作面层	5	450	1	120		
☐	5	屋面层	3.8	15.2	1	120		
☐	4	第4层	3.8	11.4	1	120		
☐	3	第3层	3.8	7.6	1	120		
☐	2	第2层	3.8	3.8	1	120		
☑	1	首层	3.8	0	1	120		
☐	-1	第-1层	4	-4	1	120		
☐	0	基础层	3	-7	1	500		

1.如果标记为首层，则标记层为首层，相邻楼层的编码自动变化，基础层的编码不变；
2.基础层和标准层不能设置为首层；设置首层标志后，楼层编码自动变化。编码为正数的为地上层，编码为负数的为地下层，基础层编码为0，不可改变。

图 6-3　“楼层设置”对话框

6.1.3　导入图纸及其他操作

定位点可以选择轴线①和轴线Ⓑ的交点，因为该工程通风空调系统只存在于第－1层，所以分配第－1层楼层即可，楼层配置并分割定位完毕的图纸如图 6-5 所示。

图 6-4 “计算设置”对话框

图纸导航

	图纸名称	比例	楼层	分层
1	⊟ 底图			
2	⊟ 模型	1:1	工作面层	分层1
3	地下一层通风及排烟平面图	1:1	通风空调...	分层1

图 6-5 分割定位并配置完毕的“图纸管理”对话框

6.2 通风设备的识别

单击“通风设备（通）”（图 6-6），切换至“通风设备”功能包界面。

单击软件界面上方“设备提量”功能包中的“通风设备”按钮，如图 6-7 所示。

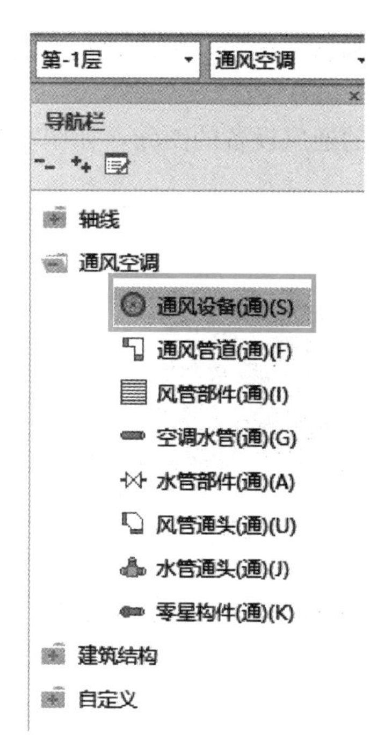

图 6-6　通风空调工程中各构件类型

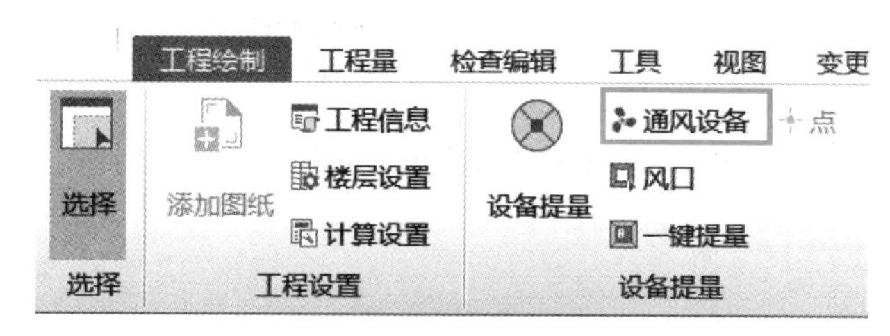

图 6-7　“通风设备”按钮

根据状态栏文字提示，左键选择要识别的通风设备和标识，如图 6-8 所示，被选中的通风设备和标识变为深蓝色。单击右键，弹出“构件编辑窗口”对话框，如图 6-9 所示。

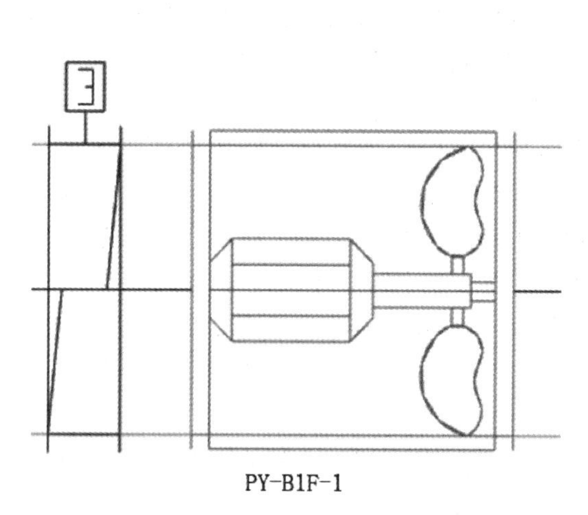

图 6-8　被选中的通风设备和标识

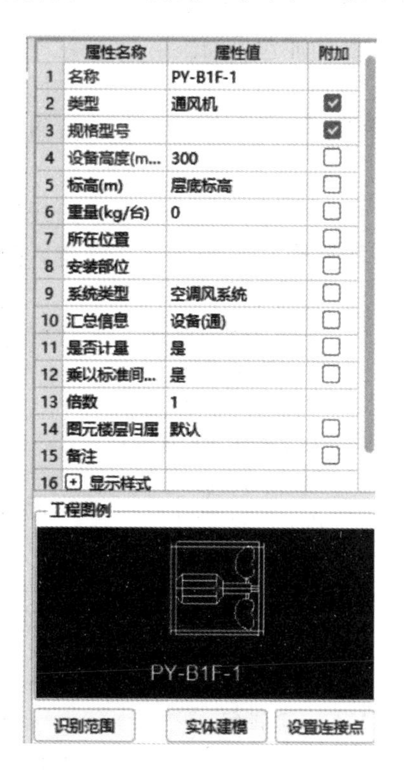

	属性名称	属性值	附加
1	名称	PY-B1F-1	
2	类型	通风机	☑
3	规格型号		☑
4	设备高度(m...	300	☐
5	标高(m)	层底标高	☐
6	重量(kg/台)	0	☐
7	所在位置		☐
8	安装部位		☐
9	系统类型	空调风系统	☐
10	汇总信息	设备(通)	☐
11	是否计量	是	☐
12	乘以标准间...	是	☐
13	倍数	1	
14	图元楼层归属	默认	☐
15	备注		☐
16	⊞ 显示样式		

图 6-9　“构件编辑窗口”对话框

按照图纸要求修改通风设备属性值，修改完成后单击“确认”按钮，弹出识别通风设备提示框，如图 6-10 所示。

单击“确定”按钮，在绘图区域可以发现已经被识别了的通风设备的图元，如图 6-11 所示。其他通风设备也可按照同样的方法识别完成。

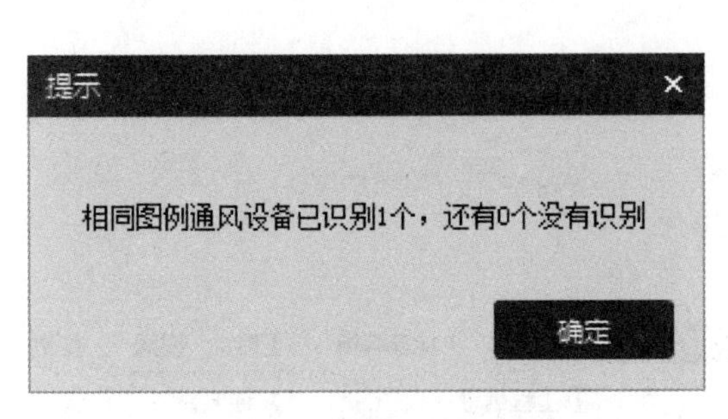

图 6-10 识别通风设备提示框

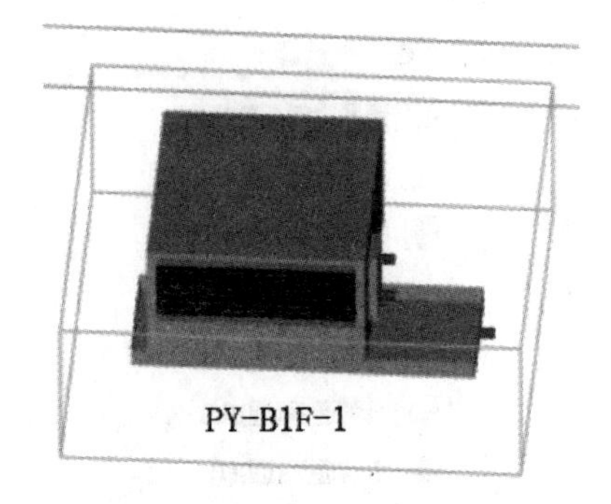

图 6-11 识别完成的通风设备

6.3 通风管道的识别

在构件类型导航栏中，单击“通风管道（通）”（图 6-12），切换至“通风管道（通）”功能包界面。

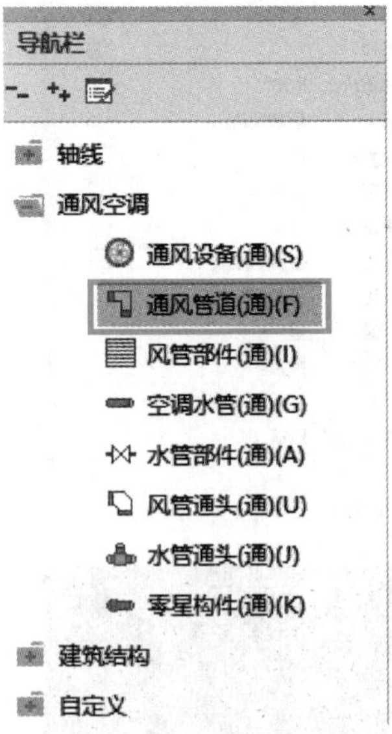

图 6-12 “通风管道（通）”功能包

单击“系统编号”下拉列表框中的“自动识别（风）”按钮，如图 6-13 所示。

按照状态栏文字提示，左键选择需要识别的风管的两侧边线和标识，被选中后风管边线和标识变为深蓝色，单击右键，弹出“构件编辑窗口”对话框，如图 6-14 所示。

按照图纸要求修改风管的属性值，修改完毕后单击“确认”按钮，软件进行自动识别风管，之后弹出识别完毕提示框，如图 6-15 所示。

观察绘图区域风管的识别情况，如图 6-16 所示。

发现图纸中风管弯头、三通等通头未识别，这时再采用风管通头识别的方法进行风管识别。单击“管线提量”功能包中的“风管通头识别”按钮，如图 6-17 所示。

根据状态栏文字提示，左键点选要生成通头的风管，被选中后的风管颜色变为深蓝色，再单击右键，软件自动识别通头，如图 6-18 所示。

按照同样的方法，识别其他未识别的通头，识别完成的风管效果图如图 6-19 所示。

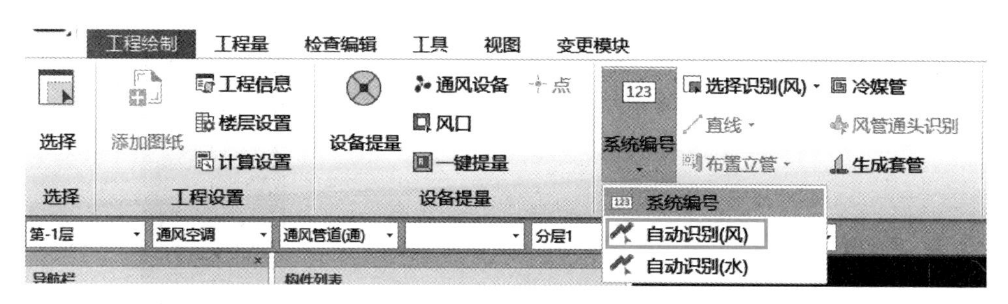

图 6-13 “自动识别（风）”按钮

构件编辑窗口

	属性名称	属性值
1	系统类型	新风系统
2	材质	(薄钢板风管)
3	起点标高(m)	层顶标高
4	终点标高(m)	层顶标高
5	所在位置	
6	汇总信息	通风管道(通)
7	备注	
8	+ 计算	
10	+ 刷油保温	
13	+ 显示样式	

确认 取消

图 6-14 “构件编辑窗口”对话框

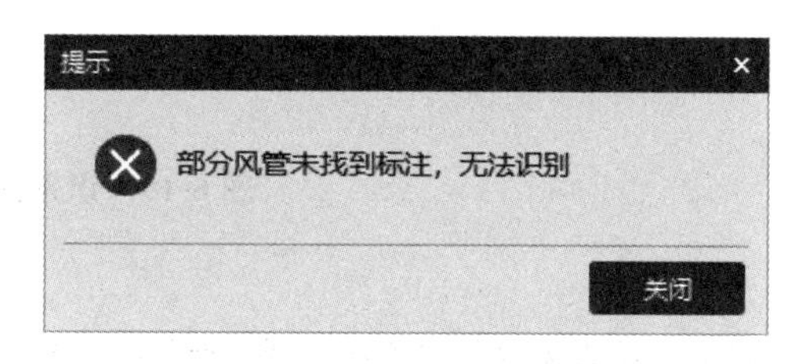

图 6-15 识别完毕提示框

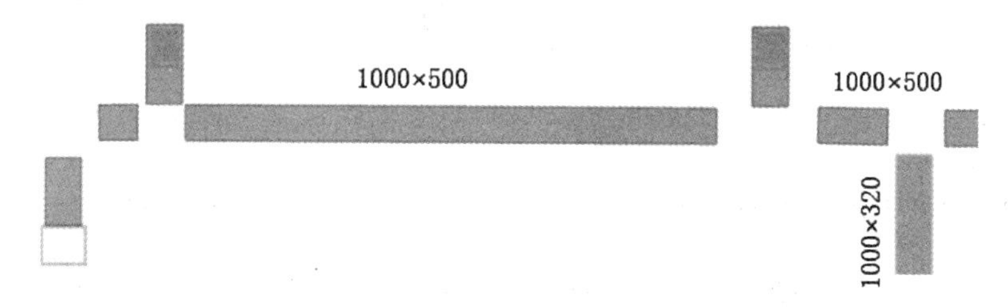

图 6-16 自动识别的风管效果图

观察绘图区域图纸，还有一段 500×250 的风管未识别，采用“自动识别”的方法对该管道识别，软件会弹出“提示”对话框，如图 6-20 所示。

单击软件上方的“工具”选项卡，再单击“辅助工具”功能包中的“测量两点间距离”按钮，根据状态栏文字提示，鼠标左键选择需要测量的两点，选择完毕，单击右键，弹出“提示”对话框，如图 6-21 所示。

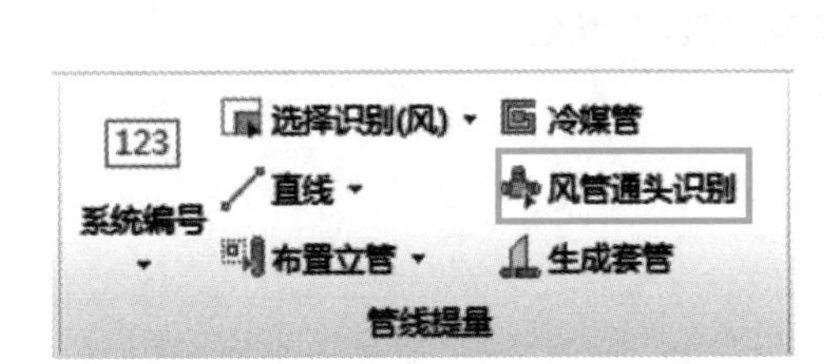

图 6-17 “风管通头识别”按钮

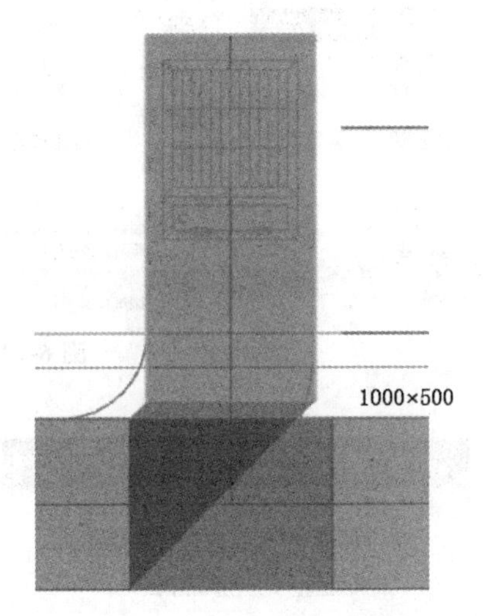

图 6-18 自动识别成的通头

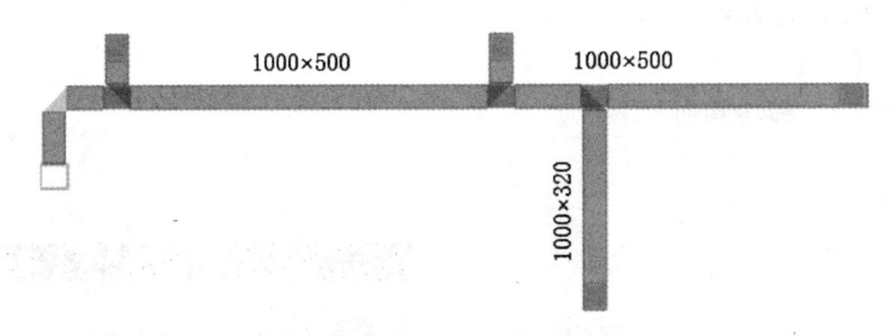

图 6-19 识别完成的风管效果图

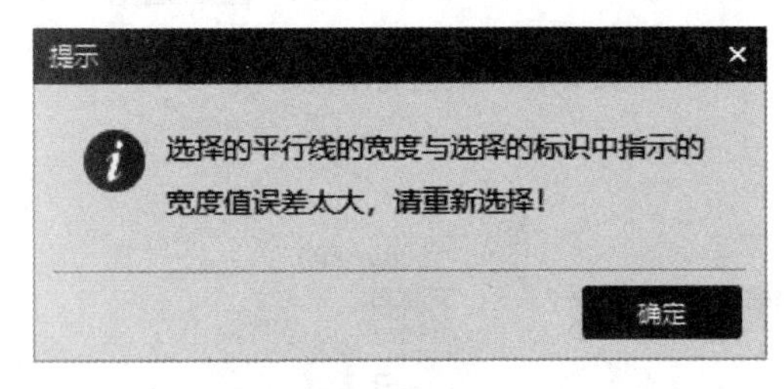

图 6-20 “提示”对话框

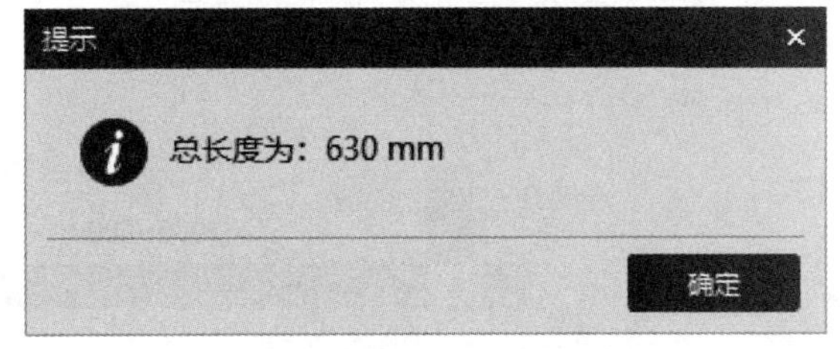

图 6-21 长度“提示”对话框

这时，单击“工程绘制”选项卡下面的“CAD 识别选项”按钮，弹出“CAD 识别选项”对话框，如图 6-22 所示。

找到选项中的第 8 条“风管系统编号识别、自动识别、标识宽度和图式线宽的误差值（mm）”，双击右侧“数字”单元格进行修改，将原始数据 10 改为 150，修改完毕后单元格窗口会变为黄色，如图 6-23 所示。

单击“确定”按钮，完成 CAD 识别选项的修改。此时回到绘图界面，再用“自动识别”功能进行该风管的识别。

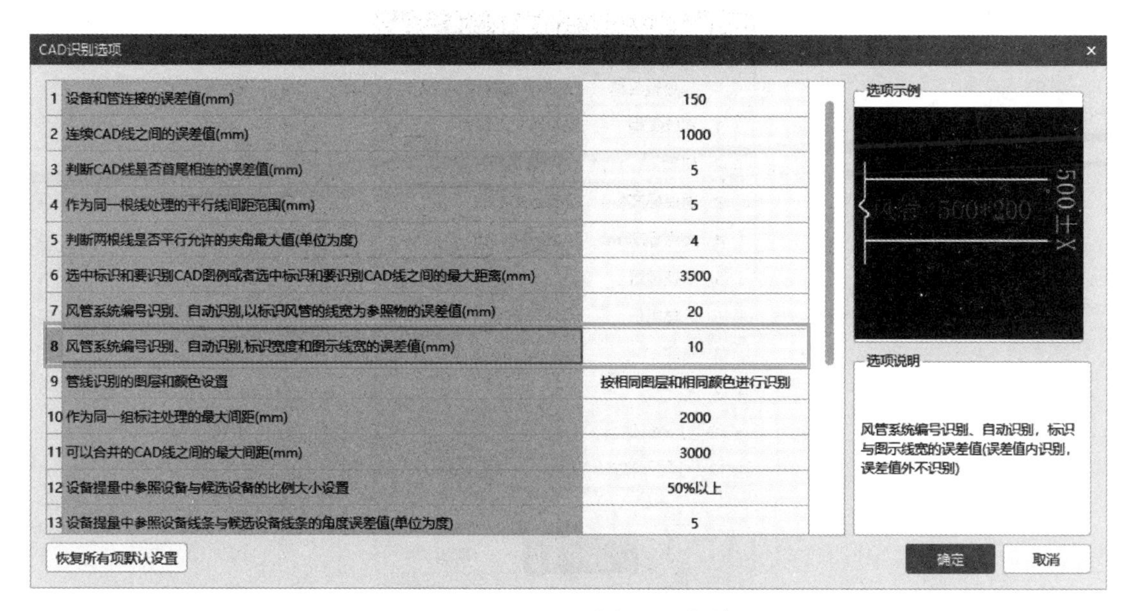

图 6-22　“CAD 识别选项”对话框

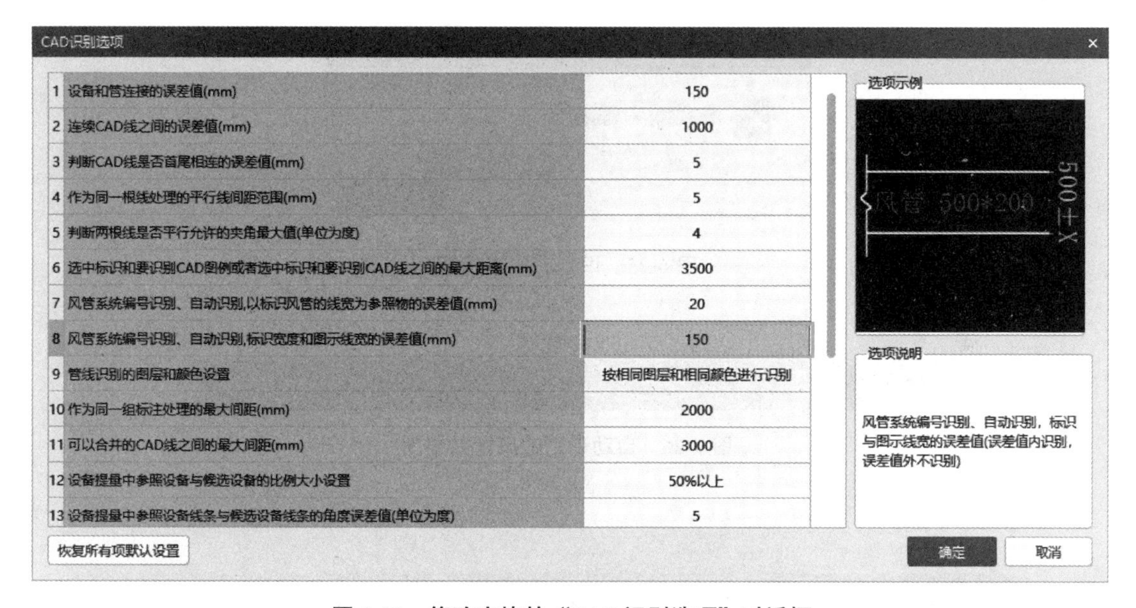

图 6-23　修改完毕的“CAD 识别选项”对话框

单击“自动识别”按钮，按照状态栏文字提示，左键选择需要识别的风管的两侧边线和标识，被选中后风管边线和标识变为深蓝色，单击右键，弹出“构件编辑窗口”对话框，如图 6-24 所示。

按照图纸要求修改风管的属性值，修改完毕后单击“确认”按钮，软件进行自动识别风管，之后弹出识别完毕提示框，如图 6-25 所示。

观察绘图区域风管的识别情况，如图 6-26 所示。

图 6-24 “构件编辑窗口”对话框

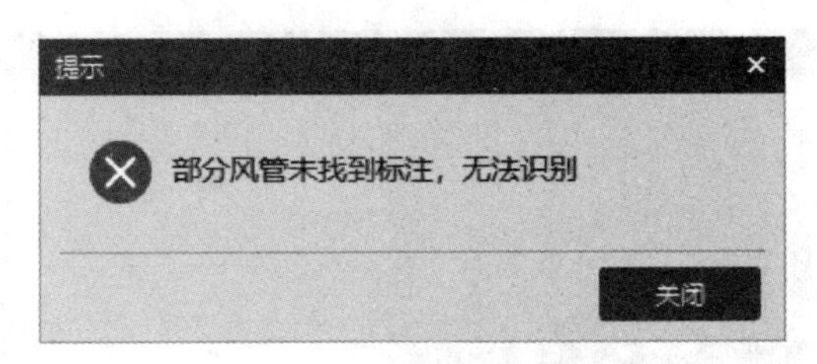

图 6-25 识别完毕提示框

1000×250

图 6-26 自动识别的风管效果图

6.4 风管部件的识别

在构件类型导航栏中，单击“风管部件（通）”（图 6-27），切换至“风管部件（通）”功能包界面。单击右侧“构建列表”下的“新建”按钮，弹出下拉列表选项，如图 6-28 所示。

按照图纸要求，新建各个风管部件，如图 6-29 所示。

通过单击“设备提量”功能包中的“设备提量”或“风口”按钮（图 6-30），对图 6-31 中的新建风管部件进行一一识别。

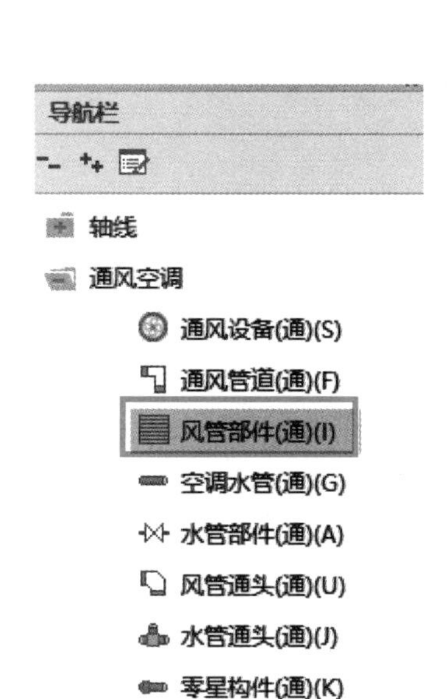

图 6-27　“风管部件（通）”功能包

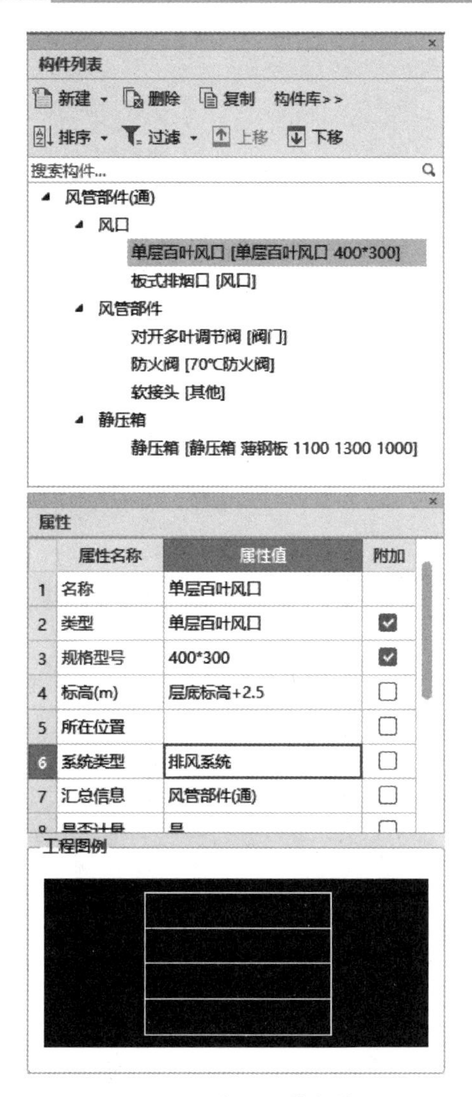

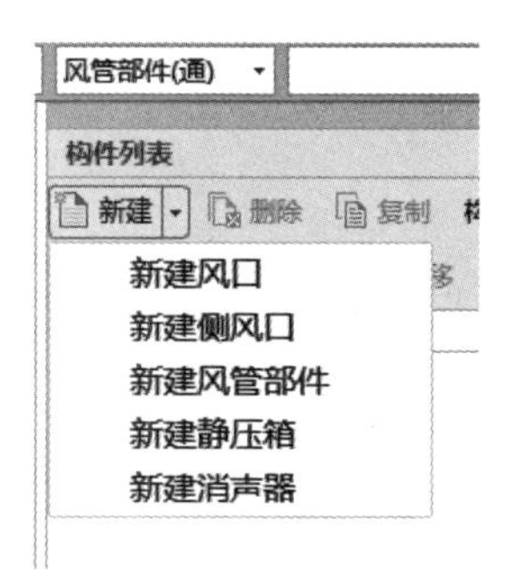

图 6-28　新建风管部件列表

图 6-29　新建风管部件

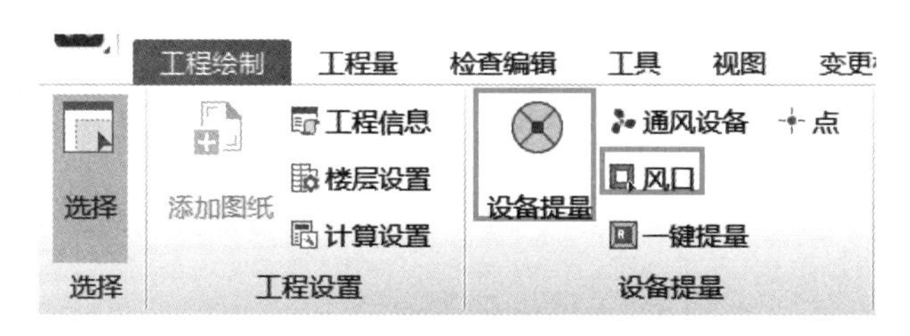

图 6-30　“设备提量”和“风口”按钮

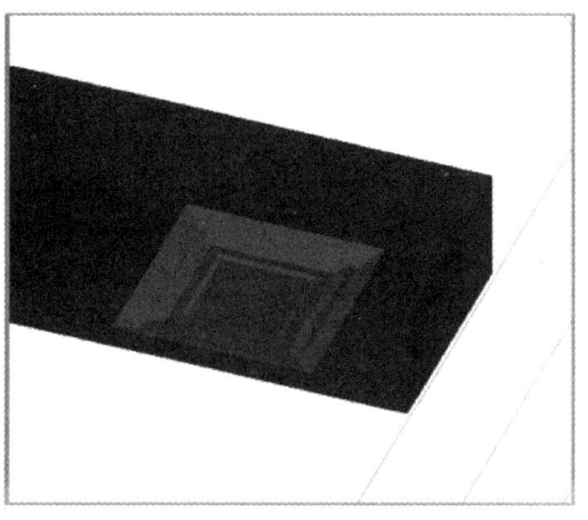

图 6-31　识别完毕的风口三维图

教学单元7 弱电工程的软件算量

Chapter 07

知识目标

- 了解弱电工程的新建操作，熟悉配电箱柜、弱电器具的识别方法。
- 了解桥架识别、桥架配线的绘制方法，掌握垂直桥架的布置方法。
- 了解弱电消防系统的识别方法，掌握弱电回路的识别方法。

能力目标

- 能够根据图纸熟练进行楼层和比例设置，并合理分割定位图纸。
- 准确设置配电箱柜、弱电器具的属性值，能按图正确绘制水平和垂直桥架。
- 能够识别弱电回路，并正确设置起点和选择起点。

素质目标

- 培养学生要有服务意识，有创造美好家居环境的信念。
- 培养学生实事求是、科学严谨的工作作风。
- 培养学生要有对专业的热爱、对知识的期盼，有吃苦耐劳的品质。

7.1 弱电工程算量前的操作流程

7.1.1 新建工程

最终“新建工程”对话框完成效果如图 7-1 所示。

新建工程

工程名称 弱电工程

工程专业 智控弱电

选择专业后软件能提供更加精准的功能服务

计算规则 工程量清单项目设置规则(2013)

清单库 工程量清单项目计量规范(2013-湖北)

定额库 湖北省通用安装工程消耗量定额及全费用基价表(2018)

请选择清单库、定额库，否则会影响套做法与材料价格的使用

算量模式 ○ 简约模式：快速出量

◉ 经典模式：BIM算量模式

创建工程 取消

图 7-1 弱电工程“新建工程”对话框

确认信息无误后，即可单击“创建工程”按钮，完成“新建工程”操作，进入“工程设置”界面。

7.1.2 工程设置

1. 工程信息设置

单击“工程信息”按钮，弹出“工程信息”对话框，如图 7-2 所示。

2. 楼层设置

各楼层设置完毕后如图 7-3 所示。

3. 计算设置

单击“计算设置”按钮，在弹出的“计算设置”对话框中对属性进行设置，如图 7-4 所示。

工程信息

	属性名称	属性值
1	⊟ 工程信息	
2	工程名称	弱电工程
3	计算规则	工程量清单项目设置规则(2013)
4	清单库	工程量清单项目计量规范(2013-湖北)
5	定额库	湖北省通用安装工程消耗量定额及全费用基价表(2018)
6	项目代号	
7	工程类别	住宅
8	结构类型	框架结构
9	建筑特征	矩形
10	地下层数(层)	
11	地上层数(层)	
12	檐高(m)	35
13	建筑面积(m2)	
14	⊟ 编制信息	
15	建设单位	
16	设计单位	
17	施工单位	
18	编制单位	
19	编制日期	2022-03-11
20	编制人	
21	编制人证号	
22	审核人	
23	审核人证号	

图 7-2 “工程信息”对话框

楼层设置

添加　删除　插入楼层　删除楼层　上移　下移

弱电工程

首层	编码	楼层名称	层高(m)	底标高(m)	相同层数	板厚(mm)	建筑面积(m2)
☐	5	屋面层	3.8	15.2	1	120	
☐	4	第4层	3.8	11.4	1	120	
☐	3	第3层	3.8	7.6	1	120	
☐	2	第2层	3.8	3.8	1	120	
☑	1	首层	3.8	0	1	120	
☐	-1	第-1层	4	-4	1	120	
☐	0	基础层	3	-7	1	500	

图 7-3 “楼层设置”对话框

7.1.3 导入图纸及其他操作

定位点可以选择轴线①和轴线Ⓑ的交点，各楼层配置好各自分割定位完毕的图纸如图 7-5 所示。

计算设置

智控弱电

恢复当前项默认设置 | 恢复所有项默认设置 | 导入规则 | 导出规则

计算设置	单位	设置值
⊟ 电缆		
⊟ 电缆敷设弛度、波形弯度、交叉的预留长度	%	2.5
计算基数选择		电缆长度
电缆进入建筑物的预留长度	mm	2000
电缆信息点电话终端盒的预留长度	mm	200
电缆终端头的预留长度	mm	0
电缆进电话组线箱、光缆终端盒等的预留长度	mm	高+宽
⊟ 导线		
电线信息点电话终端盒的预留长度	mm	200
电线进电话组线箱、光缆终端盒等的预留长度	mm	高+宽
⊟ 管道支架		
支架个数计算方式	个	四舍五入
⊟ 电线保护管生成接线盒规则		
当管长度超过设置米数，且无弯曲时，增加一个接线盒	m	30
当管长度超过设置米数，且有1个弯曲，增加一个接线盒	m	20
当管长度超过设置米数，且有2个弯曲，增加一个接线盒	m	15
当管长度超过设置米数，且有3个弯曲，增加一个接线盒	m	8
暗管连明敷设配电箱是否按管伸至箱内一半高度计算		否
地上地下工程量划分设置	m	首层底标高
⊟ 超高计算方法		起始值以上部分计算超高
水平暗敷设管道是否计算超高		是
线缆是否计算超高		是
智控弱电工程操作物超高起始值	mm	5000

图 7-4 “计算设置”对话框

图纸管理

添加 | 定位 | 手动分割 | 复制 | 删除 | 楼层编号

搜索图纸...

	图纸名称	比例	楼层	分层
1	⊟ 电气图纸.dwg			
2	⊟ 模型	1:1	首层	分层1
3	地下一层弱电平面图	1:1	第-1层	分层1
4	首层弱电平面图	1:1	首层	分层1
5	二层弱电平面图	1:1	第2层	分层1
6	三层弱电平面图	1:1	第3层	分层1
7	四层弱电平面图	1:1	第4层	分层1
8	机房层弱电及消防平面图	1:1	屋面层	分层1
9	地下一层消防平面图	1:1	第-1层	分层2
10	首层消防平面图	1:1	首层	分层2
11	二层消防平面图	1:1	第2层	分层2
12	三层消防平面图	1:1	第3层	分层2
13	四层消防平面图	1:1	第4层	分层2

图 7-5 分割定位并配置完毕的“图纸管理”对话框

7.2 配电箱柜的识别

单击“设备提量”功能包中的“配电箱识别”按钮，按照状态栏文字提示，左键选择要识别的配电箱和标识，右键确认，弹出“构件编辑窗口”对话框，如图 7-6 所示。

按照图纸要求，修改图 7-6 构件窗口中的属性值，修改完毕，单击“确认”按钮，弹出识别完毕提示框，如图 7-7 所示。

构件编辑窗口

	属性名称	属性值
1	类型	综合布线配线架
2	宽度(mm)	600
3	高度(mm)	500
4	厚度(mm)	300
5	标高(m)	层底标高+1.4
6	敷设方式	
7	所在位置	
8	系统类型	综合布线系统
9	汇总信息	配电箱柜(弱)
10	倍数	1
11	备注	

确认　取消

图 7-6 “构件编辑窗口”对话框

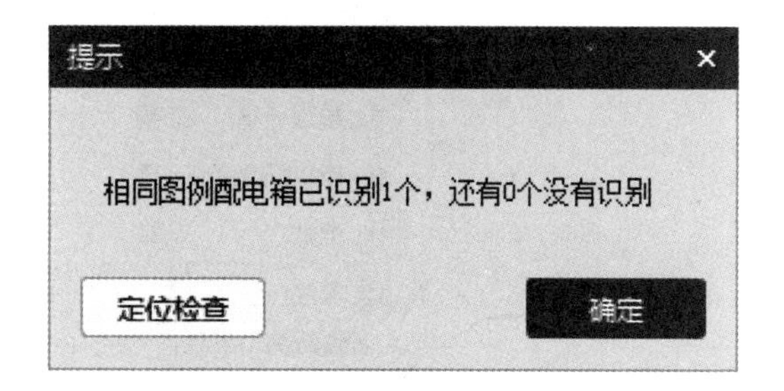

图 7-7 配电箱识别完毕提示框

观察绘图区域已经生成配电箱图元信息，表明该配电箱已经被识别，按照同样的操作方法，将第−1 层其他配电箱识别完毕。

7.3 弱电器具的识别

桥架立管绘制、负一层弱电器具识别、单回路识别

单击构件类型切换栏中的“弱电器具（弱）”，准备进行第−1 层弱电器具的识别。单击右侧构件列表的“新建”按钮，新建弱电器具，根据图纸信息，修改属性值，修改完成后的弱电器具如图 7-8 所示。

单击“设备提量”按钮，左键选择图例，再单击右键，弹出“选择要识别成的构件”对话框，如图 7-9 所示。

图 7-8　新建完成的弱电器具

选择刚才新建的对应构件，单击“确认”，软件进行自动识别，之后弹出识别完成提示框，如图 7-10 所示。

单击“确定”，完成弱电器具的识别。

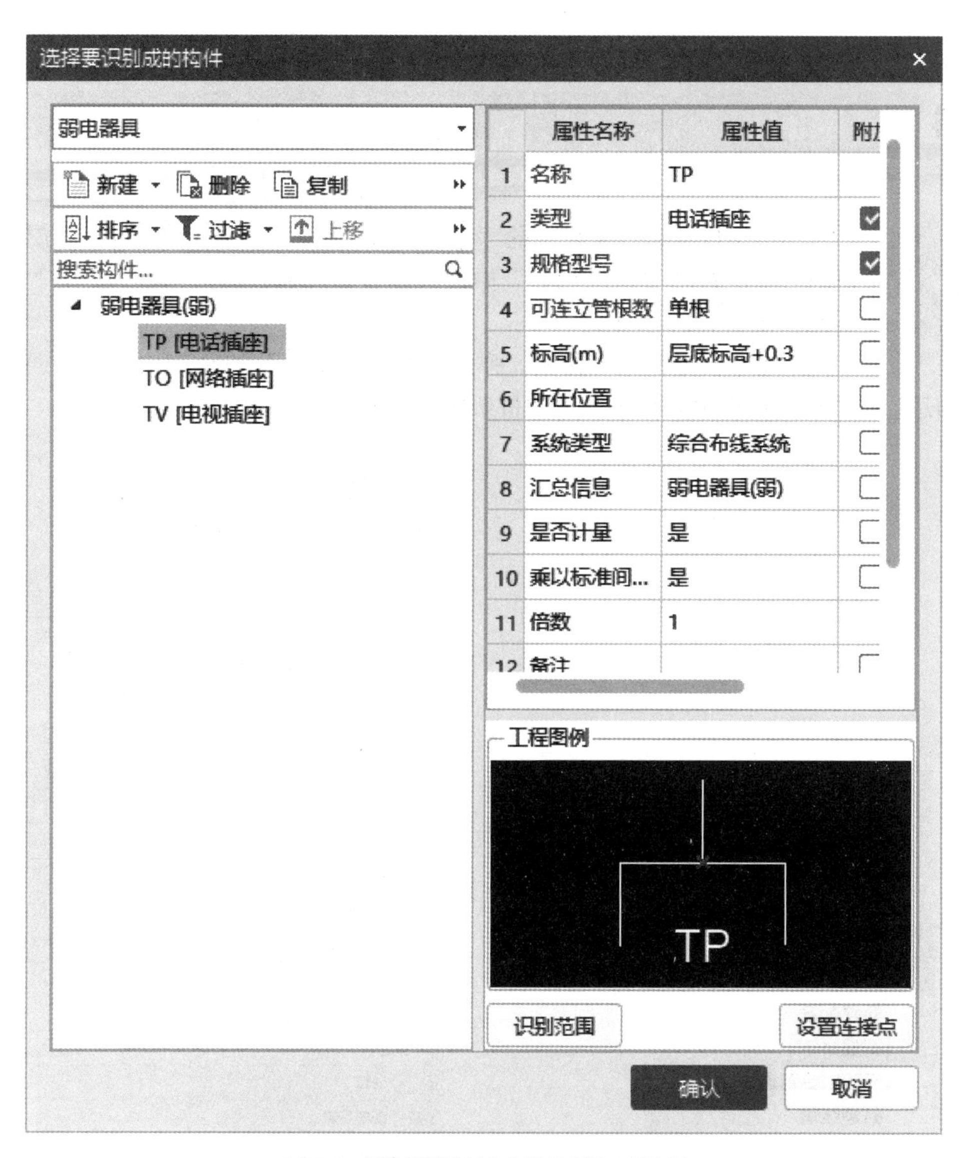

图 7-9　“选择要识别成的构件”对话框

图 7-10　识别设备完成提示框

7.4 桥架的识别

单击构件类型切换栏中的“电缆导管（弱）”，准备进行第一1层桥架的识别。单击右侧“构件列表”中的“新建”，通过单击“▾”按钮下拉选择桥架，如图7-11所示。

单击“新建桥架”按钮，弹出名称为“QJ-1”的桥架构件，根据图纸中桥架信息，修改桥架属性值，修改完成的桥架属性如图7-12所示。

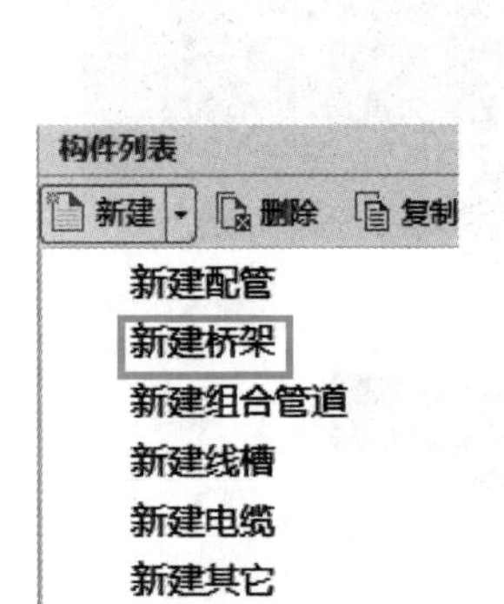

图7-11 “新建桥架”按钮

	属性名称	属性值	附加
1	名称	SR200*100	
2	系统类型	综合布线系统	☐
3	桥架材质	钢制桥架	☑
4	宽度(mm)	200	☑
5	高度(mm)	100	☑
6	所在位置		☐
7	敷设方式		☐
8	起点标高(m)	层顶标高-0.7	☐
9	终点标高(m)	层顶标高-0.7	☐
10	支架间距(m...	0	☐
11	汇总信息	电缆导管(弱)	☐
12	备注		☐
13	⊞ 计算		
19	⊞ 配电设置		
21	⊞ 显示样式		
24	分组属性	桥架	

图7-12 修改后的桥架属性信息

单击“管线提量”功能包中的“直线”按钮，如图7-13所示。

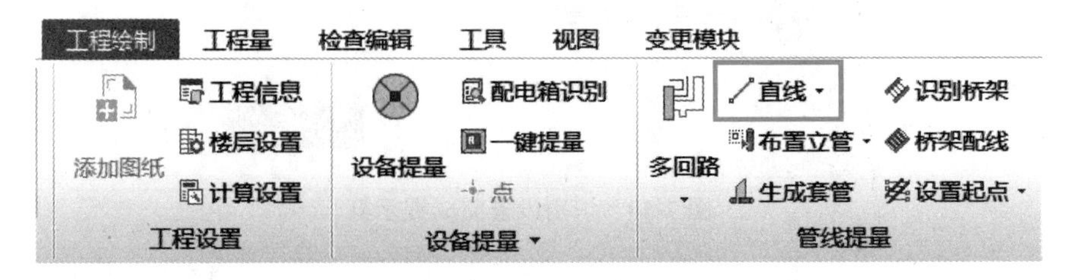

图7-13 “直线”按钮

按照状态栏文字提示，绘制桥架，绘制完成的效果图如图 7-14 所示。

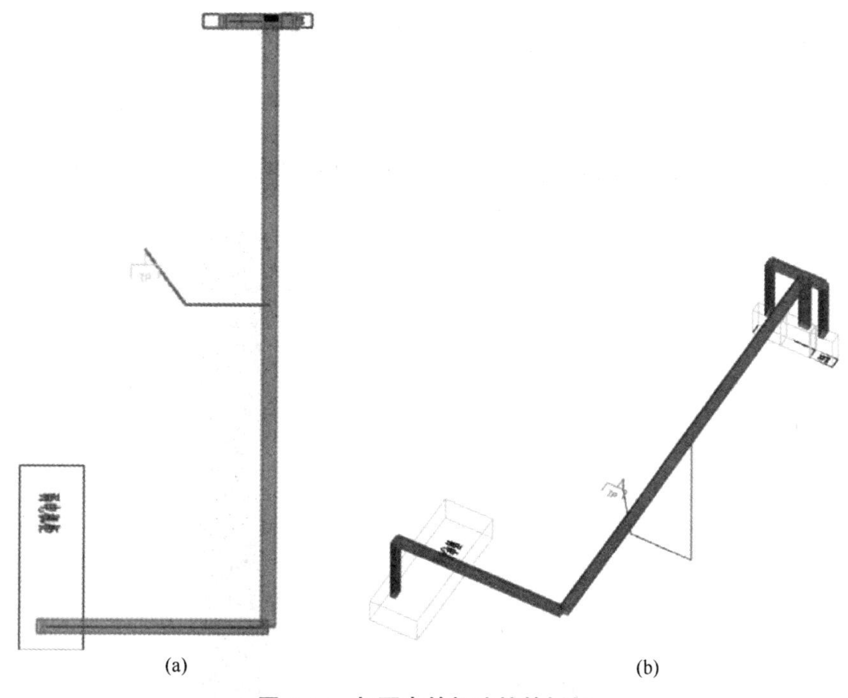

(a)　　(b)

图 7-14　与配电箱相连接的桥架

（a）平面图；（b）三维图

7.5　桥架配线

按照前面介绍的桥架配线的方法，完成桥架配线的绘制，如图 7-15 所示。

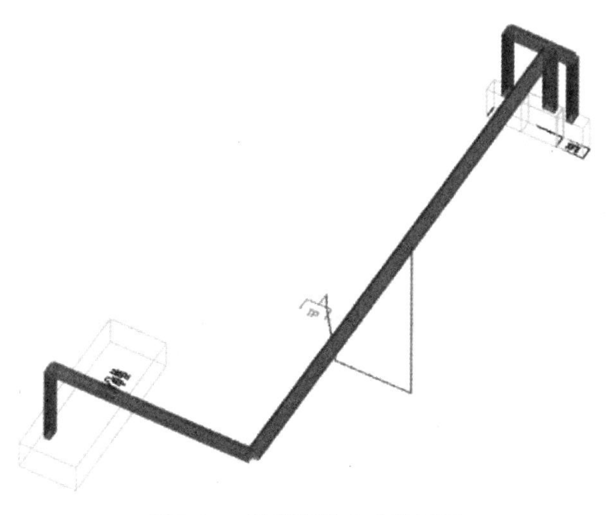

图 7-15　桥架配线完成效果图

7.6 垂直桥架的布置

按照前面介绍的垂直桥架的方法，完成垂直桥架的绘制，如图 7-16 所示。

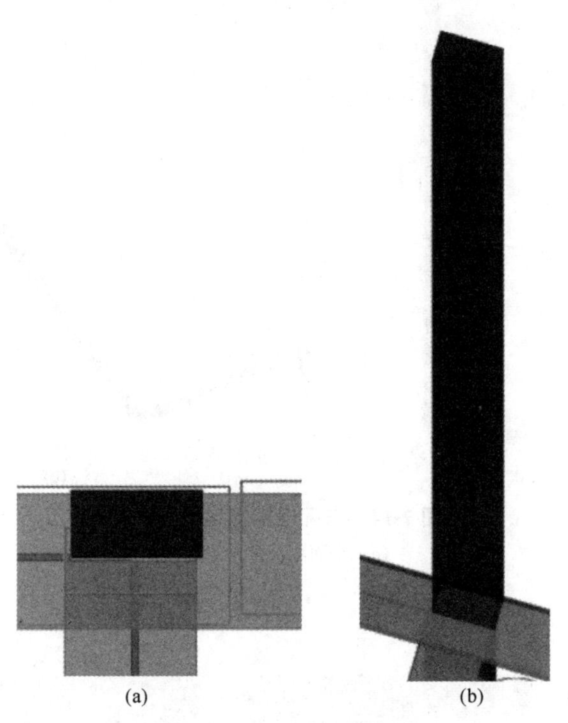

(a)　　(b)

图 7-16　垂直桥架效果图

(a) 平面图；(b) 三维图

7.7 回路的识别

7.7.1 墙体的识别

按照前面介绍的墙体识别的方法，先识别墙体，识别后如图 7-17 所示。

7.7.2 单回路识别

根据图纸配管信息，新建 TO 配管，如图 7-18 所示。

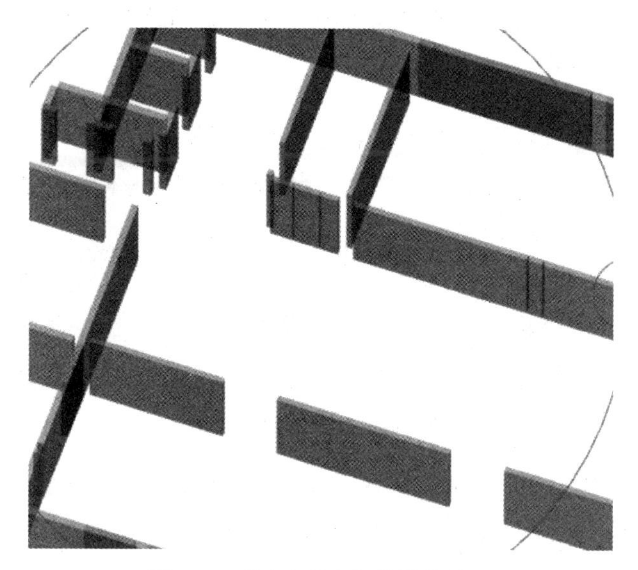

图 7-17 “动态观察”的墙体效果

构件列表

新建 · 删除 复制 构件库>>

排序 · 过滤 · 上移 下移

搜索构件...

电缆导管(弱)

桥架内配线 [SYV-75-7]

TO [JDG 20 UTP-2*Cat6]

桥架

属性

	属性名称	属性值	附加
1	名称	TO	
2	系统类型	综合布线系统	☐
3	导管材质	JDG	☑
4	管径(mm)	20	☑
5	所在位置		☐
6	敷设方式		☐
7	电缆规格型号	UTP-2*Cat6	☑
8	起点标高(m)	层底标高	☐
9	终点标高(m)	层底标高	☐
10	支架间距(m...	0	☐
11	汇总信息	电缆导管(弱)	☐
12	备注		☐
13	+ 计算		
19	+ 配电设置		
22	+ 显示样式		
25	分组属性		

图 7-18　新建 TO 配管

单击软件界面上方的“管线提量”功能包中的“多回路”下面的“▾”按钮，切换为“单回路”，如图7-19所示。

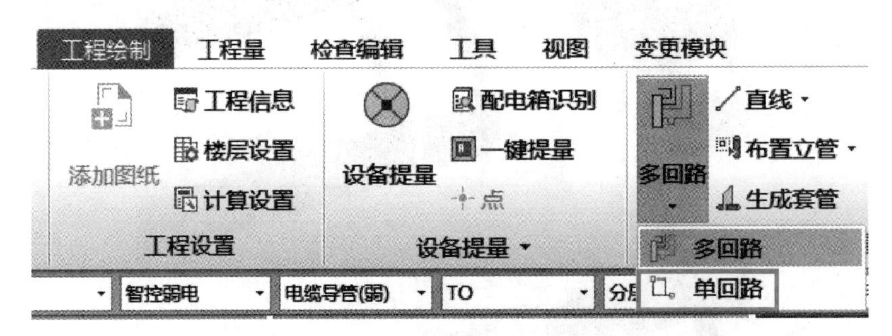

图7-19 “单回路”按钮

根据状态栏文字提示，左键单击回路中的一条CAD线，左键单击代表TO线的CAD管线，被选中后的CAD线及标识变为深蓝色，单击右键确认，弹出“选择要识别成的构件”对话框，如图7-20所示。

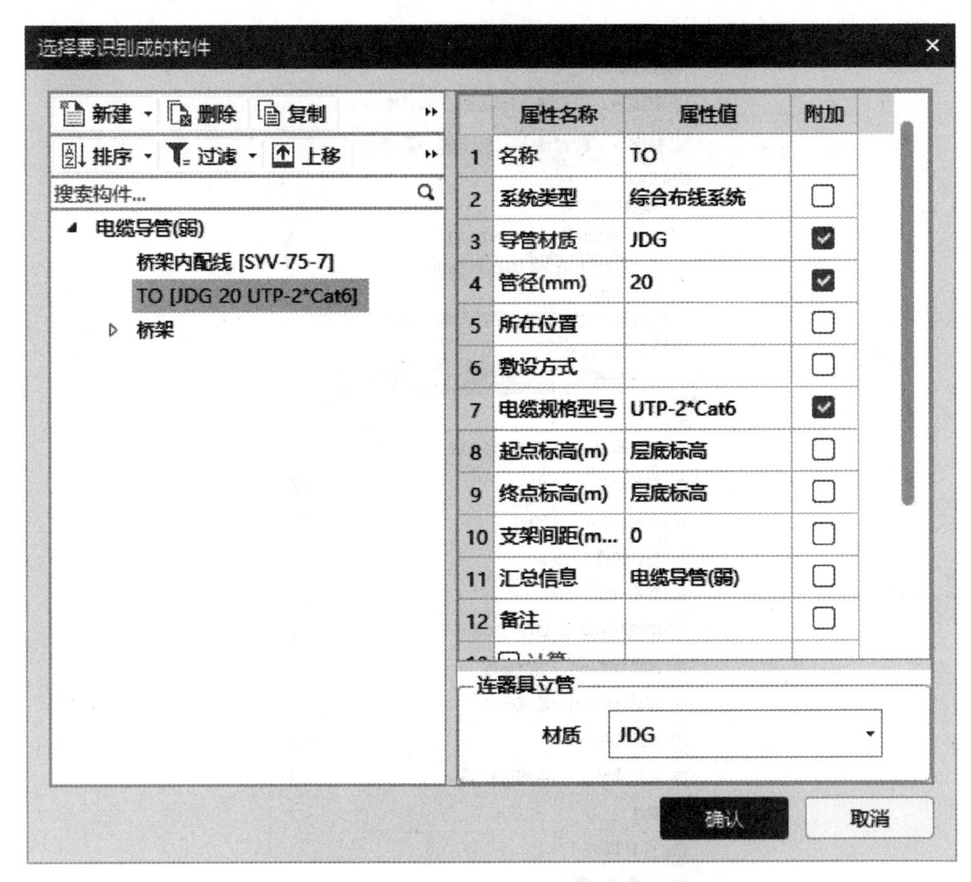

图7-20 “选择要识别成的构件”对话框

选择对应的TO管线，单击“确认”按钮，“选择要识别成的构件”对话框消失，同时在绘图区域生成配管，如图7-21所示。按照同样的操作方法，完成其他楼层综合布线系统的识别。

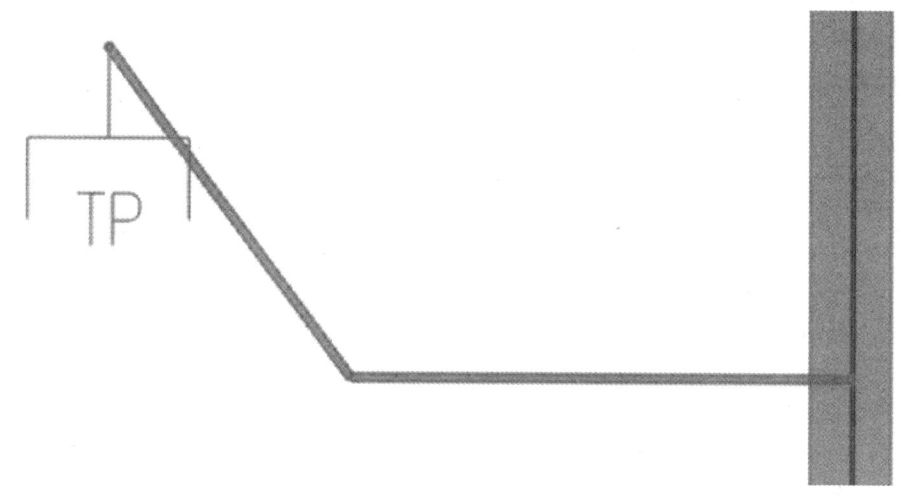

图 7-21　单回路识别配管效果图

7.8 弱电消防系统的识别

7.8.1　配电箱的识别

切换楼层至“第一1 层　分层 2 地下一层消防平面图”，首先按照前面配电箱的识别方法，完成图中其他配电箱的识别。

7.8.2　消防器具的识别

单击构件类型切换栏中的“弱电器具（弱）”，准备进行第一1 层弱电器具的识别。再单击右侧构件列表的“新建”按钮，新建弱电器具，根据图纸信息，修改属性值，修改完成后的弱电器具如图 7-22 所示。

单击“设备提量”按钮，左键选择图例，如图 7-23 所示。

单击右键，弹出“选择要识别成的构件”对话框，如图 7-24 所示。

选择刚才新建的对应构件，单击“确认”，软件进行自动识别，之后弹出识别完成提示框，如图 7-25 所示。

单击“确定”，完成弱电器具的识别。按照同样的操作方法，完成其他消防弱电器具的识别。

图 7-22　新建完成的弱电器具

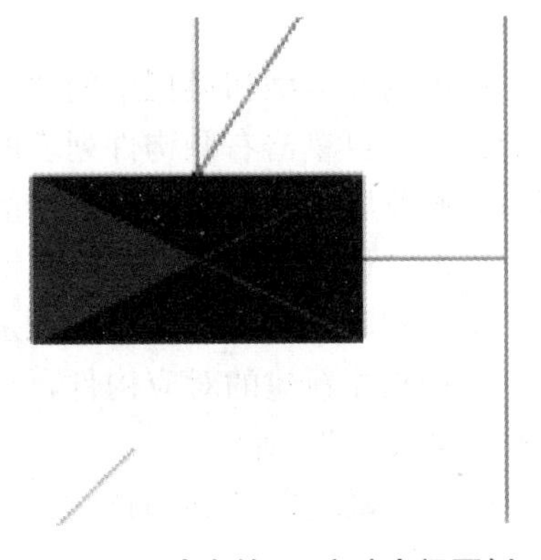

图 7-23　选中的 70 度防火阀图例

图 7-24　“选择要识别成的构件”对话框

图 7-25　识别设备完成提示框

7.8.3　回路的识别

根据图纸配管信息，新建配管信息，如图 7-26 所示。

单击软件界面上方的“管线提量”功能包中的“多回路”下面的“ ▾ ”按钮，切换为“单回路”，如图 7-27 所示。

根据状态栏文字提示，左键单击回路中的一条 CAD 线，左键单击代表

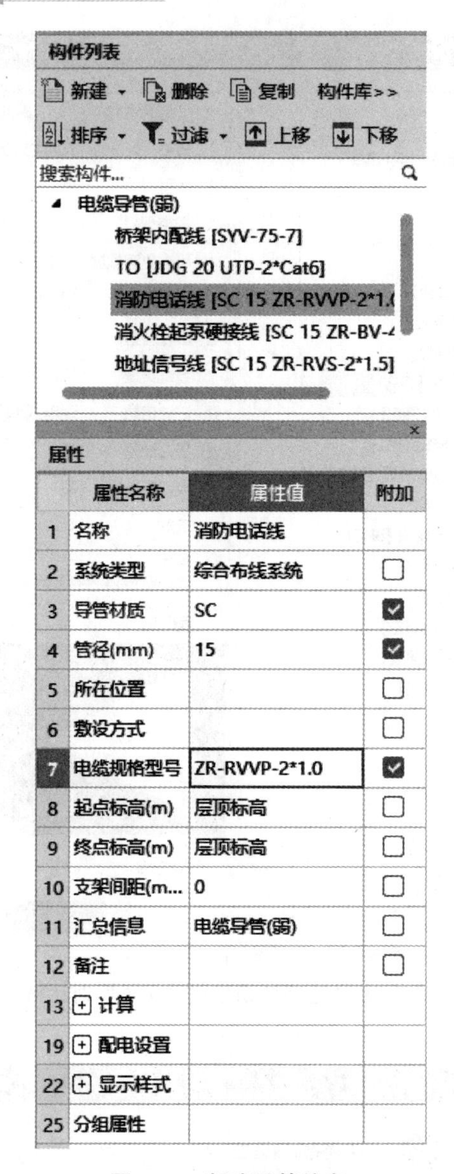

图 7-26　新建配管信息

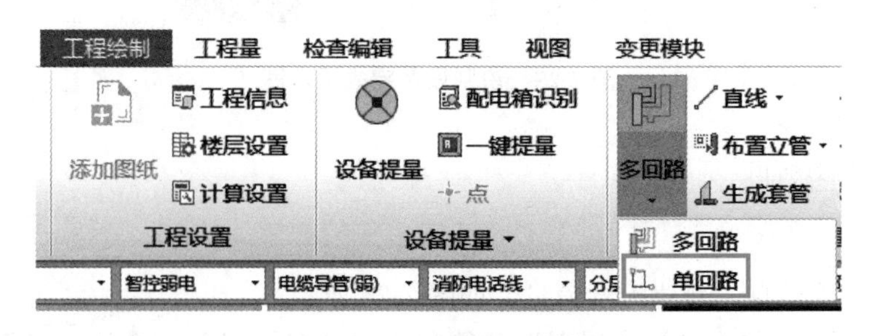

图 7-27　“单回路”按钮

TO 线的 CAD 管线，被选中后的 CAD 线及标识变为深蓝色，单击右键确认，弹出“选择要识别成的构件”对话框，如图 7-28 所示。

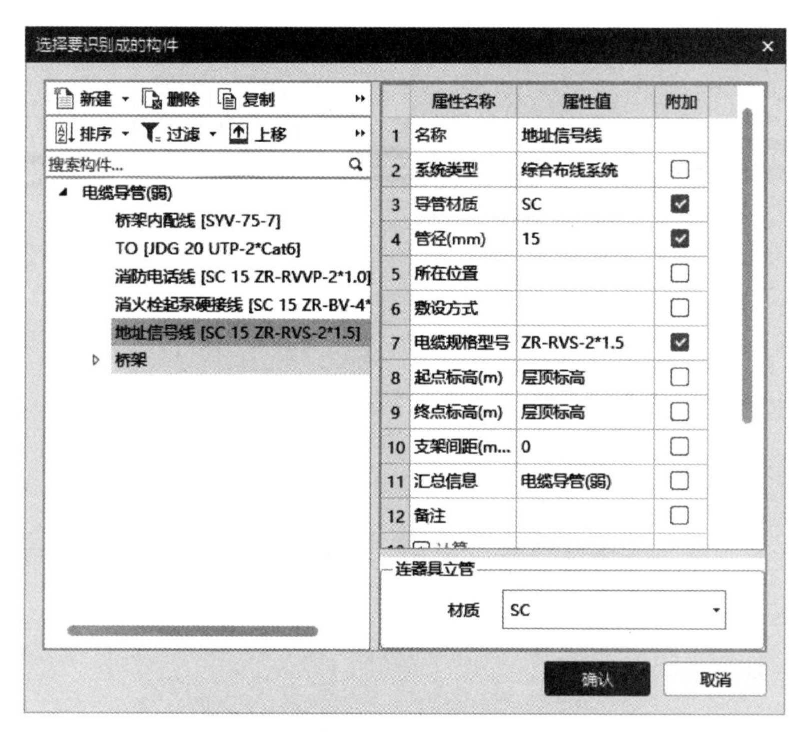

图 7-28　“选择要识别成的构件”对话框

选择对应的地址信号线，单击“确认”按钮，“选择要识别成的构件”对话框消失，同时在绘图区域生成配管，如图 7-29 所示。

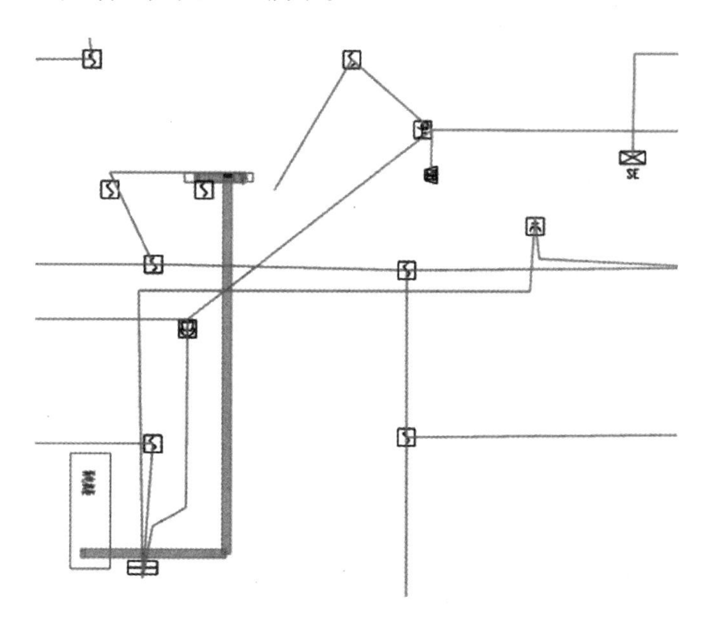

图 7-29　单回路识别配管效果图

按照同样的操作方法，完成消防电话线、消火栓起泵硬接线的识别。

教学单元8 Chapter 08

安装工程的软件计价

知识目标

- 了解安装各专业单位工程的新建操作，熟悉计价软件的操作界面。
- 了解在计价软件中导入算量文件的方法，掌握准确套取清单和定额的方法。
- 了解询价的过程和方法，利用计价平台准确找到各分项工程的主材价格。

能力目标

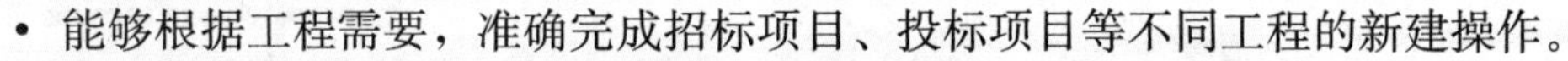

- 能够根据工程需要，准确完成招标项目、投标项目等不同工程的新建操作。
- 能够熟练查询、插入和补充分项工程的清单和定额。
- 能够运用广材助手准确查询主材的价格，学会比较信息价、市场价等价格的差异性。

素质目标

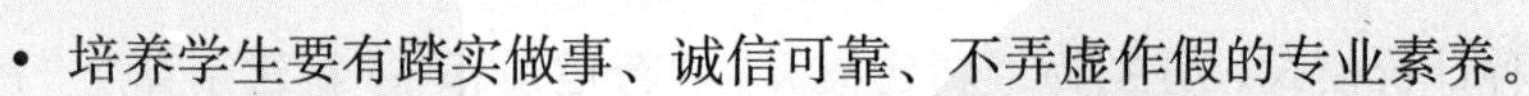

- 培养学生要有踏实做事、诚信可靠、不弄虚作假的专业素养。
- 培养学生要有造价人员的专业自信和社会责任感。
- 培养学生要有分析问题、解决问题能力，同时要有团队合作和语言表达能力。

8.1 安装工程计价前的新建操作

双击快捷图标"![]"，运行广联达云计价平台 GCCP6.0，展开软件界面，如图 8-1 所示。

图 8-1　软件界面

界面最左侧有四种计价模式，分别为"新建概算""新建预算""新建结算""新建审核"，根据工程需要合理进行选择，如图 8-2 所示。

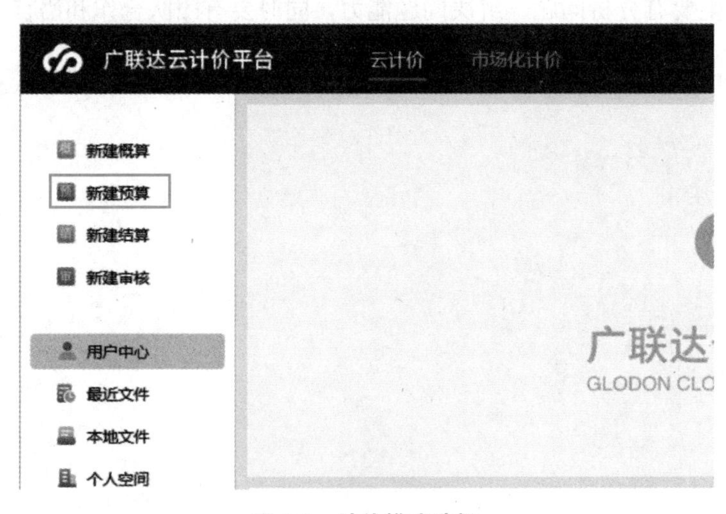

图 8-2　计价模式选择

单击左侧“新建预算”，右侧弹出对应不同项目的预算信息，单击“招标项目”预算信息，如图 8-3 所示。

图 8-3　“招标项目”预算信息

修改招标项目预算信息中的项目名称、项目编码、地区标准、定额标准、单价形式、模块类别、计税方式，修改后的对话框如图 8-4 所示。

图 8-4　修改完毕后的“招标项目”预算信息对话框

检查无误，单击“立即新建”，进入到软件的“编制”界面，如图 8-5 所示。

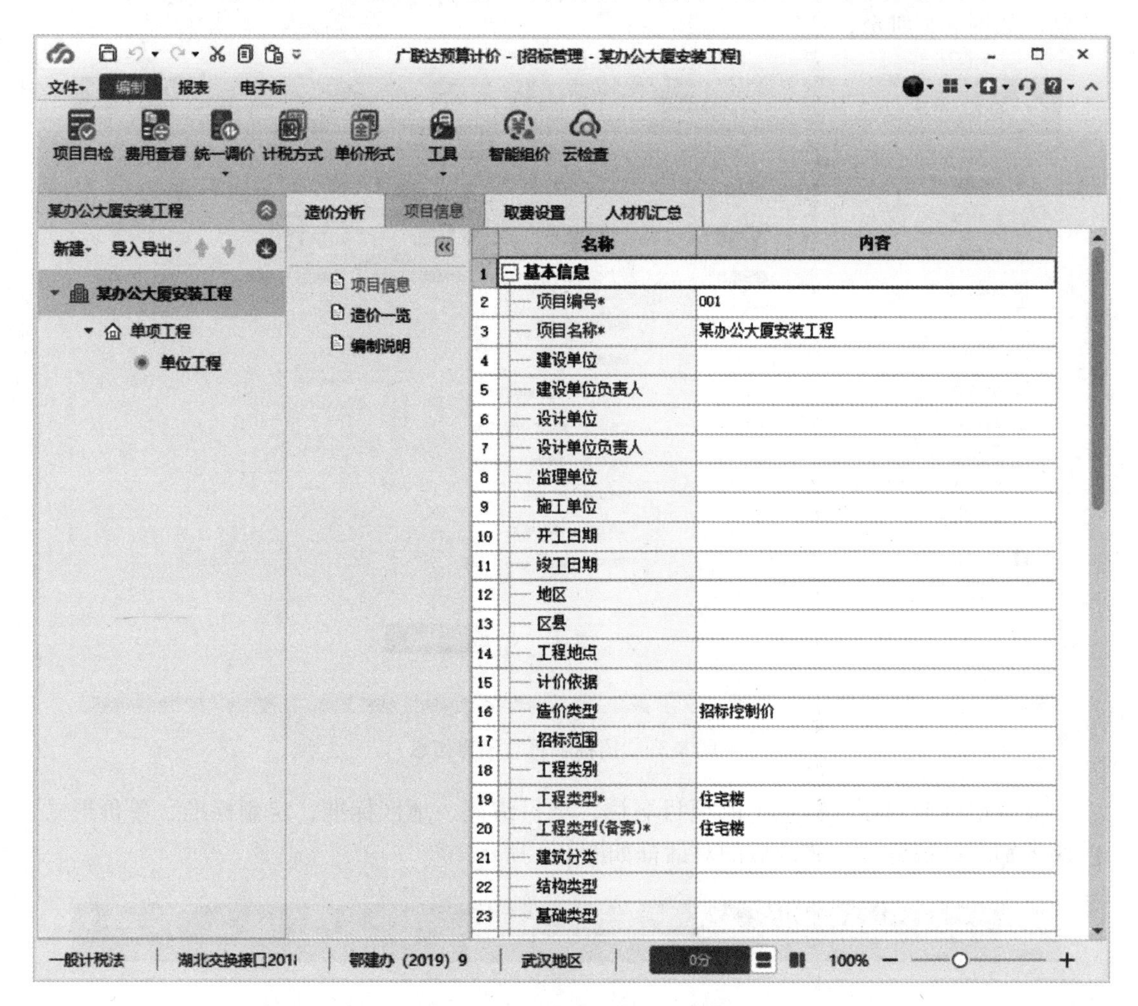

图 8-5　计价软件“编制”界面

右键单击左侧建设项目“某办公大厦安装工程”按钮，弹出“新建单项工程”“重命名”等信息对话框，如图 8-6 所示。

单击对话框中的“新建单项工程”，弹出提示输入单项工程名称的“新建单项工程”对话框，如图 8-7 所示。

根据工程需要输入对应的单项工程名称，例如“办公大厦北区”，如图 8-8 所示。

单击“确定”，完成新建单项工程的操作，如图 8-9 所示。

右键单击左侧“单项工程”按钮，展开“快速新建单位工程”，选择所需要的单位工程，如图 8-10 所示。

左键单击“安装工程”，左侧“单位工程”修改成了“安装工程”，如图 8-11 所示。

可以通过单击“重命名”按钮，修改“安装工程”的名称，例如将安装工程修改为“给排水工程”，如图 8-12 所示。

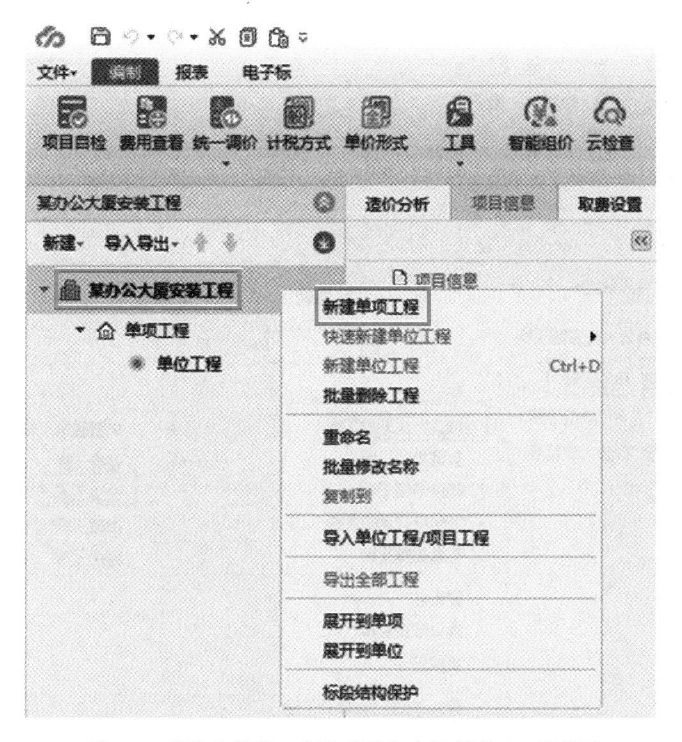

图 8-6 “新建单项工程”“重命名”等信息对话框

图 8-7 提示输入“单项工程名称”的“新建单项工程”对话框

图 8-8 新建“办公大厦北区”单项工程

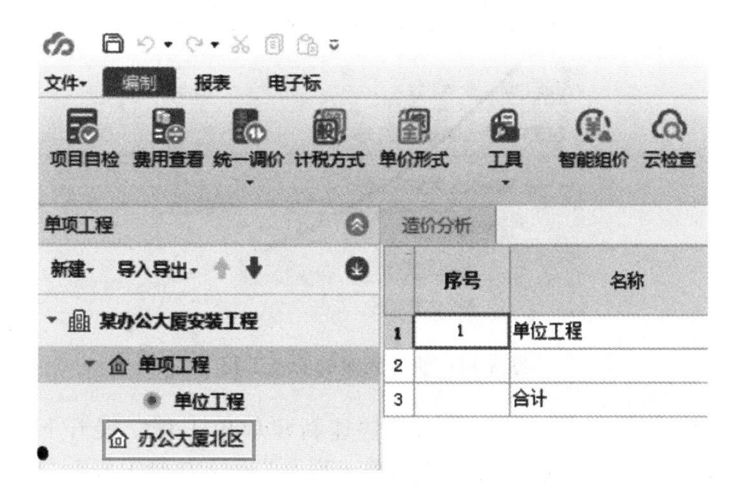

图 8-9 新建单项工程操作完成

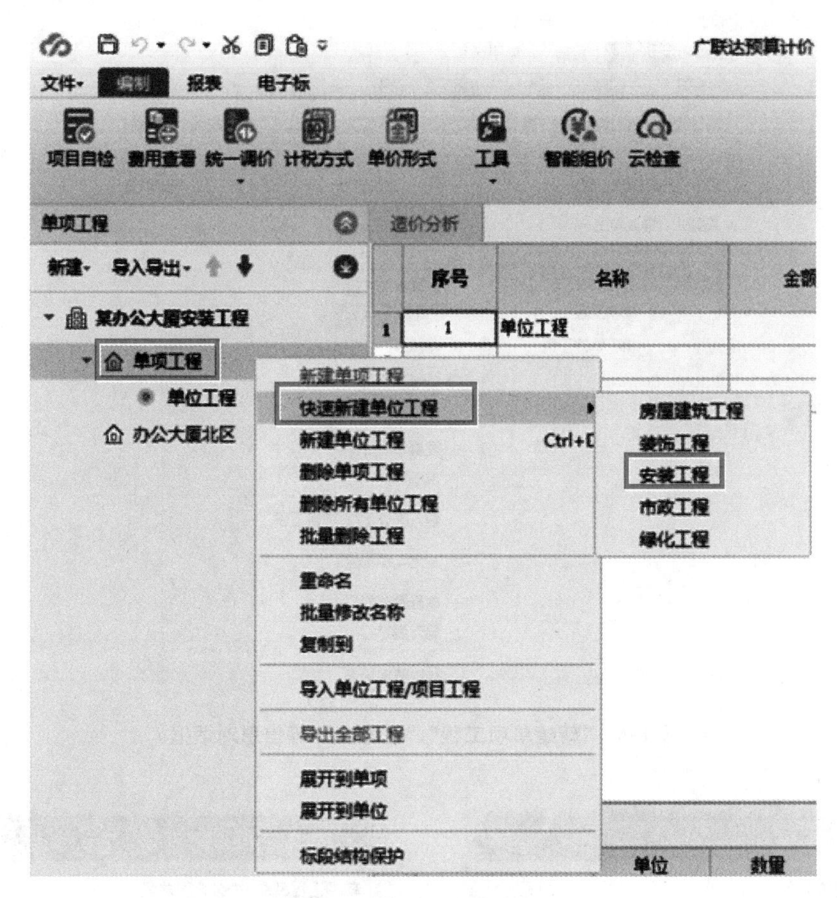

图 8-10　快速新建单位工程

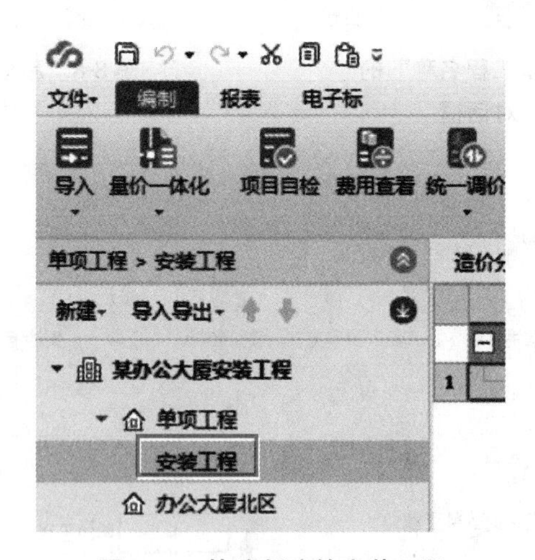

图 8-11　快速新建的安装工程

可以按照如上相同的方法，继续单击“快速新建单位工程”展开下的“安装工程”，依次重命名为“消防工程”“电气工程”“采暖工程”“通风空调工程”“弱电工程”，新建完成不同专业的单位工程后如图 8-13 所示。

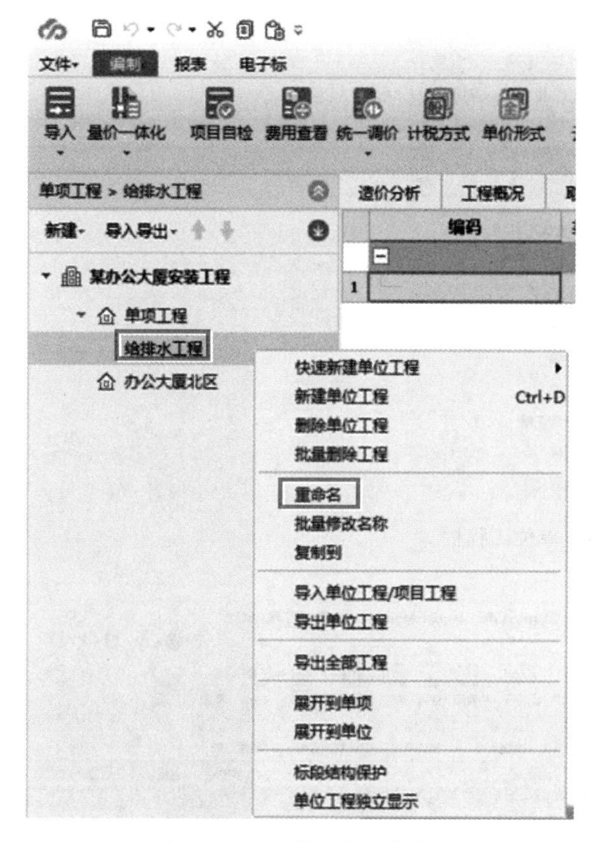

图 8-12　安装工程重命名

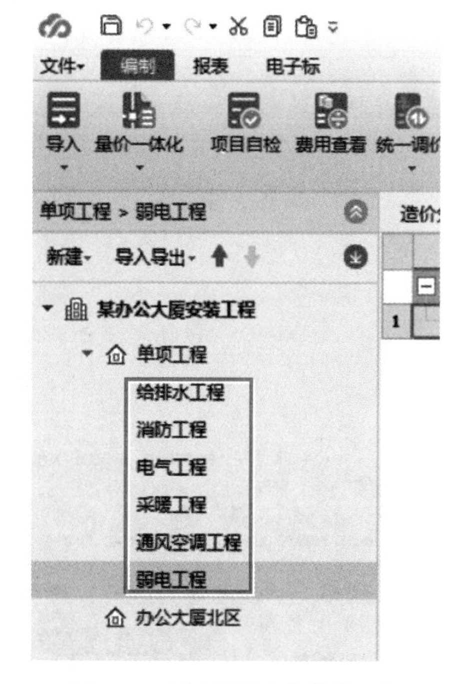

图 8-13　新建不同专业单位工程

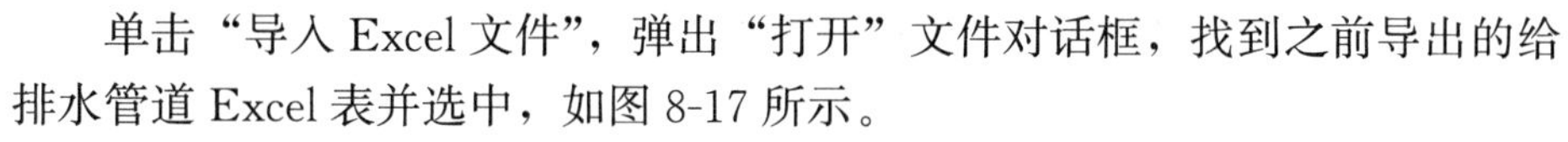

8.2 安装工程的计价操作

单击左侧导航栏中单位工程项目中的给排水工程，如图 8-14 所示，进入软件计价界面，如图 8-15 所示。

单击软件上方的“导入”按钮，弹出下拉列表，如图 8-16 所示。

单击“导入 Excel 文件”，弹出“打开”文件对话框，找到之前导出的给排水管道 Excel 表并选中，如图 8-17 所示。

单击“导入”按钮，弹出“导入 Excel 招标文件”对话框，如图 8-18 所示。

单击对话框中的“识别行”按钮（图 8-18），弹出行识别完成提示框，如图 8-19 所示。

单击“确定”按钮，完成识别行操作。再单击“识别行”右侧的“导入”按钮，软件进行导入 Excel 文件操作，之后弹出导入成功提示框，如图 8-20 所示。

单击“结束导入”按钮，“导入 Excel 招标文件”对话框消失，回到单位工程计价界面，如图 8 21 所示。

单击菜单栏中的“分部分项”，切换至“分部分项”界面，如图 8-22 所示。

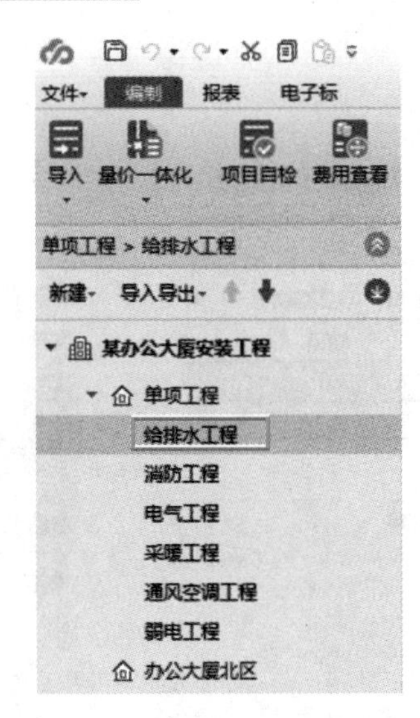

图 8-14 单位工程栏

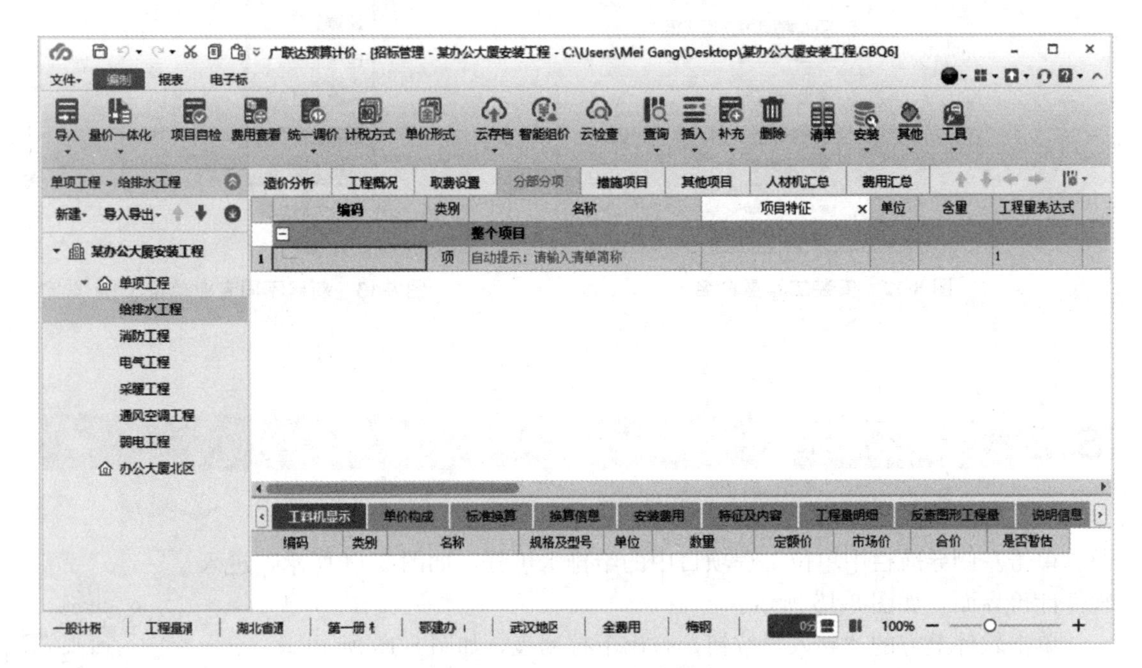

图 8-15 单位工程计价界面

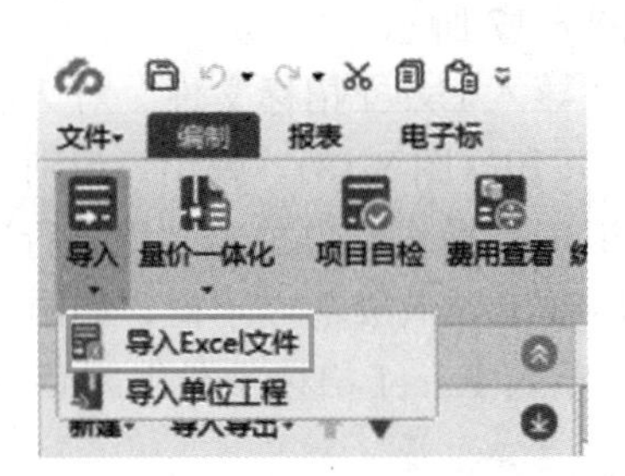

图 8-16 “导入”按钮下拉列表

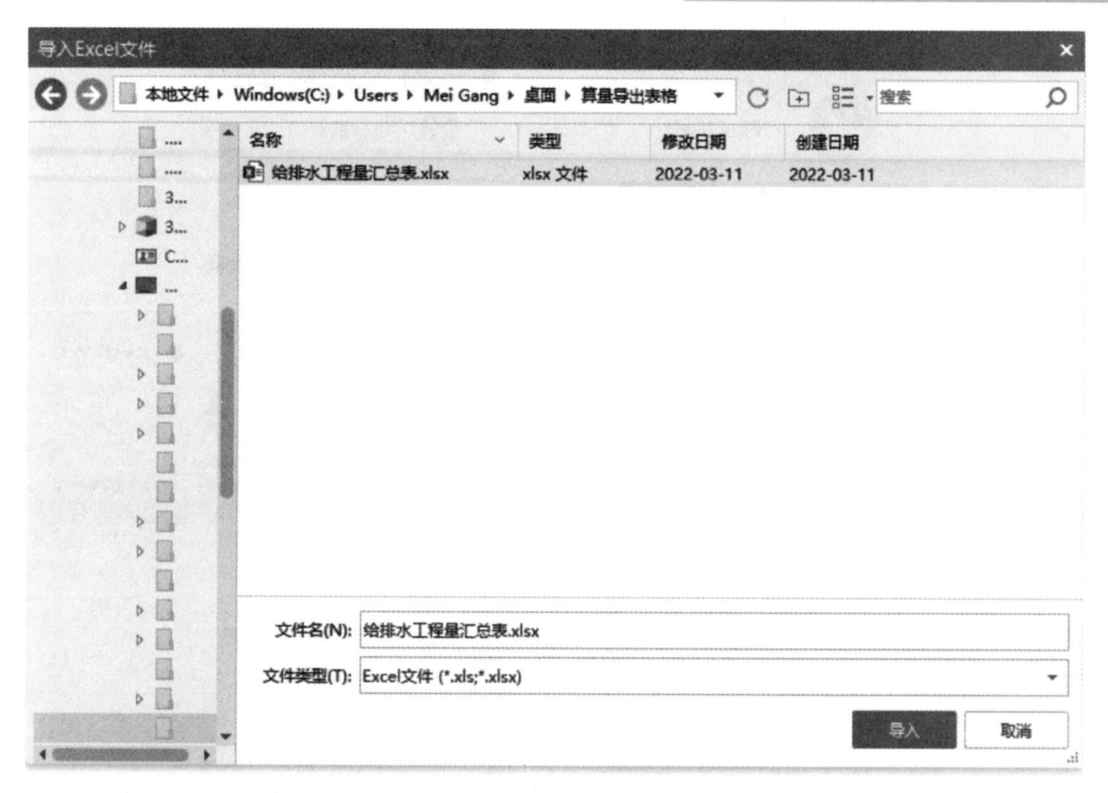

图 8-17　“导入 Excel 文件”对话框

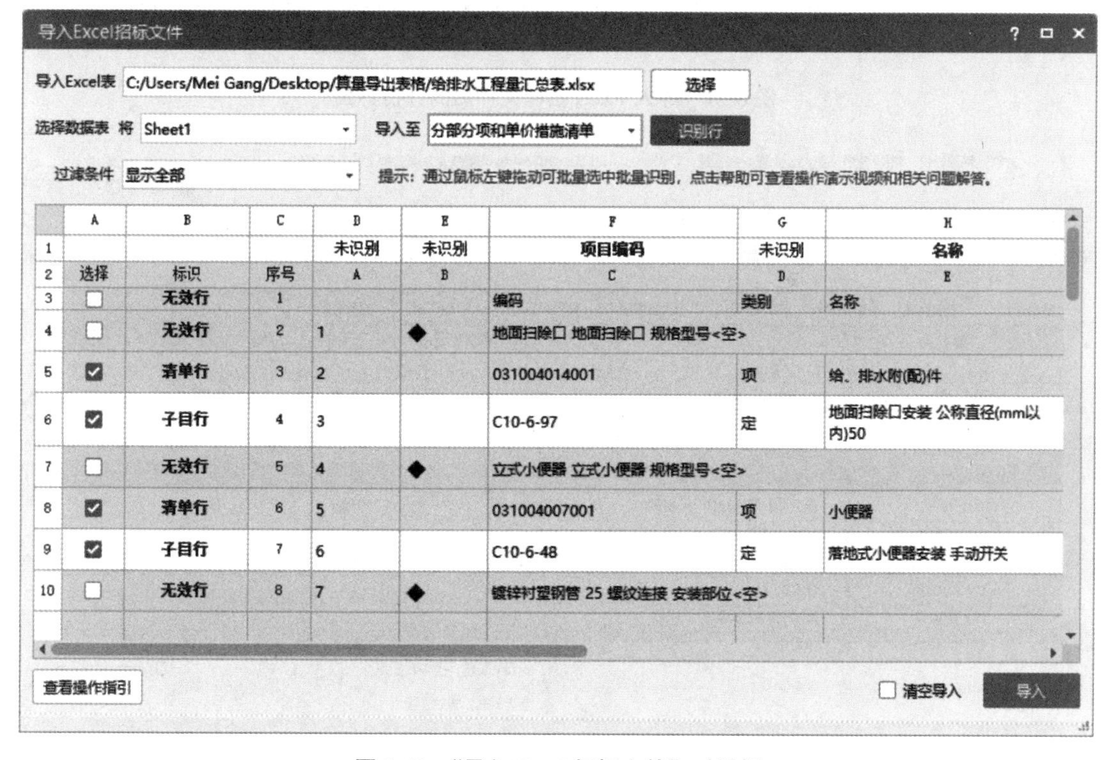

图 8-18　“导入 Excel 招标文件”对话框

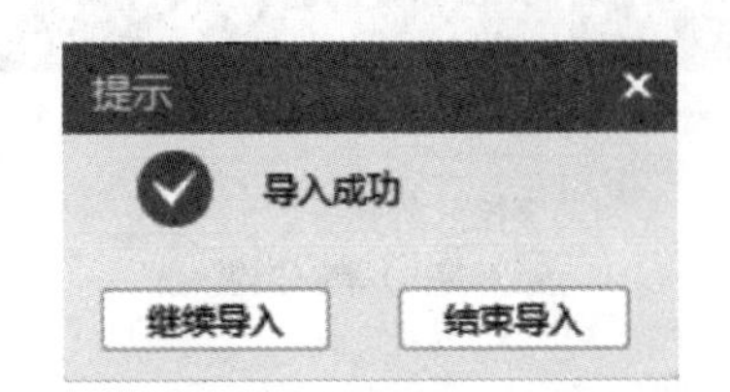

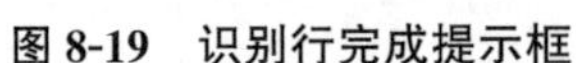

图 8-19　识别行完成提示框　　　　图 8-20　导入成功提示框

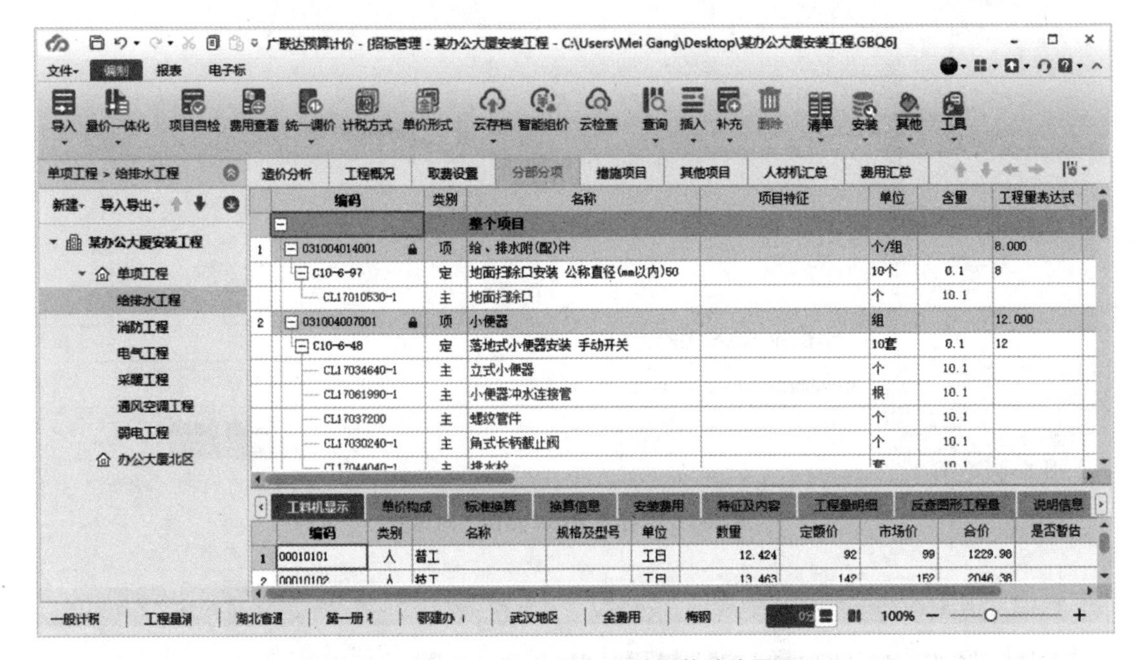

图 8-21　导入 Excel 招标文件后的计价界面

	编码	类别	名称	项目特征	单位	含量	工程量表达式	工程量
			整个项目					
1	031004014001	项	给、排水附(配)件		个/组		8.000	8.000
	C10-6-97	定	地面扫除口安装 公称直径(mm以内)50		10个	0.1	8	0.800
	CL17010530-1	主	地面扫除口		个	10.1		8.08
2	031004007001	项	小便器		组		12.000	12.000
	C10-6-48	定	落地式小便器安装 手动开关		10套	0.1	12	1.200
	CL17034640-1	主	立式小便器		个	10.1		12.12
	CL17061990-1	主	小便器冲水连接管		根	10.1		12.12
	CL17037200	主	螺纹管件		个	10.1		12.12
	CL17030240-1	主	角式长柄截止阀		个	10.1		12.12
	CL17044040-1	主	排水栓		套	10.1		12.12
3	031001007001	项	复合管	1. 材质、规格：镀锌衬塑钢管 25 2. 连接形式：螺纹连接	m		16.326	16.326

图 8-22　“分部分项”界面

单击主材“地面扫除口”单元格，弹出“…”按钮，单击此按钮，弹出“编辑主材名称”对话框，如图 8-23 所示。

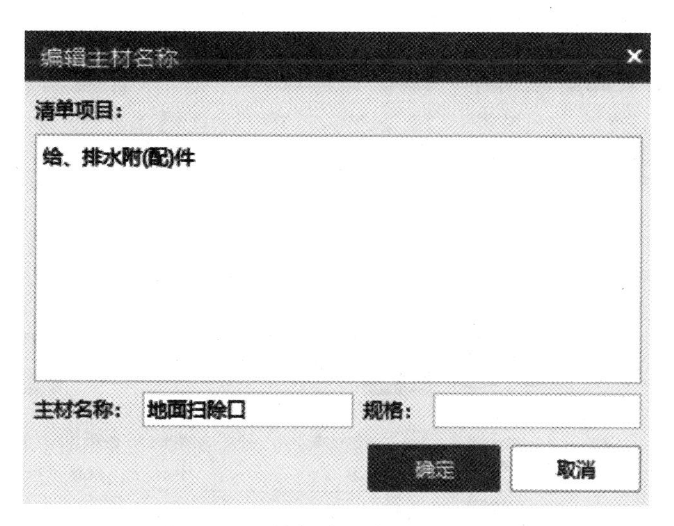

图 8-23 “编辑主材名称”对话框

输入地面扫除口的规格尺寸为 DN100，然后单击“确定”按钮。按照同样的方法，补充其他主材的规格。

再单击图 8-22 中的“人材机汇总”按钮，切换至“人材机汇总”界面，如图 8-24 所示。

取费设置 分部分项 措施项目 其他项目 人材机汇总 费用汇总 市场价合计:0.00 价差合计:0.00

	编码	类别	名称	规格型号	单位	数量	预算价	市场价	市场价合计
1	CL17010530-1@1	主	地面扫除口	DN100	个	8.08	0	0	0
2	CL17019200	主	复合管		m	39.751	0	0	0
3	CL17020330-1	主	钢管		m	29.231	0	0	0
4	CL17023890	主	给水室内钢管焊接管件		个	3.107	0	0	0
5	CL17023910	主	给水室内铝塑复合管卡套管件		个	39.158	0	0	0

广材信息服务

广材助手 数据包2022.11.21到期 全部类型 信息价 专业测定价 市场价 广材 全国政策 购买 帮助

地区 武汉 期数 2022年02月 更新时间 本期说明 结算调差 地面扫除口

所有材料类别
武汉地区建筑装饰...
武汉地区安装工程...
武汉地区市政工程...
武汉地区城建交通...
武汉地区海绵城市...

显示本期价格 显示平均价

序号	材料名称	规格型号	单位	不含税市场价	含税市场价	税率
1	PVC-U排水清扫口	Φ50	个	1.81	2.04	13 %
2	PVC-U排水清扫口	Φ75	个	4.15	4.68	13 %
3	PVC-U排水清扫口	Φ110	个	8.41	9.49	13 %

图 8-24 “人材机汇总”界面

在界面下方出现“广材助手”界面，“广材助手”菜单栏中有各种主材价格分类以及地区和期数的选择，这里选择套用武汉地区 2022 年 2 月的信息价。

单击界面上方的“复合管 DN25”这一行任意位置，此时，在“广材助手”界面下方弹出该类型管道的信息价，如图 8-25 所示。

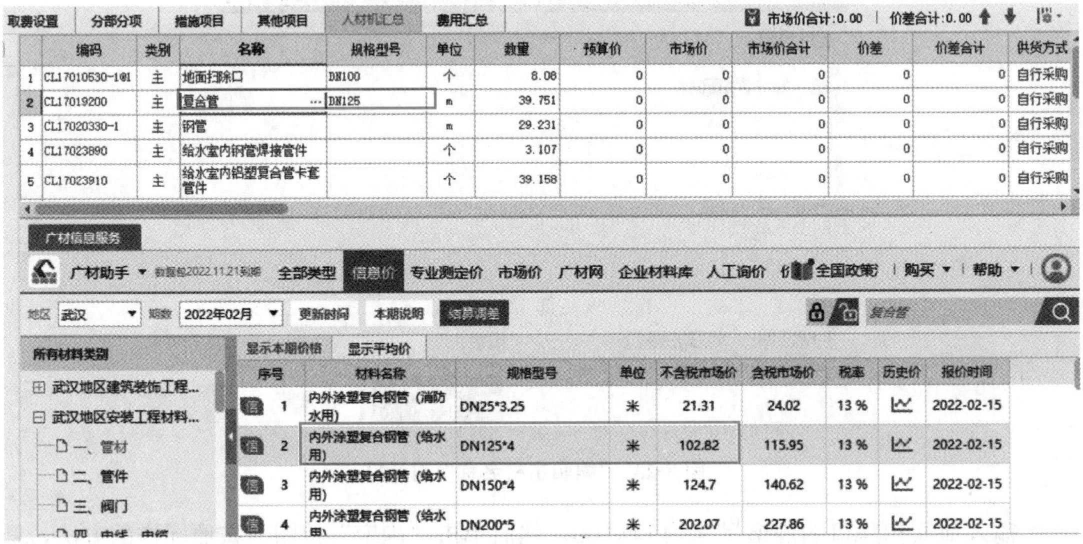

取费设置 | 分部分项 | 措施项目 | 其他项目 | 人材机汇总 | 费用汇总　　市场价合计:0.00　价差合计:0.00

	编码	类别	名称	规格型号	单位	数量	预算价	市场价	市场价合计	价差	价差合计	供货方式
1	CL17010530-1@1	主	地面扫除口	DN100	个	8.08	0	0	0	0	0	自行采购
2	CL17019200	主	复合管	DN125	m	39.751	0	0	0	0	0	自行采购
3	CL17020330-1	主	钢管		m	29.231	0	0	0	0	0	自行采购
4	CL17023890	主	给水室内钢管焊接管件		个	3.107	0	0	0	0	0	自行采购
5	CL17023910	主	给水室内铝塑复合管卡套管件		个	39.158	0	0	0	0	0	自行采购

广材信息服务

广材助手　数据包2022.11.21到期　全部类型　信息价　专业测定价　市场价　广材网　企业材料库　人工询价　全国政策　购买　帮助

地区 武汉　期数 2022年02月　更新时间　本期说明　结算调差　复合管

显示本期价格　显示平均价

所有材料类别

- 武汉地区建筑装饰工程...
- 武汉地区安装工程材料...
  - 一、管材
  - 二、管件
  - 三、阀门
  - 四、电线、电缆

序号	材料名称	规格型号	单位	不含税市场价	含税市场价	税率	历史价	报价时间
1	内外涂塑复合钢管（消防水用）	DN25*3.25	米	21.31	24.02	13 %		2022-02-15
2	内外涂塑复合钢管（给水用）	DN125*4	米	102.82	115.95	13 %		2022-02-15
3	内外涂塑复合钢管（给水用）	DN150*4	米	124.7	140.62	13 %		2022-02-15
4	内外涂塑复合钢管（给水用）	DN200*5	米	202.07	227.86	13 %		2022-02-15

图 8-25　套用主材价格界面

在“广材助手”界面下，双击需要套用的信息价那一栏，被选中后该栏处于高亮状态，同时在界面上方主材那一栏出现被选用的主材价格信息，如图 8-26 所示。

取费设置 | 分部分项 | 措施项目 | 其他项目 | 人材机汇总 | 费用汇总　　市场价合计:4087.20　价差合计:0.00

	编码	类别	名称	规格型号	单位	数量	预算价	市场价	市场价合计	价差	价差合计	供货方式
1	CL17010530-1@1	主	地面扫除口	DN100	个	8.08	0	0	0	0	0	自行采购
2	CL17019200	主	复合管	DN125	m	39.751	102.82	102.82	4087.2	0	0	自行采购
3	CL17020330-1	主	钢管		m	29.231	0	0	0	0	0	自行采购
4	CL17023890	主	给水室内钢管焊接管件		个	3.107	0	0	0	0	0	自行采购
5	CL17023910	主	给水室内铝塑复合管卡套管件		个	39.158	0	0	0	0	0	自行采购

广材信息服务

广材助手　数据包2022.11.21到期　全部类型　信息价　专业测定价　市场价　广材网　企业材料库　人工询价　政策法规汇　购买　帮助

地区 武汉　期数 2022年02月　更新时间　本期说明　结算调差　复合管

显示本期价格　显示平均价

所有材料类别

- 武汉地区建筑装饰工程...
- 武汉地区安装工程材料...
  - 一、管材
  - 二、管件
  - 三、阀门
  - 四、电线、电缆

序号	材料名称	规格型号	单位	不含税市场价	含税市场价	税率	历史价	报价时间
1	内外涂塑复合钢管（消防水用）	DN25*3.25	米	21.31	24.02	13 %		2022-02-15
2	内外涂塑复合钢管（给水用）	DN125*4	米	102.82	115.95	13 %		2022-02-15
3	内外涂塑复合钢管（给水用）	DN150*4	米	124.7	140.62	13 %		2022-02-15
4	内外涂塑复合钢管（给水用）	DN200*5	米	202.07	227.86	13 %		2022-02-15

图 8-26　被选用的主材价格

按照同样的操作方法，继续把其他主材的价格都套用出来。

通过切换表格上方的菜单栏，可以查看“造价分析”“工程概况”“取费设置”“分部分项”“措施项目”“其他项目”“人材机汇总”“费用汇总”的详细信息，可以得到该给排水工程的总造价，如图 8-27 所示。

造价分析　工程概况　取费设置　分部分项　措施项目　其他项目

	名称	内容
1	工程总造价(小写)	28,326.16
2	工程总造价(大写)	贰万捌仟叁佰贰拾陆元壹角陆分
3	单方造价(元/m2)	0.00
4	分部分项及单价措施清单项目费	28326.16
5	其中:人工费	3066.47
6	材料费	575.24
7	机械费	241.59
8	主材费	20012.48
9	设备费	0
10	费用	1855.68
11	管理费	623.75
12	利润	506.79
13	总价措施费	329.08
14	规费	396.01
15	增值税	2575.31
16	其他项目费	0
17	其中:计日工费用	0
18	增值税	0
19	甲供费用	0

图 8-27　给排水工程造价分析

软件界面最上方有 3 个选项卡，分别为“编制”“报表”“电子标”，通过鼠标单击选项卡就可以实现切换到想要查看的界面。如果软件计价工作已经完全做完，需要导出计价表格，可以切换至“报表”选项卡界面，如图 8-28 所示。

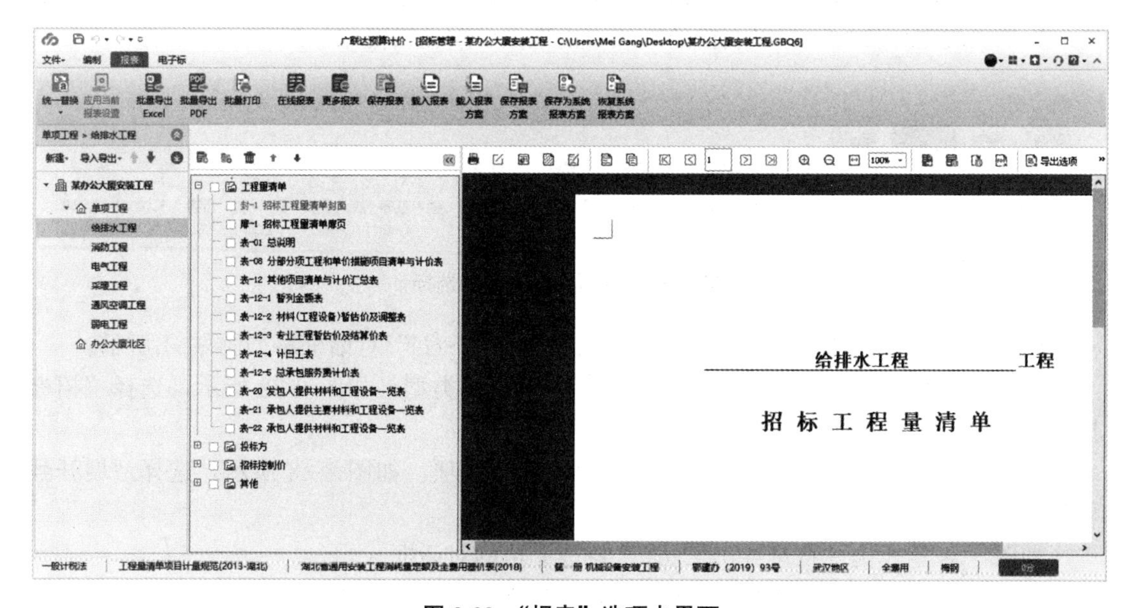

图 8-28　“报表”选项卡界面

通过勾选界面中间的“工程量清单”选项来选择导出的表格内容，如图 8-29 所示。

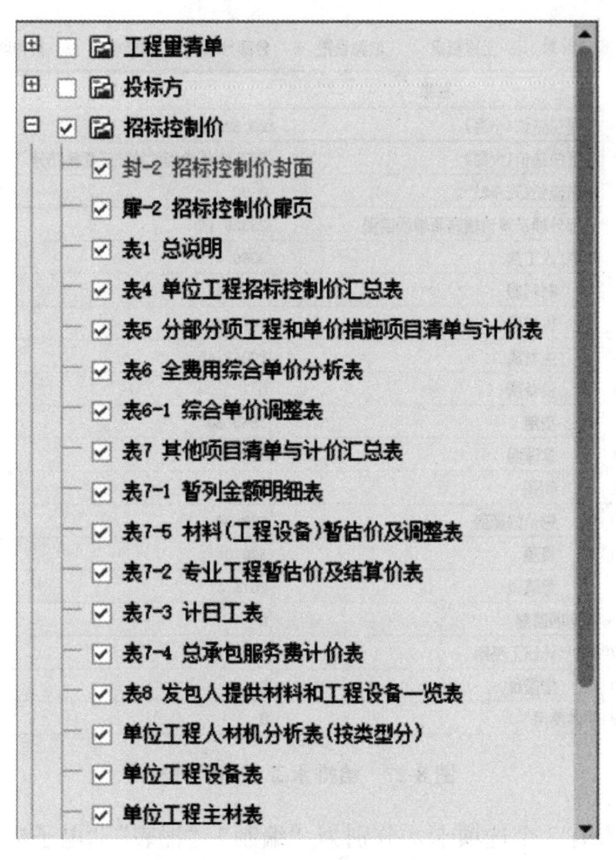

图 8-29 “招标控制价”下拉选项

然后单击软件界面上方的“批量导出 Excel”或者“批量导出 PDF”选项，如图 8-30 所示，来实现把计价的工程以表格的形式导出来供后期编辑使用。

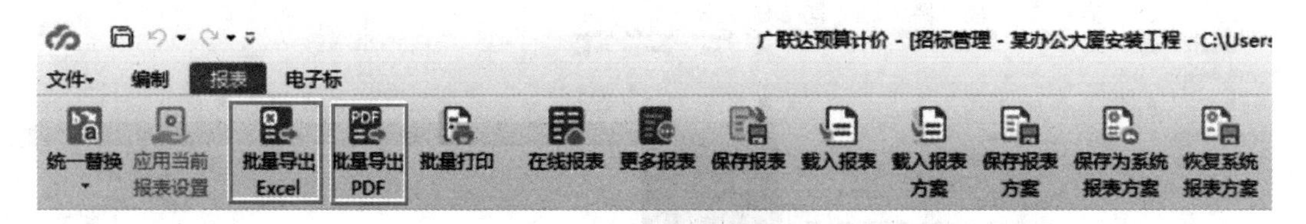

图 8-30 导出文件形式的选择

单击“批量导出 Excel”按钮，弹出“批量导出 Excel”对话框，如图 8-31 所示。

单击对话框中“报表类型”下拉按钮，弹出选择类型，如图 8-32 所示，选择“招标控制价”。

单击对话框中“展开到”下拉按钮，弹出展开选项，如图 8-33 所示，选择“展开到单位工程”。

如图 8-34 所示为“批量导出 Excel”修改完毕的对话框。

单击“导出选择表”按钮，弹出“选择文件夹”对话框，如图 8-35 所示。

批量导出Excel

报表类型 工程量清单　◉ 全部　○ 已选　○ 未选　全部展开　☐ 全选

	名称	选择
1	⊟ 某办公大厦安装工程	☐
2	封-1 招标工程量清单封面	☐
3	扉-1 招标工程量清单扉页	☐
4	表-01 总说明	☐
5	⊟ 单项工程	☐
6	⊟ 给排水工程	☐
7	封-1 招标工程量清单封面	☐
8	扉-1 招标工程量清单扉页	☐
9	表-01 总说明	☐
10	表-08 分部分项工程和单价措施项目清单与计价表	☐
11	表-12 其他项目清单与计价汇总表	☐
12	表-12-1 暂列金额表	☐
13	表-12-2 材料(工程设备)暂估价及调整表	☐
14	表-12-3 专业工程暂估价及结算价表	☐
15	表-12-4 计日工表	☐
16	表-12-5 总承包服务费计价表	☐
17	表-20 发包人提供材料和工程设备一览表	☐
18	表-21 承包人提供主要材料和工程设备一览表	☐
19	表-22 承包人提供材料和工程设备一览表	☐
20	⊟ 消防工程	☐
21	封-1 招标工程量清单封面	☐
22	扉-1 招标工程量清单扉页	☐
23	表-01 总说明	☐

上移　下移　选择同名报表　取消同名报表　☐ 连码导出　起始页 1　☐ 自定义总页数 1

导出设置　导出选择表

图 8-31 “批量导出 Excel”对话框

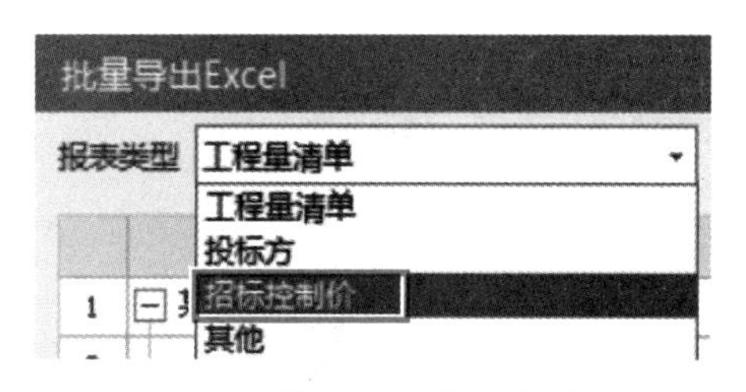

图 8-32 “报表类型”下拉选项

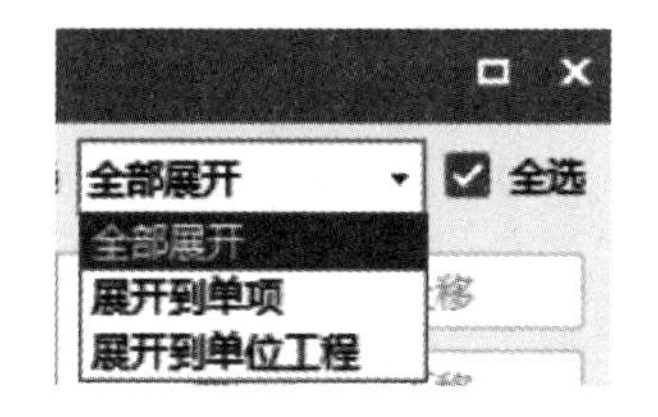

图 8-33 “展开到”下拉选项

选择需要导出的文件夹，单击右下角“选择文件夹”按钮，弹出“导出报表”对话框，软件进行导出报表操作，如图 8-36 所示。

导出完毕时，软件会弹出报表导出成功提示框，如图 8-37 所示。

图 8-34　修改完毕的“批量导出 Excel”对话框

图 8-35　“选择文件夹”对话框

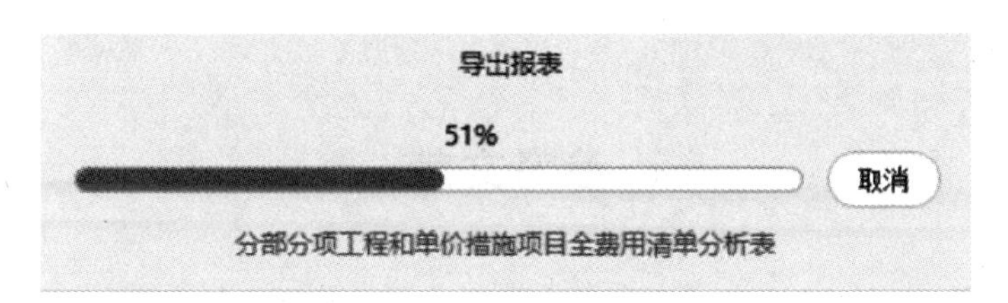

导出报表
51%
取消
分部分项工程和单价措施项目全费用清单分析表

图 8-36　“导出报表”对话框

成功
文件已保存在C:/Users/Mei Gang/Desktop/某办
公大厦安装工程/某办公大厦安装工程/
确定

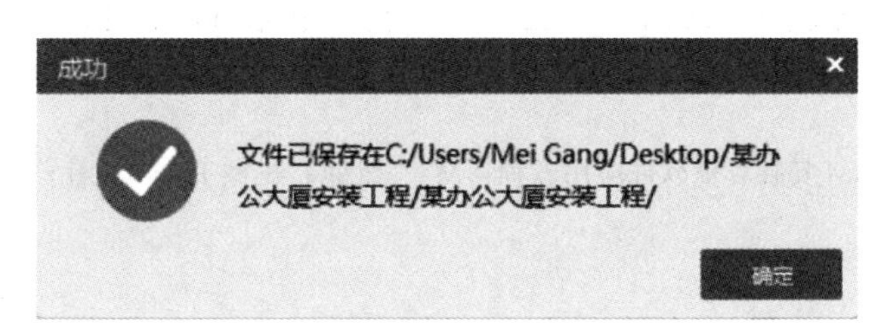

图 8-37　报表导出成功提示框

找到导出的文件夹，打开对应的招标控制价文件，如图 8-38 所示，可以对该 Excel 文件进行查看和编辑工作。

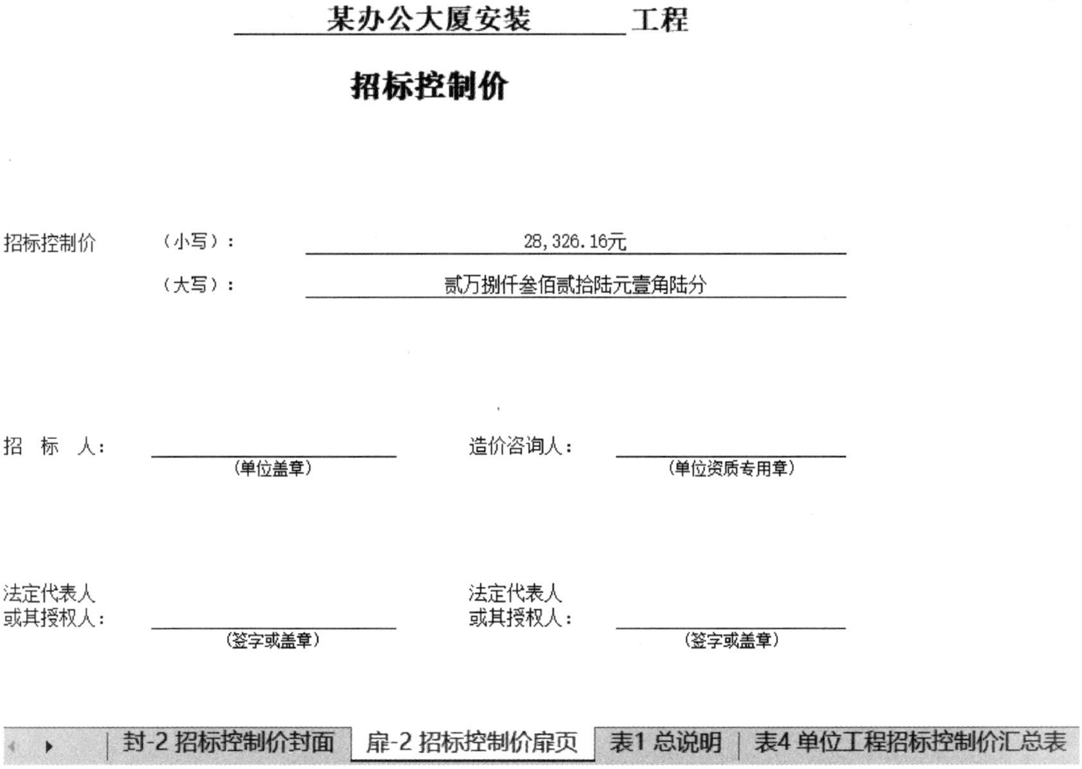

某办公大厦安装 工程
招标控制价
招标控制价
（小写）：
28,326.16元
（大写）：
贰万捌仟叁佰贰拾陆元壹角陆分
招 标 人：
（单位盖章）
造价咨询人：
（单位资质专用章）
法定代表人
或其授权人：
（签字或盖章）
法定代表人
或其授权人：
（签字或盖章）
封-2 招标控制价封面
扉-2 招标控制价扉页
表1 总说明
表4 单位工程招标控制价汇总表

图 8-38　导出的 Excel 招标文件

参考文献

[1] 湖北省建设工程标准定额管理总站．湖北省通用安装工程消耗量定额及全费用基价表［Z］．武汉：长江出版社，2018.

[2] 通用安装工程计量规范：GB 500854—2013［S］．北京：中国计划出版社，2013.

[3] 湖北省建设工程标准定额管理总站．湖北省建筑安装工程费用定额（2018 版）［Z］．武汉：长江出版社，2018.

[4] 欧阳焜．广联达 BIM 安装算量软件应用教程［M］．北京：机械工业出版社，2021.